smart is sexy

Orbi.kr

이제 **오르비**가
학원을 재발명합니다

전화 : 02-522-0207   문자 전용 : 010-9124-0207   주소: 강남구 삼성로 61길 15 (은마사거리 도보 3분)

smart is sexy

Orbi.kr

오르비학원은

모든 시스템이 수험생 중심으로 더 강화됩니다.

모든 시설이 최고의 결과가 나올 수 있도록 설계됩니다.

집중을 위해 오르비학원이 수험생 옆으로 다가갑니다.

오르비학원과 시작하면

원하는 대학문이 가장 빠르게 열립니다.

전화 : 02-522-0207 문자 전용 : 010-9124-0207 주소 : 강남구 삼성로 61길 15 (은마사거리 도보 3분)

출발의 습관은 수능날까지 계속됩니다.
형식적인 상담이나
관리하고 있다는 모습만 보이거나
학습에 전혀 도움이 되지 않는
보여주기식의 모든 것을 배척합니다.

쓸모없는 강좌와 할 수 없는 계획을 강요하거나
무모한 혹은 무리한 스케줄로
1년의 출발을 무의미하게 하지 않습니다.
형식은 모방해도 내용은 모방할 수 없습니다.

smart is sexy

Orbi.kr

개인의 능력을 극대화 시킬 모든 계획이 오르비학원에 있습니다.

랑데뷰
N 제

쉬사준킬
수 학 II

랑데뷰
시리즈
소개

랑데뷰세미나

저자의
수업노하우가 담겨있는
고교수학의 심화개념서

★ 2022 개정교육과정 반영

랑데뷰 기출과 변형 (총 5권)

최신 개정판

- 1~4등급 추천(권당 약 400~600여 문항)

Level 1 - 평가원 기출의 쉬운 문제 난이도
Level 2 - 준킬러 이하의 기출+기출변형
Level 3 - 킬러난이도의 기출+기출변형

모든 기출문제 학습 후 효율적인 복습
재수생, 반수생에게 효율적

〈랑데뷰N제 시리즈〉

라이트N제 (총 3권)

- 2~5등급 추천

수능 8번~13번 난이도로 구성

총 30회분의 시험지 타입
- 회차별 공통 5문항, 선택 각 2문항
  총 11문항으로 구성

독학용 일일학습지
또는 과제용으로 적합

랑데뷰N제 쉬사준킬 최신 개정판

- 1~4등급 추천(권당 약 240문항)

쉬운4점~준킬러 문항 학습에 특화
실전개념 및 스킬 등이 포함된
문제와 해설로 구성

기출문제 학습 후 독학용
또는 학원교재로 적합

랑데뷰N제 킬러극킬 최신 개정판

- 1~2등급 추천(권당 약 120문항)

준킬러~킬러 문항 학습에 특화
실전개념 및 스킬 등이 포함된
문제와 해설로 구성

모의고사 1등급 또는 1등급 컷에
근접한 2등급학생의 독학용

〈랑데뷰 모의고사 시리즈〉 1~4등급 추천

랑데뷰 폴포 수학1,2

- 1~3등급 추천 (권당 약 120문항)

공통영역 수1,2에서 출제되는
4점 유형 정리

과목당 엄선된 6가지 테마로 구성
테마별 고퀄리티 20문항

독학용 또는 학원교재로 적합

최신 개정판

싱크로율 99% 모의고사

싱크로율 99%의 변형문제로 구성되어
평가원 모의고사를 두 번 학습하는 효과

랑데뷰☆수학모의고사 시즌1~2

매년 8월에 출간되는 봉투모의고사

실전력을 높이기 위한
100분 풀타임 모의고사 연습에 적합

랑데뷰 시리즈는 **전국 서점** 및 **인터넷서점**에서 구입이 가능합니다.

수능 대비 수학 문제집 **랑데뷰N제 시리즈**는 다음과 같은 난이도 구분으로 구성됩니다.

1단계 – 랑데뷰 쉬삼쉬사 [pdf : 아톰에서 판매]

⇨ 기출 문제 [교육청 모의고사 기출 3점 위주]와 자작 문제로 구성되었습니다.
어려운 3점, 쉬운 4점 문항

교재 활용 방법

① 오르비 아톰의 전자책 판매에서 pdf를 구매한다.
② 3점 위주의 교육청 모의고사의 기출 문제와 조금 어렵게 제작된 자작문제를 푼다.
③ 3~5등급 학생들에게 추천한다.

2단계 – 랑데뷰 쉬사준킬 [종이책]

⇨ 변형 자작 문항(100%)
쉬운 4점과 어려운 4점, 준킬러급 난이도 변형 자작 문항 (쉬사준킬의 모든 교재의 문항수가 200문제
이상)이 출제유형별로 탑재되어 있음

교재 활용 방법

① 랑데뷰 [기출과 변형] 문제집과 같은 순서로 유형별로 정리되어 기출과 변형을 풀어본 후 과제용으로
   풀어보면 효과적이다.
② [기출과 변형]과 병행해도 좋다. [기출과 변형]의 단원별로 Level1, level2까지만 완료 한 후 쉬사준킬의
   해당 단원 풀기
③ 준킬러 문항을 풀어내는 시간을 단축시키기 위한 교재이다. N회독 하길 바란다.
④ 학원 교재로 사용되면 효과적이다.
⑤ 1~4등급 학생들에게 추천한다.

3단계 – 랑데뷰 킬러극킬 [종이책]

⇨ 변형 자작 문항(100%)
킬러급 난이도 변형 자작 문항(킬러극킬의 모든 교재의 문항수가 100문제 이상)이 탑재되어 있음

교재 활용 방법

① 랑데뷰 [기출과 변형]의 Level3의 문제들을 완벽히 완료한 후 시작하도록 하자.
② 킬러 문항의 해결에 필요한 대부분의 아이디어들이 킬러극킬에 담겨 있다.
③ 1등급 학생들과 그 이상의 실력을 갖춘 학생들에게 추천한다.

조급해하지 말고 자신을 믿고 나아가세요. 길은 있습니다. [휴민고등수학 김상호T]

출제자의 목소리에 귀를 기울이면, 길이 보입니다. [이호진고등수학 이호진T]

부딪혀 보세요. 아직 오지 않은 미래를 겁낼 필요 없어요. [평촌다수인수학학원 도정영T]

괜찮아, 틀리면서 배우는거야 [반포파인만고등관 김경민T]

해뜨기전이 가장 어둡잖아. 조금만 힘내자! [한정아수학학원 한정아T]

하기 싫어도 해라. 감정은 사라지고, 결과는 남는다. [떠매수학 박수혁T]

Step by step! 한 계단씩 밟아 나가다 보면 그 끝에 도달할 수 있습니다. [가나수학전문학원 황보성호T]

너의 死活걸고. 수능수학 잘해보자. 반드시 해낸다. [오정화대입전문학원 오정화T]

넓은 하늘로의 비상을 꿈꾸며 [장선생수학학원 장세완T]

괜찮아 잘 될 거야~ 너에겐 눈부신 미래가 있어!!! [수지 수학대가 김영식T]

진인사대천명(盡人事待天命) : 큰 일을 앞두고 사람이 할 수 있는 일을 다한 후에 하늘에 결과를 맡기고
기다린다. [수학만영어도학원 최수영T]

자신의 능력을 믿어야 한다. 그리고 끝까지 굳세게 밀고 나아가라. [오라클 수학교습소 김 수T]

그래 넌 할 수 있어! 네 꿈은 이루어 질거야! 끝까지 널 믿어! 너를 응원해! [수학공부의장 이덕훈T]

Do It Yourself [강동희수학 강동희T]

인내는 성공의 반이다 인내는 어떠한 괴로움에도 듣는 명약이다 [MQ멘토수학 최현정T]

계속 하다보면 익숙해지고 익숙해지면 쉬워집니다. [혁신청람수학 안형진T]

남을 도울 능력을 갖추게 되면 나를 도울 수 있는 사람을 만나게 된다. [최성훈수학학원 최성훈T]

지금 잠을 자면 꿈을 꾸지만 지금 공부 하면 꿈을 이룬다. [이미지매쓰학원 정일권T]

1등급을 만드는 특별한 습관 랑데뷰수학으로 만들어 드립니다. [이지훈수학 이지훈T]

지나간 성적은 바꿀 수 없지만 미래의 성적은 너의 선택으로 바꿀 수 있다. 그렇다면 지금부터 열심히 해야 되는 이유가 충분하지 않은가? [칼수학학원 강민구T]

작은 물방울이 큰바위를 뚫을수 있듯이 집중된 노력은 수학을 꿰뚫을수 있다. [제우스수학 김진성T]

자신과 타협하지 않는 한 해가 되길 바랍니다. [답길학원 서태욱T]

무슨 일이든 할 수 있다고 생각하는 사람이 해내는 법이다. [대전오엠수학 오세준T]

부족한 2% 채우려 애쓰지 말자. 랑데뷰와 함께라면 저절로 채워질 것이다. [김이김학원 이정배T]

네가 원하는 꿈과 목표를 위해 최선을 다 해봐! 너를 응원하고 있는 사람이 꼭 있다는 걸 잊지 말고~ [매천필즈수학학원 백상민T]

'새는 날아서 어디로 가게 될지 몰라도 나는 법을 배운다'는 말처럼 지금의 배움이 앞으로의 여러분들 날개를 펼치는 힘이 되길 바랍니다. [가나수학전문학원 이소영T]

꿈을향한 도전! 마지막까지 최선을... [서영만학원 서영만T]

앞으로 펼쳐질 너의 찬란한 이십대를 기대하며 응원해. 이 시기를 잘 이겨내길 [굿티쳐강남학원 배용제T]

괜찮아 잘 될 거야! 너에겐 눈부신 미래가 있어!! 그대는 슈퍼스타!!! [수지 수학대가 김영식T]

"최고의 성과를 이루기 위해서는 최악의 상황에서도 최선을 다해야 한다!!" [샤인수학학원 필재T]

랑데뷰
N 제

하루 중 90%는 겸손하게 10%는 자신있게...

목차

랑데뷰
N   제

하루 중 90%는 겸손하게 10%는 자신있게...

함수의 극한

1

출제유형 | 함수의 그래프에서 좌극한과 우극한 또는 극한값을 구하는 문제가 출제된다.

출제유형잡기 | 그래프가 주어진 함수, x의 값의 범위에 따라 다르게 정의된 함수 등에서 좌극한과 우극한을 각각 구하는 과정을 이해한다.

01

실수 전체의 집합에서 정의된 함수 $f(x)$의 그래프가 그림과 같고, 함수 $g(x)$는 최고차항의 계수가 1인 사차함수이다. 실수 a에 대하여 $\lim\limits_{x \to a} \dfrac{g(x)}{f(x)}$의 값이 존재할 때, $g(2)$의 값을 구하시오. (단, $|x| > 1$일 때, $f(x) = -x$이다.) [4점]

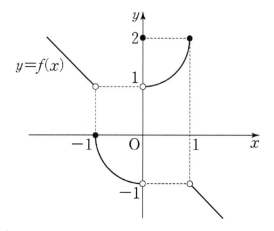

02

실수 전체의 집합에서 정의된 함수 $f(x)$에 대하여 구간 $(-2, 2)$에서 함수 $y = f(x)$의 그래프가 그림과 같다.

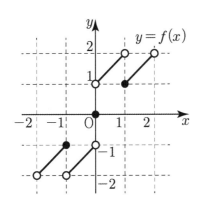

함수 $f(x)$가 모든 실수 x에 대하여
$f(x+4) = 2f(x) - 1$을 만족시킬 때,

$\displaystyle\sum_{k=1}^{4} \left\{ \lim_{x \to (3k)-} f(x) \right\}$의 값은? [4점]

① -8 ② -10 ③ -12
④ -14 ⑤ -16

03

양의 실수 전체의 집합에서 정의되어 있는 함수 $f(x)$가 임의의 양의 정수 a에 대하여 $a < x \le a+1$일 때,

$f(x) = \dfrac{a(a-1)}{x}$이다.

$\displaystyle\lim_{x \to (p+3)+} f(x) \times \lim_{x \to (p+2)-} f(x) = 72$일 때, 양의 정수 p의 값은? [4점]

① 6 ② 7 ③ 8 ④ 9 ⑤ 10

출제유형 | 함수의 극한에 대한 성질을 이용하여 극한값을 구하는 문제가 출제된다.

출제유형잡기 | $\lim_{x \to a} f(x) = L$, $\lim_{x \to a} g(x) = M$

(L, M은 실수)일 때

(1) $\lim_{x \to a} \{f(x) + g(x)\} = L + M$

(2) $\lim_{x \to a} \{f(x) - g(x)\} = L - M$

(3) $\lim_{x \to a} cf(x) = cL$ (단, c는 상수)

(4) $\lim_{x \to a} f(x)g(x) = LM$

(5) $\lim_{x \to a} \dfrac{f(x)}{g(x)} = \dfrac{L}{M}$ (단, $M \neq 0$)

04

함수 $y = f(x)$의 그래프가 그림과 같다. 최고차항의 계수와 이차항의 계수가 모두 1인 삼차함수 $g(x)$에 대하여 $\lim_{x \to 0} f(x+1)g(x)$, $\lim_{x \to 3} f(x-1)g(x+1)$의 값이 모두 존재할 때, $g(5)$의 값은? [4점]

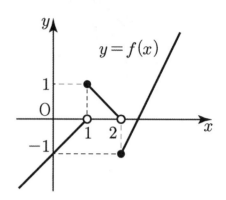

① 20 　　　　② 30 　　　　③ 40
④ 50 　　　　⑤ 60

05

함수 $y = f(x)$의 그래프는 그림과 같고 함수 $g(x)$가

$$g(x) = \begin{cases} ax^2 + x + 1 & (|x| \leq 1) \\ bx + 2 & (|x| > 1) \end{cases}$$ 이다.

$\lim\limits_{x \to -1} f(x)g(x) = c$, $\lim\limits_{x \to 1} f(x)g(x) = d$일 때,

$a \times b \times c \times d$의 값은? (단, a, b, c, d는 0이 아닌 상수이다.) [4점]

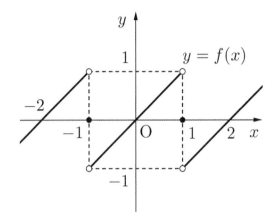

① -9 ② -3 ③ 1 ④ 3 ⑤ 9

$\dfrac{0}{0}$꼴과 $0 \times \infty$꼴의 극한값의 계산

출제유형 | $\lim\limits_{x \to a} f(x) = 0$, $\lim\limits_{x \to a} g(x) = 0$일 때,

$\lim\limits_{x \to a} \dfrac{f(x)}{g(x)}$의 값과 $\lim\limits_{x \to a} f(x) = 0$, $\lim\limits_{x \to a} g(x) = \infty$

일 때, $\lim\limits_{x \to a} f(x)g(x)$의 값을 구하는 문제가 출제된다.

출제유형잡기 | (1) $\dfrac{0}{0}$꼴의 분수식인 경우 분모와 분자를

각각 인수분해한 후 약분하여 구하고, 무리식인 경우
$(A+B)(A-B) = A^2 - B^2$을 이용하여 식을 변형한 후
구한다.

(2) $0 \times \infty$꼴의 경우 통분을 하거나 유리화하여 극한값을
구한다.

06

최고차항의 계수가 1이고 모든 항의 계수가 정수인
삼차함수 $f(x)$가

$$\lim_{x \to 1+} \left\{ \frac{x-1}{\sqrt{f(x)}} + \frac{\sqrt{f(x)}}{x^2 - x} \right\} = \frac{5}{2}$$

을 만족시킬 때, $f(7)$의 값은? [4점]

① 352　　② 354　　③ 356　　④ 358　　⑤ 360

07

최고차항의 계수가 a $(a \neq 0)$인 삼차함수 $f(x)$가

$$\lim_{x \to -1} \frac{f(x)}{(x+1)^2} = \infty, \ \lim_{x \to 1} \frac{(x-1)^2}{f(x)f(x-2)} = -1$$

을 만족시킨다. $f(0) = 0$일 때, $f\left(\dfrac{1}{a}\right)$의 값은? [4점]

① 7 ② 9 ③ 11 ④ 13 ⑤ 15

08

최고차항의 계수가 1인 삼차함수 $f(x)$가

$$\lim_{x \to 1} \left\{ \frac{1}{f(x)} - \frac{1}{x^2 - 1} \right\} = 1$$

을 만족시킬 때, $f(4)$의 값은? [4점]

① 2 ② 4 ③ 6 ④ 8 ⑤ 10

09

최고차항의 계수가 양수인 다항함수 $f(x)$와 0이 아닌 실수 a에 대하여

$$\lim_{x \to \infty} \frac{\{f(x)\}^2}{x^4} = \lim_{x \to 0} \frac{1 - \sqrt{|f(x) - x|}}{x^2} = a$$

일 때, $f(8a)$의 값은? [4점]

① 1 ② 2 ③ 3 ④ 4 ⑤ 5

10

함수 $f(x) = \dfrac{|x-1||x-2|(x-3)}{(x-1)(x-2)|x-3|}$ 에 대하여

$\displaystyle\lim_{x \to 3+} f(x) + \lim_{x \to 2-} f(x) + \lim_{x \to 1+} f(x)$의 값은? [4점]

① -3 ② -2 ③ 1

④ 2 ⑤ 3

11

실수 전체 집합에서 미분 가능한 함수 $y = f(x)$가 $f(0) = 0$, $f'(0) = 5$를 만족할 때, $\displaystyle\lim_{x \to 0} \frac{f(f(x))}{x}$ 의 값을 구하시오. [4점]

출제유형 | $\displaystyle\lim_{x \to \infty} f(x) = \infty$, $\displaystyle\lim_{x \to \infty} g(x) = \infty$ 일 때,

$\displaystyle\lim_{x \to \infty} \dfrac{f(x)}{g(x)}$의 값 또는 $\displaystyle\lim_{x \to \infty} \{f(x) - g(x)\}$의 값을 구하는 문제가 출제된다.

출제유형잡기 |

(1) $\dfrac{\infty}{\infty}$ 꼴의 분수식인 경우 : 분모의 최고차항으로 분자와 분모를 각각 나눈 후 구한다.

(2) $\infty - \infty$ 꼴인 경우 : $(A+B)(A-B) = A^2 - B^2$을 이용하여 식을 변형한 후 구한다.

12

이차항의 계수가 1인 이차함수 $f(x)$에 대하여

$$\lim_{x \to \infty} \left\{ \sqrt{f(x)} + x^2 - f(x) \right\} = \lim_{x \to 2} \dfrac{x^3 - 4x^2 + x + 6}{-x^2 + x + 2} 일$$

때, $f(1)$의 값은? [4점]

① $\dfrac{1}{2}$ ② 1 ③ $\dfrac{3}{2}$ ④ 2 ⑤ $\dfrac{5}{2}$

13

실수 k와 다항함수 $f(x)$에 대하여

$$\left\{ \lim_{x \to 2} \frac{f(x)}{(x-2)^2}, \ \lim_{x \to \infty} \frac{f(x) - 2x^3}{2x^2} \right\} = \{0, k\}$$

일 때, 가능한 k의 값의 곱은? [4점]

① -72　　② -60　　③ -48　　④ -36　　⑤ -24

14

모든 항의 계수가 0이상인 정수를 가지는 다항함수 $f(x)$가 자연수 n에 대하여

$$\lim_{x \to \infty} \frac{\{f(x)\}^6}{x^{2n}} = 2^n, \ \lim_{x \to 0} \frac{f(x)}{x^2} = 0$$

을 만족시킬 때, $f(1)$의 최솟값은? [4점]

① 3　　　② 4　　　③ 5　　　④ 6　　　⑤ 7

15

두 함수 $f(x)$와 $g(x)$가 $x > 0$인 모든 실수 x에 대하여 부등식

$$\sqrt{4x+1} < f(x) < \sqrt{4x+4}, \ \sqrt{x} < g(x) < \sqrt{x+2}$$

을 만족시킬 때, $\displaystyle\lim_{x \to \infty} \frac{f(x) - g(x)}{\sqrt{x}}$ 의 값을 구하시오.

[4점]

미정계수의 결정

출제유형 | 함수의 극한에 대한 조건이 주어질 때, 미정계수를 구하거나 함숫값을 구하는 문제가 출제된다.

출제유형잡기 |

(1) 두 함수 $f(x)$, $g(x)$에 대하여 $\lim\limits_{x \to a} \dfrac{f(x)}{g(x)} = \alpha$

(α는 실수)일 때

    ① $\lim\limits_{x \to a} g(x) = 0$이면 $\lim\limits_{x \to a} f(x) = 0$

       ② $\alpha \neq 0$이고 $\lim\limits_{x \to a} f(x) = 0$이면

$\lim\limits_{x \to a} g(x) = 0$

    임을 이용하여 미정계수를 결정한다.

(2) 두 다항함수 $f(x)$, $g(x)$에 대하여

$\lim\limits_{x \to \infty} \dfrac{f(x)}{g(x)} = \alpha$ (α는 0이 아닌 실수)이면

($f(x)$의 차수)=($g(x)$의 차수)이고

$\alpha = \dfrac{(f(x)의\ 최고차항의\ 계수)}{(g(x)의\ 최고차항의\ 계수)}$이다.

16

최고차항의 계수가 1인 이차함수 $f(x)$가 실수 a에 대하여

$$\lim_{x \to 1} \frac{ax^2 f(x) - x f(x)}{x^2 - 1} = -2$$

을 만족시킨다. $f(a) = 0$일 때, $f(4)$의 최댓값은? [4점]

① 18   ② 15   ③ 12   ④ 9   ⑤ 6

17

정의역이 $\{x \mid x \geq 1\}$인 함수 $f(x)=x^2-2x+2$의 역함수를 $g(x)$라 할 때, 두 곡선 $y=f(x)$와 $y=g(x)$의 교점의 좌표 중 x좌표가 큰 점의 x좌표의 값을 a라 하자. $\lim\limits_{x \to a} \dfrac{f(x)-a}{g(x)-a}$의 값은? [4점]

① 0   ② 1   ③ 2   ④ 3   ⑤ 4

18

상수 k에 대하여 함수 $f(x)=\lim\limits_{a \to x} \dfrac{a^2-k^2}{\sqrt{a-x}}$가 양의 실수 전체의 집합에서 정의될 때, $f(4)$의 값은? [4점]

① $-\dfrac{15}{2}$ ② -5 ③ 1   ④ 5   ⑤ $\dfrac{15}{2}$

19

최고차항의 계수가 1인 사차함수 $f(x)$가

$$\lim_{x \to n} \frac{f(x) - n^2}{f(n) - x^2} = \frac{f(n)}{n^2} \ (n = 1, 2)$$

를 만족시킬 때, $f(3)$의 값은? [4점]

① -24 ② -27 ③ -30 ④ -33 ⑤ -36

20

최고차항의 계수가 1인 두 다항함수 $f(x)$, $g(x)$가 다음 조건을 만족시킬 때, $f(0) + g(2)$의 값은? [4점]

(가) $\lim\limits_{x \to \infty} \dfrac{g(-x) + x^3}{f(-x)} = 4$

(나) $\lim\limits_{x \to a} \dfrac{g(x)}{f(x)} = 0$을 만족시키는 a의 값은 0뿐이다.

(다) $g(1) = 0$

---

① 6 ② 7 ③ 8 ④ 9 ⑤ 10

21

이차항의 계수가 1인 이차함수 $f(x)$와 일차항의 계수가 1인 일차함수 $g(x)$가 다음 조건을 만족시킨다.

(가) $\lim\limits_{x \to -1} \dfrac{f(x)}{(x+1)g(x)} = 2$

(나) $\lim\limits_{x \to \infty} \dfrac{f(x) - xg(x)}{2x} = 2$

$f(1) + g(1)$의 값을 구하시오. [4점]

22

이차함수 $f(x)$가 모든 실수 a에 대하여 등식

$$\lim_{x \to a} \frac{af(x) - xf(a)}{x - a} = 1 - a^2$$

을 만족시킨다. $f(1) = 0$일 때, $f(0) - f(3)$의 값을 구하시오. [4점]

23

두 함수 $f(x) = \begin{cases} x+a & (x \leq a) \\ -ax & (x > a) \end{cases}$, $g(x) = x(x-1)$에

대하여 $\lim\limits_{x \to a} f(x)g(x+a)$ 의 값이 존재하도록 하는 모든

실수 a의 값의 합은? [4점]

① $-\dfrac{3}{2}$ ② $-\dfrac{1}{2}$ ③ $\dfrac{1}{2}$ ④ $\dfrac{3}{2}$ ⑤ $\dfrac{5}{2}$

출제유형 | 좌표평면에서의 선분의 길이 또는 도형의 넓이에 대한 극한값을 구하는 문제가 출제된다.

출제유형잡기 | 극한값을 구하려고 하는 식에 포함된 선분의 길이 또는 도형의 넓이를 한 문자에 대한 식으로 나타낸 다음 극한값을 구한다.

24

그림과 같이 양수 t에 대하여 점 $P(2t, 0)$과 원점 O를 지름의 양끝으로 하는 원이 $y = x^2(x+2)$와 만나는 점 중 원점 O가 아닌 점을 Q라 하자. 삼각형 OPQ의 넓이를 $S(t)$라 할 때, $\displaystyle\lim_{t \to 0+} \frac{S(t)}{t^3}$의 값은? [4점]

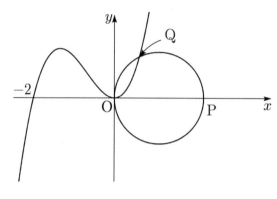

① 4　　② 6　　③ 8　　④ 10　　⑤ 12

25

최고차항의 계수가 양수인 다항함수 $f(x)$가 0이 아닌 모든 실수 x에 대하여

$$\left| \frac{f(x)}{x^3} - 2 \right| \le |x|$$

를 만족시킨다. $f(1)$의 최댓값과 최솟값의 합은? [4점]

① 5   ② 8   ③ 10   ④ 13   ⑤ 15

26

그림과 같이 좌표평면에서 직선 $y = -x + 1$이 x축, y축과 만나는 점을 각각 A, B라 하자. 점 P가 선분 AB 위를 움직일 때, 점 P를 중심으로 하고 중심이 O이고 반지름의 길이가 1인 원과 제1사분면에서 접하는 원을 그릴 때, 접점을 Q라 하자. 점 P의 x좌표가 t일 때, $\lim\limits_{t \to 1-} \dfrac{\overline{PA}}{\overline{PQ}}$의 값은? [4점]

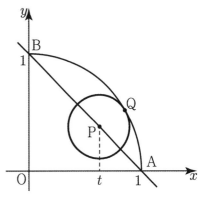

① 1   ② $\sqrt{2}$ ③ 2   ④ $\sqrt{6}$ ⑤ $2\sqrt{2}$

27

점 $A(0, 3)$와 점 $P(t, 0)$를 지나는 직선이 원
$x^2 + y^2 = 9$가 만나는 점 중 A가 아닌 점을 Q라 하고,
점 Q를 지나고 직선 AP와 수직인 직선이 원
$x^2 + y^2 = 9$과 만나는 점 중 Q가 아닌 점을 R이라 하자.
삼각형 AQR의 넓이를 $S(t)$라 할 때, $\lim\limits_{t \to \infty} t\,S(t)$의 값을
구하시오. (단, $t > 0$) [4점]

출제유형 | 함수 $f(x)$가 $x=a$에서 연속이기 위한 조건을 이용하여 미정계수를 구하는 문제가 출제된다.

출제유형잡기 | 함수 $f(x)$가 다음 세 조건을 만족시킬 때, 함수 $f(x)$는 $x=a$에서 연속이다.

(i) 함수 $f(x)$가 $x=a$에서 정의되어 있고

(ii) 극한값 $\lim\limits_{x \to a} f(x)$가 존재하며

(iii) $\lim\limits_{x \to a} f(x) = f(a)$

28

함수 $f(x) = x^2 + x$에 대하여 함수 $g(x)$를

$$g(x) = \begin{cases} -f(x) - 2a \ (x \geq a) \\ f(x+2) \quad (x < a) \end{cases}$$

라 할 때, 함수 $f(x)g(x)$는 $x=a$에서 연속이다. 가능한 모든 a의 값의 합은? [4점]

① -4 ② -3 ③ -2 ④ -1 ⑤ 0

29

실수 전체의 집합에서 정의된 함수

$$f(x)=\begin{cases} ax+3 & (x<1) \\ -2x+a & (x \geq 1) \end{cases}$$

이 있다. 함수 $f(x)f(4-x)$가 실수 전체의 집합에서 연속일 때, $f(a)$의 값은? [4점]

① -10 ② -8 ③ -6 ④ -4 ⑤ -2

30

최고차항의 계수가 -1인 이차함수 $f(x)$와 상수 a $(a>1)$에 대하여 함수

$$g(x)=\begin{cases} f(x) & (x<1) \\ -x^3+a & (x \geq 1) \end{cases}$$

이다. 함수 $f(x-k)g(x)$가 실수 전체의 집합에서 연속이 되도록 하는 실수 k의 개수는 1이고 함수 $g(x)$의 최댓값이 k일 때, $\{f(-a)\}^2$의 값을 구하시오. [4점]

31

실수 t에 대하여 직선 $y=t$가 곡선 $y=|x^2-1|$와
만나는 점의 개수를 $f(t)$라 하자. 최고차항의 계수가 1인
사차함수 $g(t)$에 대하여 함수 $g(f(t))$가 모든 실수 t에서
연속일 때, $f(3)+g(3)-g(1)$의 값을 구하시오. [4점]

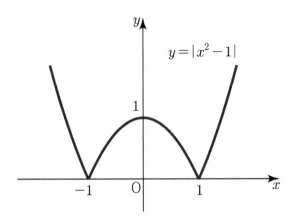

출제유형 | 연속 또는 불연속인 함수들의 합, 차, 곱 또는 몫의 연속성을 묻는 문제가 출제된다.

출제유형잡기 | $f(a)$, $\lim\limits_{x \to a} f(x)$의 값을 비교하여 $x = a$에서 연속성을 조사하고 구간에 따라 나누어 정의된 함수의 경우는 구간의 경계인 x의 값에서 좌극한과 우극한의 값을 비교하여 연속성을 조사한다.

32

함수 $f(x) = x^2 + ax + 1$에 대하여 함수 $g(x)$를

$$g(x) = \begin{cases} f(x+1) & (x \leq 0) \\ f(x-2) & (x > 0) \end{cases}$$

이라 하자. 함수 $y = g(x)$는 $x = 0$에서 불연속이고 함수 $y = \{g(x)\}^2$이 $x = 0$에서 연속이게 하는 상수 a의 값을 구하시오. [4점]

33

함수 $f(x) = \begin{cases} 1 & (x < 0) \\ -2 & (0 \le x \le 2) \\ 2 & (x > 2) \end{cases}$에 대하여 함수

$g(x) = \{f(x) + a\}^2\{(x-1)^2 + b\}$가 있다. 함수 $g(x)$가 a의 값에 관계없이 실수 전체의 집합에서 연속이 되도록 하는 상수 b의 값은? [4점]

① -1 ② $-\dfrac{1}{4}$ ③ 0 ④ $\dfrac{1}{4}$ ⑤ 1

34

그림은 실수 전체의 집합에서 정의된 함수 $y = f(x)$의 그래프이다. 함수 $f(x)$는 $x = 1$, $x = 4$에서만 불연속이다. 함수 $g(x) = 2\sin\left(\dfrac{\pi}{2}x\right) + k$에 대하여 함수 $(f \circ g)(x)$가 $x = 5$에서 불연속이 되도록 k의 값은? [4점]

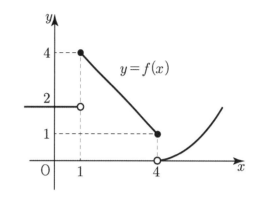

① -2 ② -1 ③ 0 ④ 1 ⑤ 2

35

다음 조건을 만족시키는 최고차항의 계수가 1인 모든 이차함수 $f(x)$에 대하여 $f(0)$의 최댓값은? [4점]

(가) $f(1+x) = f(1-x)$

(나) 함수 $\dfrac{x}{f(x)}$ 는 불연속인 점이 존재한다.

---

① $\dfrac{1}{2}$ ② 1 ③ $\dfrac{3}{2}$ ④ 2 ⑤ $\dfrac{5}{2}$

36

실수 전체의 집합에서 정의된 함수

$$f(x) = \begin{cases} -x & (x < 0) \\ x+1 & (0 \leq x < 1) \\ x+\alpha & (x \geq 1) \end{cases}$$

이 있다.

모든 양수 β에 대하여 함수 $f(x+\beta)f(x-\beta)$가 $x=1$에서 연속일 때, 상수 α의 값은? [4점]

① -2 ② -1 ③ 0 ④ 1 ⑤ 2

37

집합 $A = \left\{ x \mid 3x^2 - 8x - 16 \leq 0 \right\}$에 대하여

함수 $g(x)$를 $g(x) = \begin{cases} \dfrac{ax}{2x+2a} & (x \in A) \\ \dfrac{2x+2a}{ax} & (x \notin A) \end{cases}$ 로 정의하자.

함수 $g(x)$가 실수 전체의 집합에서 연속일 때, 상수 a의 값을 구하시오. (단, $a \neq 0$) [4점]

출제유형 | 최대·최소 정리 또는 사잇값 정리를 이용하는 문제가 출제된다.

출제유형잡기 | 함수 $f(x)$가 닫힌구간 $[a, b]$에서 연속일 때

(1) 함수 $f(x)$는 이 닫힌구간에서 최댓값과 최솟값을 갖는다.

(2) $f(a)f(b) < 0$이면 방정식 $f(x) = 0$은 열린구간 (a, b)에서 적어도 하나의 실근을 갖는다.

38

다항함수 $f(x)$에 대하여 $\lim_{x \to 1} \dfrac{f(x)}{x-1} = -2$, $\lim_{x \to 2} \dfrac{f(x)}{x-2} = -1$, $\lim_{x \to 3} \dfrac{f(x)}{x-3} = 1$일 때. 방정식 $f(x) = 0$은 구간 $[1, 3]$에서 적어도 m개의 실근을 갖는다. m의 최댓값은? [4점]

① 1   ② 2   ③ 3   ④ 4   ⑤ 5

39

실수 전체의 집합에서 정의된 함수 $f(x)$가 다음 조건을 만족시킨다.

(가) $-1 \leq x < 1$일 때,

$$f(x) = \begin{cases} a & (-1 \leq x < 0) \\ \cos \pi x + 2 & (0 \leq x < 1) \end{cases}$$

(나) 모든 실수 x에 대하여 $f(x) = f(x+2)$

함수 $|f(x) + b|$가 실수 전체의 집합에서 연속일 때, $a - b$의 최댓값과 최솟값의 합은? (단, a, b는 실수이다.) [4점]

① 6   ② 7   ③ 8   ④ 9   ⑤ 10

40

다항함수 $f(x)$가 다음 조건을 만족시킨다.

(가) 모든 실수 x에 대하여 $f(x) = -f(-x)$이다.

(나) $\displaystyle\lim_{x \to 1} \frac{f(x) + 5}{x - 1} = 4$

$f(1) + f'(-1)$의 값은? [4점]

① -2 ② -1 ③ 0 ④ 1 ⑤ 2

41

최고차항의 계수가 1인 삼차함수 $f(x)$와 $x = 0$을 제외한 모든 실수에서 연속이고 $x = 1$에서 미분가능하지 않은 함수 $g(x)$에 대하여

$$x < 0 \text{일 때, } f(x) + g(x) = x^2 + x + 1$$
$$0 < x < 1 \text{일 때, } f(x) - 2g(x) = x^2 + 10$$
$$x > 1 \text{일 때, } f(x) + 2x^2 g(x) = -11x^2$$

이다.

$$\lim_{x \to 0-} g(x) + \lim_{x \to 0+} g(x) = -4$$

$$\lim_{h \to 0-} \frac{g(1+h) - g(1)}{h} - \lim_{h \to 0+} \frac{g(1+h) - g(1)}{h} = -1$$

일 때, $f(2)$의 값을 구하시오. [4점]

42

그림과 같이 중심이 $C(-3, 0)$이고 반지름의 길이가 r $(r < 3)$인 원 C가 있다. 기울기가 $\dfrac{4}{3}$이고 원 C에 접하는 직선을 l이라 하자. 직선 l에 접하고 중심이 $C'(-5, 4)$인 원 C'의 반지름의 길이를 R이라 할 때 $\displaystyle\lim_{r \to 0+} R$의 값은? [4점]

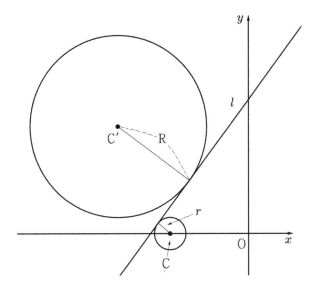

① $\dfrac{7}{2}$ ② 4 ③ $\dfrac{9}{2}$ ④ 5 ⑤ $\dfrac{11}{2}$

43

최고차항의 계수가 1인 이차함수 $f(x)$가 모든 실수 x에 대하여 $f(x) \geq 0$이고

$$\lim_{x \to 0} \frac{f(x)\{f(x) - 2\}}{x} = 1$$

을 만족시킬 때, $f(4)$의 값은? [4점]

① 20   ② 21   ③ 22   ④ 23   ⑤ 24

44

함수

$$f(x)=\begin{cases} 2x & (x<2) \\ 2 & (x=2) \\ -\dfrac{1}{2}x+2 & (x>2) \end{cases}$$ 에 대하여 함수

$f(x)f(a-x)$가 실수 전체의 집합에서 연속이 되도록 하는 모든 실수 a의 값의 합을 구하시오. [4점]

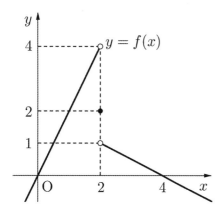

45

최고차항의 계수가 1인 다항함수 $f(x)$와 그림과 같은 그래프를 가지는 함수 $g(x)$에 대하여 함수 $h(x)$를

$$h(x)=f(x)g(x)$$

라 하자. 함수 $h(x)$는 실수 전체의 집합에서 미분가능하도록 하는 모든 $f(x)$ 중 차수가 가장 낮은 함수를 $f_1(x)$라 할 때, $f_1(3)$의 값은? [4점]

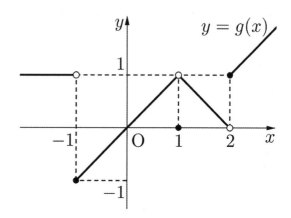

① 28   ② 29   ③ 30
④ 32   ⑤ 33

46

$0 \le x \le 4$에서 정의된 함수 $f(x)$의 그래프가 다음과 같을 때 $\lim\limits_{x \to 0+} \{f(a-x)+f(a+x)\}=5$를 만족하는 모든 실수 a의 값의 합은? (단, $0 \le x < 1$에서 $f(x)$의 그래프는 직선의 일부이다.) [4점]

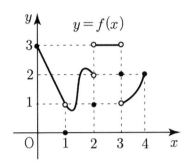

① $\dfrac{3}{2}$ ② 2 ③ $\dfrac{9}{4}$ ④ 3 ⑤ $\dfrac{11}{4}$

47

최고차항의 계수가 모두 1인 사차함수 $f(x)$와 삼차함수 $g(x)$가 다음 조건을 만족시킨다.

(가) $f(0)=0$, $g(1)=0$

(나) 두 극한값 $\lim\limits_{x \to 1}\dfrac{f(x)}{g(x)}$, $\lim\limits_{x \to 1}\dfrac{g(x-1)}{f(x)}$이 모두 존재한다.

(다) 극한값 $\lim\limits_{x \to 3}\dfrac{f(x+2)}{g(x-2)}$은 존재하고 $\lim\limits_{x \to 3}\dfrac{g(x+2)}{f(x-1)}$은 존재하지 않는다.

$f(6)=g(6)$일 때, $g(5)$의 값을 구하시오. [4점]

48

$a > 2$인 상수 a에 대하여 함수

$$f(x)=\begin{cases} \dfrac{x-1}{x-2} & (x < 2) \\ x^2 - ax & (x \geq 2) \end{cases}$$ 와 최고차항의 계수가 1인

사차함수 $g(x)$가 있다. 두 함수 $f(x)$와 $g(x)$에 대하여

함수 $h(x)$가 $h(x) = \dfrac{g(x)}{f(x)}$ $(x \neq 1, x \neq a)$일 때, 다음

조건을 만족시킨다.

(가) 함수 $h(x)$는 실수 전체의 집합에서 연속이다.
(나) $h(1) = h(a)$

$g'(2) = 0$일 때, a의 값은? [4점]

① $2\sqrt{2}$ ② 3 ③ 4 ④ $3\sqrt{2}$ ⑤ 5

49

함수 $f(x) = k|x-a|$에 대하여

$\displaystyle\lim_{x \to a} \dfrac{f(x-b) - f(a+b)}{x-a} = 3$을 만족시키는 k의 값은?

(단, $k > 0$, a, b는 상수이다.) [4점]

① 1 ② 2 ③ 3 ④ 4 ⑤ 5

50

최고차항의 계수가 양수이고 상수항과 계수가 모두 정수인 두 다항함수 $f(x)$, $g(x)$가 다음 조건을 만족시킬 때, $f\left(\dfrac{1}{2}\right)$의 최솟값은? [4점]

(가) $\displaystyle\lim_{x \to \infty} \dfrac{f(x)g(x)}{x^4} = 1$

(나) $\displaystyle\lim_{x \to 0} \dfrac{f(x)g(x)}{x^2} = 1$

(다) $y = f(x)g(x)$의 그래프가 x축과 만나는 점의 개수는 2이다.

① $-\dfrac{9}{4}$　　　② -2　　　③ $-\dfrac{7}{4}$

④ -1　　　⑤ $-\dfrac{1}{2}$

51

두 함수 $f(x)$, $g(x)$에 대하여 함수 $f(x)$는 최고차항의 계수가 1인 삼차함수이고 $\displaystyle\lim_{x \to \infty}\{f(x) + 2g(x)\} = 2$일 때,

$$\lim_{x \to \infty} \dfrac{x^3 + \{f(x)\}^2 + 2f(x)g(x) - \dfrac{2f(x)g(x)}{x^3}}{3f(x) + 2g(x)}$$

의 값을 구하시오. [4점]

52

실수 t에 대하여 x에 대한 이차방정식
$x^2 + 2tx + kt = 0$의 서로 다른 실근의 개수를 $f(t)$라
하자. 함수 $g(f(t))$가 실수 전체의 집합에서 연속이
되도록 하는 최고차항의 계수가 1인 삼차함수 $g(t)$에
대하여 $g(4) - g(3)$의 값의 값은? (단, k는 양의 상수이고
중근은 실근의 개수가 1이다.) [4점]

① 16   ② 18   ③ 20

④ 22   ⑤ 24

53

양수 a와 다항함수 $f(x)$에 대하여 함수 $g(x)$를

$$g(x) = \begin{cases} \dfrac{f(x) + x^2}{x^2 - 2ax - 3a^2} & (x \neq -a, \, x \neq 3a) \\ 2 & (x = 3a) \\ -6 & (x = -a) \end{cases}$$

라 하자. 함수 $g(x)$가 실수 전체의 집합에서 연속이고,

$\displaystyle \lim_{x \to \infty} \frac{g(x)}{x} = 2$일 때, $f(1)$의 값을 구하시오. [4점]

미분법

미분계수의 뜻과 정의

출제유형 | 주어진 극한값의 식의 변형을 응용하여 미분계수를 구하거나 미분계수의 기하학적 의미가 접선의 기울기임을 이용하여 미분계수를 구하는 문제가 출제된다.

출제유형잡기 | 미분계수의 정의를 여러 변형된 식으로 활용할 수 있어야 하고 미분계수가 곡선에 접하는 접선의 기울기임을 이해하고 활용할 줄 알아야 한다.

(1) 함수 $y = f(x)$의 $x = a$에서의 미분계수

$$f'(a) = \lim_{h \to 0} \frac{f(a+h) - f(a)}{h} = \lim_{h \to 0} \frac{f(a+kh) - f(a)}{kh}$$

(단, k는 0이 아닌 상수)

(2) 곡선 $y = f(x)$ 위의 점 $(a, f(a))$에서의 접선의 기울기가 p이면

$$f'(a) = \lim_{h \to 0} \frac{f(a+h) - f(a)}{h} = \lim_{x \to 0} \frac{f(x) - f(a)}{x - a} = p$$

54

두 다항함수 $f(x)$, $g(x)$가 다음 조건을 만족시킨다.

(가) $\displaystyle\lim_{x \to 1} \frac{f(x) - 2}{x^2 - x} = 3$
(나) $\displaystyle\lim_{h \to 0} \frac{h}{g(1+h) - 1} = \dfrac{1}{3}$

함수 $h(x) = f(x)g(x)$에 대하여 $h'(1)$의 값을 구하시오. [4점]

55

실수 t와 실수 전체의 집합에서 연속인 함수 $f(x)$에 대하여 x의 값이 t부터 $t+2$까지 변할 때의 평균변화율을 $g(t)$라 하자. 두 함수 $f(x)$, $g(t)$가 다음 조건을 만족시킬 때, $f(7)$의 값은? [4점]

(가) 모든 실수 x에 대하여
$f(1+x)+f(1-x)=0$이다.
(나) $g(-5)=-9$, $g(-1)=2$, $g(3)=0$

---

① 13　　② -13　③ 14　　④ -14　⑤ 15

56

두 양수 a, b에 대하여 실수 전체의 집합에서 연속인 함수

$$f(x)=\begin{cases} ax\cos(\pi x)+bx & (0 \leq x < 1) \\ x^2 & (x \geq 1) \end{cases}$$

이 있다. x의 값이 0에서 t $(t>0)$까지 변할 때의 함수 $f(x)$의 평균변화율을 $g(t)$라 하자. 방정식 $g(t)-k=0$이 오직 한 근을 갖도록 하는 실수 k중 두 번째로 작은 값이 10일 때, $a+b$의 값은? [4점]

① $\dfrac{19}{2}$　② 10　③ $\dfrac{21}{2}$　④ 11　⑤ $\dfrac{23}{2}$

미분가능과 연속

출제유형 | 함수가 특정한 x에서 미분가능한지, 즉 미분계수가 존재하는지에 대하여 묻는 문제, 구간에 따라 주어진 함수가 다르고 미정계수를 포함한 미분가능함을 이용하여 미정계수를 구할 수 있는지를 묻는 문제가 출제된다.

출제유형잡기 |

$\lim\limits_{x \to a-} \dfrac{f(x)-f(a)}{x-a} = \lim\limits_{x \to a+} \dfrac{f(x)-f(a)}{x-a}$ 이면 미분계수 $f'(a)$가 존재하고, 미분가능하면 연속임을 이용한다.

57

실수 k에 대하여 함수 $f(x)$를

$$f(x) = k - 2x$$

이라 하자. 실수 전체의 집합에서 미분가능하고 다음 조건을 만족시키는 모든 함수 $g(x)$에 대하여 $g(0)$의 최댓값을 $h(k)$라 할 때, $h(-3) \times h(2)$의 값을 구하시오. [4점]

> 모든 양의 실수 x에 대하여 $g'(x) = f(x)$이고 $g(x) \leq f(x)$이다.

58

이차함수 $f(x) = \frac{1}{2}x^2 - 2x + a$ $(a < 2)$에 대하여 함수 $g(x)$를

$$g(x) = |\,f(x) \times f'(x)\,|$$

라 하자. 방정식 $g(x) = 0$의 모든 해의 곱이 2일 때, 함수 $|g(x) - b|$가 미분가능하지 않은 점의 개수가 5이게 하는 양수 b의 최솟값을 m이라 하자. $a + m$의 값은? [4점]

① 2   ② $\frac{7}{4}$ ③ $\frac{3}{2}$ ④ $\frac{5}{4}$ ⑤ 1

59

실수 t에 대하여 곡선 $y = |2^x - 2|$와 직선 $y = t$의 교점의 개수를 $f(t)$라 하자. 다항함수 $g(x)$에 대하여 $\lim\limits_{x \to \infty} \dfrac{g(x) - x^4}{x^3} = a$이고 함수 $f(x)g(x)$가 실수 전체의 집합에서 미분가능할 때, 상수 a의 값은? (단, $a \neq 0$) [4점]

① -4 ② -2 ③ 2   ④ 4   ⑤ 6

60

함수

$$f(x)=\begin{cases}-x-2 & (x<-1)\\ -|x|+1 & (-1\le x<2)\\ x-1 & (x\ge 2)\end{cases}$$

에 대하여 함수 $g(x)$를 $g(x)=\dfrac{f(x)+|f(x)|}{2}$라 할

때, 옳은 것만을 보기에서 있는 대로 고른 것은? [4점]

| 보기 |

ㄱ. $\displaystyle\lim_{x\to -2} f(x)g(x)$는 존재한다.

ㄴ. 함수 $f(x)+g(x-k)$가 $x=2$에서 연속이
   되도록 하는 정수 k가 존재한다.

ㄷ. 함수 $f(x)g(x-2)$는 $x=2$에서 미분가능하다.

---

① ㄱ 　　② ㄴ 　　③ ㄱ, ㄴ
④ ㄱ, ㄷ 　　⑤ ㄱ, ㄴ, ㄷ

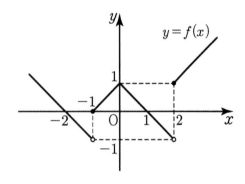

61

사차함수 $f(x)=(x-1)^2(x-3)^2-2$와 실수 전체의
집합에서 정의된 함수 $g(x)$가 두 실수 p, q에 대하여

$$xg(x)=|xf(|x|-p)+qx|$$

을 만족시킨다. 함수 $g(x)$가 $g'(0)=0$이고 $x=a$에서
미분가능하지 않은 실수 a의 개수가 2일 때, p^2+q^2의
값을 구하시오. [4점]

62

함수 $f(x) = |x-1|(x+a)$가 $x=1$에서 미분가능하도록 하는 a의 값은? [4점]

① -2 ② -1 ③ 0 ④ 1 ⑤ 2

63

함수 $f(x) = \begin{cases} \dfrac{1}{2}x^2 + a & (x < 1) \\ \dfrac{2}{3}x^3 + bx + c & (x \geq 1) \end{cases}$ 가 다음 조건을

만족시킬 때, $6a + 2b + 3c$의 값을 구하시오. (단, a, b, c는 상수이다.) [4점]

> (가) 함수 $f(x)$는 $x=1$에서 미분가능하다.
>
> (나) 함수 $f(x)$의 최솟값은 $\dfrac{1}{6}$이다.

64

실수 전체의 집합에서 정의된 함수 $f(x)$에 대하여 $\lim_{x \to n} f(x)$의 값이 존재하고 $f'(n)$의 값은 존재하지 않는다. $\lim_{x \to n} \dfrac{f(x)+1}{x-n} = n$일 때,

$\lim_{h \to 0} \dfrac{f(n+h)-f(n-h)}{h} = 100$이다. n의 값은? [4점]

① 25   ② 50   ③ 75   ④ 100   ⑤ 200

도함수와 미분법

출제유형 | 미분법을 이용하여 미분계수를 구하거나 여러 식의 값을 구하는 문제가 출제된다.

출제유형잡기 | 도함수를 구하고 이 도함수를 이용하여 미분계수를 구할 수 있어야 하며 여러 변형된 식에서도 활용할 수 있어야 한다.

두 함수 $f(x)$, $g(x)$가 미분가능할 때

(1) $y = x^n$ ($n \geq 2$인 정수)이면 $y' = nx^{n-1}$

(2) $y = x$이면 $y' = 1$

(3) $y = c$ (c는 상수)이면 $y' = 0$

(4) $\{cf(x)\}' = cf'(x)$ (단, c는 상수)

(5) $\{f(x) + g(x)\}' = f'(x) + g'(x)$

(6) $\{f(x) - g(x)\}' = f'(x) - g'(x)$

(7) $\{f(x)g(x)\}' = f'(x)g(x) + f(x)g'(x)$

65

다항함수 $f(x)$가

$$\lim_{x \to 0} \frac{f(x) - 1}{x^2 \{f'(x) - 4\}} = 2$$

을 만족시킨다. $\displaystyle\lim_{x \to 0} \frac{f'(x)}{x}$ 의 값은? [4점]

① -16 ② -8 ③ -4 ④ 8 ⑤ 16

66

최고차항의 계수가 1인 삼차함수 $f(x)$와 최고차항의 계수가 -1인 사차함수 $g(x)$가 다음 조건을 만족시킬 때, $f(1)$의 값은? [4점]

(가) $f(1)=g(1)$, $f(2)=\dfrac{g(2)}{2}$, $f(3)=\dfrac{g(3)}{3}$,

$\qquad f(4)=\dfrac{g(4)}{4}$

(나) $f'(1)=g'(1)-4$

① -8 ② -7 ③ -6 ④ -5 ⑤ -4

67

두 다항함수 $f(x)$, $g(x)$에 대하여 함수

$$h(x)=3f(x)+2g(x)$$

라 하자. 두 함수 $f(x)$, $g(x)$와 함수 $h(x)$는 다음 조건을 만족시킨다.

(가) $h(x)=\displaystyle\sum_{k=1}^{2n} x^{k-1}$ (단, n은 자연수)

(나) 모든 실수 x에 대하여 $f(-x)=f(x)$, $g(-x)=-g(x)$이다.

$h'(1)=190$일 때, $f(1)+g(1)$의 값은? [4점]

① 8 ② $\dfrac{25}{3}$ ③ $\dfrac{26}{3}$ ④ 9 ⑤ $\dfrac{28}{3}$

68

다항함수 $f(x)$가 모든 실수 x에 대하여

$$f(x)f'(x) = 16x - 9$$

을 만족시킬 때, 가능한 모든 $f(x)$의 그래프와 y축으로 둘러싸인 부분의 넓이는? [4점]

① $\dfrac{81}{128}$ ② $\dfrac{81}{64}$ ③ $\dfrac{81}{32}$ ④ $\dfrac{81}{16}$ ⑤ $\dfrac{81}{8}$

69

함수 $f(x) = \begin{cases} x^3 - 3x^2 + 2 & (x \leq 0 \text{ 또는 } x \geq 1) \\ x^3 - 3x^2 & (0 < x < 1) \end{cases}$

에 대하여 $\displaystyle\lim_{x \to 0+} f(f'(x)) - \lim_{x \to 1} f(f'(x))$의 값을 구하시오. [4점]

70

사차함수 $f(x)$에 대하여 함수 $g(x)$를

$$g(x)= \begin{cases} \dfrac{f(x)}{x+1} \ (x < -1) \\ ax+b \ (-1 \leq x \leq 1) \\ \dfrac{f(x)}{x-1} \ (x > 1) \end{cases}$$

라 하자. 함수 $g(x)$가 실수 전체의 집합에서 연속이고 $x=1$에서 미분가능할 때, $\displaystyle\lim_{x \to 1}\dfrac{g(x)-2}{f(x)}=\dfrac{1}{2}$ 이다. $g(-3)$의 값을 구하시오. [4점]

71

다항함수 $f(x)$가 모든 실수 x에 대하여

$$f(x)-2f(-x)=3x^2-x+2$$

을 만족시킨다. $f'\left(-\dfrac{5}{9}\right)$의 값을 구하시오. [4점]

출제유형 | 곡선 위의 점에서의 접선의 기울기와 미분계수가 같음을 이용하여 접점의 좌표, 접선의 기울기, 접선의 방정식을 구하는 문제가 출제된다.

출제유형잡기 | 곡선 $y = f(x)$위의 점 $(t, \ f(t))$에서의 접선의 기울기가 $f'(t)$임을 이해하고 이를 이용하여 여러 형태로 제시된 문제를 해결할 수 있어야 한다. 특히 접선의 방정식은 직선의 방정식임을 이해하고 이와 관련된 기본적인 사항을 활용할 줄 알아야 한다.

72

두 상수 $a\,(a > 0)$, b에 대하여 함수 $f(x) = ax^3 + bx^2$이 있다. 곡선 $y = f(x)$ 위의 점 $A(1, f(1))$에서의 접선이 곡선 $y = f(x)$와 A가 아닌 점 B에서 만난다. 두 직선 OA, OB가 수직이고, $f(1) = 2f'(1)$일 때, $f(2)$의 값은? (단, O는 원점이다.) [4점]

① 2   ② 4   ③ 6   ④ 8   ⑤ 10

73

상수 a $(a > 0)$에 대하여 함수

$$f(x) = -x^2 - a$$

가 있다. 양수 t에 대하여 점 $(t, f(t))$에서 곡선 $y = x^2 + a$에 그은 두 접선의 기울기 차를 $g(t)$라 하자. 함수 $g(t)$의 최솟값이 4일 때, a의 값은? [4점]

① $\dfrac{1}{32}$　② $\dfrac{1}{16}$　③ $\dfrac{1}{8}$　④ $\dfrac{1}{4}$　⑤ $\dfrac{1}{2}$

74

최고차항의 계수가 1인 이차함수 $f(x)$와 상수 a에 대하여 곡선 $y = (x-1)f(x)$ 위의 점 $(a, 2)$에서의 접선과 곡선 $y = (x^2 - 1)f(x)$ 위의 점 $(a, 2)$에서의 접선이 서로 수직일 때, $f(4)$의 값은? [4점]

① 8　② 9　③ 10　④ 11　⑤ 12

75

최고차항의 계수가 1인 삼차함수 $f(x)$가 다음 조건을 만족시킨다.

(가) $\displaystyle\lim_{x \to 0}\frac{f(x)-a}{x}=2 \ (a>0)$

(나) 점 P $(0, f(0))$에서의 접선에 수직이고 점 P를 지나는 직선이 곡선 $y=f(x)$와 x축 위의 점에서 접한다.

$f\left(\dfrac{1}{2}\right)$의 값은? [4점]

① 1   ② $\dfrac{9}{8}$ ③ $\dfrac{5}{4}$ ④ $\dfrac{11}{8}$ ⑤ $\dfrac{3}{2}$

76

$a>0$인 실수 a에 대하여 원점에서 함수 $f(x)=x(x-a)(x-2a)$에 그은 두 접선과 $(2a, 0)$에서 곡선 $y=x(x-a)(x-2a)$에 그은 두 접선으로 둘러싸인 부분의 넓이를 $g(a)$라 하자. $g'(3)$의 값을 구하시오. [4점]

77

최고차항의 계수가 1인 사차함수 $f(x)$가 다음 조건을 만족시킨다.

> (가) $\lim\limits_{x \to 0} \dfrac{f(x) - 2}{x} = 2$
>
> (나) 모든 실수 x에 대하여
> $f'(a)(x - a) \le f(x) - f(a)$이 성립하도록
> 하는 실수 a의 값의 범위는 $a \le -2$ 또는
> $a \ge 1$이다.

$f(2)$의 값은? [4점]

① 18   ② 20   ③ 22   ④ 24   ⑤ 26

78

좌표평면에서 x축 위의 점 $(t, 0)$을 지나고 곡선 $y = (x + 1)(x - 2)^2$에 접하는 직선의 개수를 $f(t)$라 하자. 함수 $f(t)$가 열린구간 $(-1, a)$에서 연속이 되도록 하는 실수 a의 최댓값을 α라 하자.

$\lim\limits_{t \to \alpha-} f(t) + 2 \lim\limits_{t \to \alpha+} f(t) + 3f(\alpha)$의 값을 구하시오.

[4점]

출제유형 | 함수의 증가와 감소를 문제에서 주어진 조건이나 그래프 등을 이용하여 구하는 다양한 형태의 문제가 출제된다.

출제유형잡기 | 함수의 증가와 감소를 문제에서 주어진 조건이나 그래프 등을 이용하여 판단할 수 있어야 한다.

함수 $f(x)$가 어떤 열린구간에서 미분가능하고, 이 구간의 모든 x에 대하여

(1) $f'(x) > 0$이면 $f(x)$는 이 구간에서 증가한다.

(2) $f'(x) < 0$이면 $f(x)$는 이 구간에서 감소한다.

79

최고차항의 계수가 1인 삼차함수 $f(x)$에 대하여 함수

$$g(x) = \begin{cases} f(x) & (x < 0) \\ x - 1 & (x \geq 0) \end{cases}$$

가 실수 전체의 집합에서 증가하고 미분가능할 때, $g(-1)$의 최댓값은? [4점]

① $-3 + \sqrt{3}$ ② $-4 + \sqrt{3}$ ③ $-5 + \sqrt{3}$
④ $-6 + \sqrt{3}$ ⑤ $-7 + \sqrt{3}$

80

함수 $f(x) = x^3 + 6x^2 + 15 \mid x - 3a \mid + 5$이 실수 전체의 집합에서 증가하도록 하는 실수 a의 최댓값은? [4점]

① $-\dfrac{5}{2}$ ② -2 ③ $-\dfrac{5}{3}$ ④ -1 ⑤ $-\dfrac{1}{2}$

81

최고차항의 계수가 1인 삼차함수 $f(x)$가 다음 조건을 만족시킨다.

(가) 모든 실수 x에 대하여 $f'(x) \geq f'(0)$

(나) 열린구간 $(-1, 2)$에 속하는 임의의 서로 다른 두 실수 x_1, x_2에 대하여
$$\frac{f(x_1) - f(x_2)}{x_1 - x_2} \leq 0$$이다.

$f(1)$의 최댓값이 10일 때, $f(2)$의 값은? [4점]

① 5 ② 7 ③ 9 ④ 11 ⑤ 13

82

감소함수

$$f(x)= \begin{cases} x^2 + 2ax - 1 & (x \leq 0) \\ -x^3 + 6x^2 + bx - 1 & (x > 0) \end{cases}$$

가 실수 전체의 집합에서 미분가능할 때, $f(-1)+f(2)$의 최댓값은? [4점]

① -5 ② -3 ③ -1 ④ 1 ⑤ 3

83

다음 조건을 만족시키는 모든 함수 $f(x) = x^3 + ax + 5$에 대하여 $f(2)$의 최솟값은? (단, a는 실수이다.) [4점]

$-2 < x_1 < x_2 < 2$인 임의의 두 실수 x_1, x_2에 대하여 $f(x_1) < f(x_2)$이다.

① 10 ② 13 ③ 16 ④ 19 ⑤ 22

함수의 극대와 극소

최고차항의 계수가 3인 이차함수 $f(x)$에 대하여, 실수 전체의 집합에서 연속인 함수

$$g(x) = \begin{cases} f'(x) \times f(x) & (|x| \leq 2) \\ -f'(x) \times f(x) & (|x| > 2) \end{cases}$$

은 $x = -2$, $x = 2$에서 극댓값을 갖는다. $f(7)$의 값을 구하시오. [4점]

출제유형 | 문제에서 주어진 조건이나 그래프 등을 이용하여 함수의 극대, 극댓값과 극소, 극솟값을 구하는 다양한 형태의 문제가 출제된다.

출제유형잡기 | 문제에서 주어진 조건이나 그래프 등을 이용하여 함수의 극대, 극댓값과 극소, 극솟값을 판단할 수 있어야 한다.

미분가능한 함수 $f(x)$에 대하여 $f'(a) = 0$일 때,

$x = a$이 좌우에서 $f'(x)$의 부호가

① 양$(+)$에서 음$(-)$으로 바뀌면 $f(x)$는 $x = a$에서 극대이다.

② 음$(-)$에서 양$(+)$으로 바뀌면 $f(x)$는 $x = a$에서 극소이다.

85

삼차함수 $f(x) = x^3 - 3x^2 + 2$와 실수 t에 대하여 x에 대한 이차방정식

$$\{x - f(t)\}\{x + f(t)\} = 0$$

의 실근 중에서 작지 않은 것을 $g(t)$, 크지 않은 것을 $h(t)$라 하자. 방정식 $g(t) - h(t) = 4$의 모든 실근의 합은? [4점]

① 2   ② 3   ③ 4   ④ 5   ⑤ 6

86

최고차항의 계수가 1인 사차함수 $f(x)$와 최고차항의 계수가 1인 이차함수 $g(x)$가 다음 조건을 만족시킨다.

(가) $f(0) = 0$이고 함수 $|f(x)|$는 $x = \alpha$
　　$(\alpha > 0)$에서만 미분가능하지 않다.

(나) 모든 실수 x에 대하여 $f(x)g(x) \geq 0$이고 함수
　　$f(x)g(x)$는 $x = \beta$에서 극댓값 16을 갖는다.

$\alpha \times \beta$의 값은? [4점]

① 6   ② 9   ③ 11   ④ 14   ⑤ 17

87

최고차항의 계수가 1인 삼차함수 $f(x)$가 양의 실수 k에 대하여 다음 조건을 만족시킬 때, $f(2k)$의 값은? [4점]

(가) $f(0) = f'(0) = 0$

(나) 함수 $|f(x) + k|$의 $x = 0$과 $x = k$에서 동일한 극댓값을 갖는다.

---

① 12   ② 16   ③ 20   ④ 24   ⑤ 28

88

최고차항의 계수가 1인 삼차함수 $f(x)$에 대하여 세 개의 수 $f(-2)$, $f(0)$, $f(2)$가 이 순서대로 공차가 2인 등차수열을 이루고, 함수 $f(x)$는 극댓값 3을 가진다. $f(x)$의 극솟값은? [4점]

① -1 ② $-\dfrac{3}{2}$ ③ -2 ④ $-\dfrac{5}{2}$ ⑤ -3

89

사차함수 $f(x) = k(x-1)(x-2)(x-a)(x-a-1)+1$ $(k < 0)$에 대하여 사차방정식 $f(x) = 1$은 서로 다른 두 실근을 가질 때, $f(x) = 0$이 서로 다른 세 실근을 가진다. $f(0)$의 값은? (단, $a > 0$) [4점]

① -127 ② -63 ③ -31
④ -15 ⑤ -7

90

최고차항의 계수가 k $(k > 0)$인 두 사차함수 $f(x)$, $g(x)$가 다음 조건을 만족시킨다.

(가) 모든 실수 x에 대하여
  $f(x)g(x) = k^2(x-a)^4(x-b)^4$이다.

(나) 함수 $f(x)$는 $x = a+3$에서 극솟값 -27을 갖는다.

$|g(a+3)|$의 값을 구하시오. (단, $a+4 < b$) [4점]

91

최고차항의 계수가 모두 1인 삼차함수 $f(x)$와 두 다항함수 $g(x)$, $h(x)$는 다음 조건을 만족시킨다.

> (가) 두 함수 $g(x)$와 $h(x)$는 상수항을 포함한 모든 계수가 정수이다.
>
> (나) $h(x) = \dfrac{f(x)}{g(x)}$ 이고 $h(1) = 0$이다.
>
> (다) $f(x)$의 극솟값은 양수이다.

상수함수가 아닌 다항함수 $g(x)$가 오직 한 개뿐일 때, $f(4)$의 값은? [4점]

① 6 　　 ② 32 　　 ③ 54 　　 ④ 78 　　 ⑤ 102

출제유형 | 다양하게 주어진 조건을 이용하여 그래프를 추론하고 닫힌구간에서 함수의 최댓값과 최솟값을 구하는 문제와 도형의 길이, 넓이, 부피의 최댓값과 최솟값을 구하는 문제 등이 출제된다.

출제유형잡기 | 그래프를 추론하고 닫힌구간에서 극댓값, 극솟값을 구하고 닫힌구간의 양 끝 값에서의 함숫값과 비교하여 최댓값과 최솟값을 구한다. 도형의 길이, 넓이, 부피 등의 최댓값과 최솟값은 주어진 조건에 따라 미지수 x로 놓고 x에 대한 함수 $f(x)$로 나타내어 함수 $f(x)$의 최댓값과 최솟값을 구한다.

92

최고차항의 계수가 1인 이차함수 $f(x)$에 대하여 함수 $g(x)$가

$$g(x) = \begin{cases} f(x) & (x < 0) \\ -f(-x) & (x \geq 0) \end{cases}$$

이다. 함수 $g(x)$가 실수 전체의 집합에서 연속일 때, 실수 t에 대하여 구간 $[t, t+2]$에서 함수 $g(x)$의 최솟값을 $h(t)$라 하면 함수 $h(t)$는 $t = 0$에서 미분가능하지 않다. 방정식 $h(t) + 1 = 0$의 가장 큰 실근은? [4점]

① $3 - \sqrt{2}$ ② $2 - \sqrt{2}$ ③ $-\dfrac{1}{2} + \sqrt{2}$

④ $-1 + \sqrt{2}$ ⑤ $1 + \sqrt{2}$

93

$k > -5$인 실수 k에 대하여 닫힌구간 $[-5, k]$에서 함수 $f(x) = x^3 - 3x^2 - 24x + a$의 최댓값과 최솟값의 차가 108이 되도록 하는 k의 최댓값을 M, 최솟값을 m이라 하자. $M + m$의 값은? (단, a는 실수이다.) [4점]

① 4   ② 5   ③ 6   ④ 7   ⑤ 8

94

최고차항의 계수가 양수인 삼차함수 $f(x)$위의 점 $(p, f(p))$에서의 접선의 방정식을 $y = g(x)$라 하자. 함수 $h(x)$가 $h(x) = f(x) - g(x)$일 때, $h(3) = 0$이다. 방정식 $h'(x) + f'(p) = 0$의 두 근이 -1과 1일 때, p의 값은? (단, $p \neq 3$) [4점]

① -1 ② $-\dfrac{13}{12}$ ③ $-\dfrac{7}{6}$ ④ $-\dfrac{17}{12}$ ⑤ $-\dfrac{3}{2}$

95

최고차항의 계수가 음수인 사차함수 $f(x)$가 있다. 함수

$$g(x) = \begin{cases} f'(0)x + f(0) & (x < 0) \\ f(x) & (0 \le x < 2) \\ f'(2)(x-2) + f(2) & (x \ge 2) \end{cases}$$

의 치역이 집합 $\{y \mid 1 \le y \le 3\}$이다.
$g(-1) + g(3) = 6$일 때, $f(-1) + f(3)$의 값은? [4점]

① -22 ② -24 ③ -26 ④ -28 ⑤ -30

96

함수 $f(x) = x^4 - 2ax^3 + a^2x^2 + bx$ $(a > 0, b > 0)$에 대하여 곡선 $y = f(x)$와 직선 $y = bx$의 교점 중 원점 O가 아닌 점을 A라 하자. 점 P가 원점으로부터 점 A까지 곡선 $y = f(x)$ 위를 움직일 때, 삼각형 OAP의 넓이가 최대가 되는 점 P의 x좌표가 1이다. 삼각형 OAP의 넓이의 최댓값을 M이라 할 때, $a + M$의 값은? [4점]

① $\dfrac{5}{4}$ ② 2 ③ $\dfrac{9}{4}$ ④ 3 ⑤ $\dfrac{15}{4}$

97

최고차항의 계수가 1인 삼차함수 $f(x)$가 모든 실수 x에 대하여 $f(x) = x^3 - t^2 x$ 를 만족시킨다. 양수 t에 대하여 좌표평면 위의 네 점 $(3, 0)$, $(0, 6)$, $(-3, 0)$, $(0, -6)$를 꼭짓점으로 하는 마름모가 곡선 $y = f(x)$와 만나는 점의 개수를 $g(t)$라 할 때, 함수 $g(t)$는 $t = \alpha$, $t = \beta$ 에서 불연속이다. $\dfrac{(\alpha^2 + 2)^3}{9} \times \beta$ 의 값을 구하시오. (단, α는 $0 < \alpha < \beta < 6$인 상수이다.) [4점]

98

함수 $f(x)$를 $f(x) = \dfrac{1}{4}x^4 - x^2 + k$라 하자. 양수 a에 대하여 곡선 $y = f(x)$와 직선 $x = a$가 만나는 점을 A라 하고 직선 OA의 기울기를 $g(a)$라 하자. 양의 실수 전체의 집합에서 정의된 함수 $g(a)$가 4를 최솟값으로 가질 때, 상수 k의 값은? (단, O는 원점이다.) [4점]

① 1 ② 2 ③ 4 ④ 8 ⑤ 16

99

실수 t에 대하여 닫힌구간 $[t,\ t+1]$에서 함수
$f(x)=x^2(x-2)^2$의 최댓값을 $g(t)$라 할 때, 함수
$g(t)$가 미분가능하지 않은 모든 t의 값의 합은? [4점]

① $-\sqrt{3}$ ② $-\dfrac{1}{2}$ ③ 1

④ $\dfrac{3-\sqrt{3}}{2}$ ⑤ 2

100

최고차항의 계수가 -1인 삼차함수 $f(x)$에 대하여 구간
$[a,\ \infty)$에서 함수 $f(x)$의 최댓값을 $g(a)$라 하자. 함수
$g(a)$가 극대인 점의 a의 값을 원소로 갖는 집합을 A이라
할 때, 집합 A의 원소 중 정수는 -1과 0뿐이고
$f(0)=g(0)=1$이다. $f(-4)$의 최솟값을 구하시오. [4점]

101

최고차항의 계수가 정수인 삼차함수 $f(x)$가 다음 조건을 만족시킨다.

(가) 함수 $(x^2 - 2x + 3)f(x)$는 $x = 1$에서 극값 6을 갖는다.

(나) $f'(2+x) = f'(2-x)$

(다) $-10 < f'(0) < 10$

$f(3)$의 최댓값을 M, 최솟값을 m이라 할 때, $M-m$의 값을 구하시오. [4점]

102

최고차항의 계수가 1인 삼차함수 $f(x)$가 다음 조건을 만족시킨다.

(가) $f(-x) + f(x) = 0$

(나) $a \geq k > 0$인 a에 대하여 구간 $[k, a)$에 속하는 모든 실수 x는 $x-k \leq f(x) \leq x^2 - k^2$를 만족시킨다.

$f(-1)$의 최댓값을 M, 최솟값을 m이라 하자. $10(M-m)$의 값을 구하시오. [4점]

출제유형 | 함수 $y = f(x)$의 그래프의 개형을 파악하여 방정식의 실근의 개수, 근의 종류를 구하는 문제가 출제된다.

출제유형잡기 | 함수 $f(x)$의 증가, 감소, 극대, 극소를 조사하여 함수 $y = f(x)$의 그래프를 그려서 x축, 직선 $y = k$와 만나는 점 등을 이용하여 방정식의 실근의 개수 등을 구한다.

103

최고차항의 계수가 2이고, $f(1) = \dfrac{49}{2}$인 삼차함수 $f(x)$가 다음 조건을 만족시킨다.

(가) $g(x) = \begin{cases} f(x) & (x < 0) \\ x^2 - 2x - 3 & (x \geq 0) \end{cases}$

(나) $3 \lim\limits_{x \to k-} g(x) + 2 \lim\limits_{x \to k+} g(x) = 10k$를

만족시키는 실수 k의 값의 집합은 $\{\alpha, \beta, 0, k_1\}$이다.

$f(2)$의 최댓값은? (단, $\alpha < \beta < 0 < k_1$) [4점]

① 73   ② 76   ③ 79   ④ 82   ⑤ 85

104

최고차항의 계수가 1인 삼차함수 $f(x)$가 다음 조건을 만족시킨다.

(가) $a<-1$일 때, $f(x)f'(x)>0$인 구간은 $(a,\ -1),\ (1,\infty)$이다.

(나) 방정식 $f(x)=0$은 서로 다른 두 실근을 가진다.

$f(2)$의 최댓값은? [4점]

① -1　② 19　③ 27　④ 35　⑤ 49

105

두 함수 $f(x)=3x^4+18a^2x^2$, $g(x)=16ax^3-27$의 그래프가 오직 한 점에서 만나도록 하는 모든 a의 값의 합은? [4점]

① -2　② -1　③ 0　④ 1　⑤ 2

106

함수 $f(x) = \dfrac{1}{2}x^3 - x^2 + 4x$ 와 실수 k 대하여 x 에 대한 방정식

$$f(x) + |f(x) + x| = (k-2)x$$

의 서로 다른 실근의 개수를 $N(k)$ 라 하자.

$\displaystyle\lim_{k \to \alpha+} N(k) \neq \lim_{k \to \alpha-} N(k)$ 을 만족시키는 모든 α 의 값의 합을 구하시오. [4점]

107

두 정수 a, b에 대하여 실수 전체의 집합에서 연속인 함수 $f(x)$가 다음 조건을 만족시킨다.

> (가) $0 \le x < 3$에서 $f(x) = ax^3 + bx^2 - 16$이다.
> (나) 모든 실수 x에 대하여 $f(x+3) = f(x)$이다.

$1 < x < 10$일 때, 방정식 $f(x) = 0$의 서로 다른 실근의 개수가 6이다. $a+b$의 최댓값을 M, 최솟값을 m이라 할 때, $M+m$의 값은? (단, $|a| < 10$) [4점]

① 24   ② 26   ③ 28   ④ 30   ⑤ 32

108

$f(x) = k(x-1)^2(x-2)^2 \ (k > 0)$라 하자. 삼차방정식 $x^3 - (2f(t)+1)x^2 + f(t)x + f(t) = 0$이 중근을 갖는 실수 t의 개수가 5가 되도록 하는 k의 값은? [4점]

① 5   ② $\dfrac{16}{3}$ ③ $\dfrac{17}{3}$

④ 6   ⑤ $\dfrac{19}{3}$

출제유형 | 부등식

$f(x) > 0, f(x) \geq 0, f(x) < 0, f(x) \leq 0$의 해를 구하는 문제와 부등식이 항상 성립하기 위한 조건을 구하는 문제가 출제된다.

출제유형잡기 | 함수 $f(x)$의 증가, 감소, 극대, 극소를 조사하여 함수 $y = f(x)$의 그래프를 그려서 부등식을 만족시키는 해를 구한다.

109

최고차항의 계수가 1인 삼차함수 $f(x)$가 2가 아닌 모든 정수 k에 대하여

$$|k-2| \leq \frac{f(k+1) - f(k)}{3} \leq (k-2)^4$$

를 만족시킨다. $f'(1) = \dfrac{q}{p}$일 때, $p + q$의 값을 구하시오. (단, p와 q는 서로소인 자연수이다.) [4점]

110

최고차항의 계수가 1이고 $f(-1)=0$, $f'(-1)=-6$인 사차함수 $f(x)$에 대하여 부등식 $f(x)-x^2+1 \leq 0$을 만족시키는 음이 아닌 실수 x의 개수가 2일 때, $f(2)$의 값은? [4점]

① 6   ② 7   ③ 8   ④ 9   ⑤ 10

111

최고차항의 계수가 1인 삼차함수 $f(x)$가 다음 조건을 만족시킨다.

(가) $\displaystyle\lim_{x \to 0}\dfrac{|f(x)+1|}{x}$의 값이 존재한다.

(나) $x \geq 0$일 때, $f(x)+x+1 \geq 0$이다.

(다) $x < 0$일 때, $f(x)+x+1 \leq 0$이다.

$f(2)$의 최댓값과 최솟값의 합을 구하시오. [4점]

112

두 양수 a, b에 대하여 함수 $f(x)$는

$$f(x)=\begin{cases} x^2-2ax+a & (x \le b) \\ -x^3+3a^2x-3a^2+a & (x > b) \end{cases}$$

이다. 함수 $f(x)$가 실수 전체의 집합에서 연속이고, 모든 실수 t에 대하여 $x \ge t$에서 함수 $f(x)$의 최댓값이 $f(t)$이다. $f(a-b)$의 값을 구하시오. [4점]

출제유형 | 수직선 위를 움직이는 점의 함수식이나 그래프에서 물체의 위치, 속도를 구할 수 있는지를 묻는 문제가 출제된다.

출제유형잡기 | 수직선 위를 움직이는 점 P의 시각 t에서의 위치가 $x = f(t)$일 때, 점 P의 시각 t에서의 속도 v와 가속도 a는

$$v = \lim_{\Delta t \to 0} \frac{\Delta x}{\Delta t} = \frac{dx}{dt} = f'(t)$$

$$a = \lim_{\Delta t \to 0} \frac{\Delta v}{\Delta t} = \frac{dv}{dt}$$

113

수직선 위를 움직이는 두 점 P, Q의 시각 t $(t \geq 0)$에서의 위치를 각각 $f(t)$, $g(t)$라 할 때,

$$f(t) = t^3 + \frac{1}{2}kt^2 \ (k < 0), \quad g(t) = 3t^2 + 2t$$

이다. 두 점 P, Q의 운동 방향이 같아지는 순간 두 점 P, Q사이의 거리가 $\frac{11}{2}$이다. 상수 k의 값은? [4점]

① -1 ② -2 ③ -3

④ -4 ⑤ -5

114

수직선 위를 움직이는 점 P는 시각

$t \ (t \geq 0)$에서의 위치 x가 상수 a, b에 대하여

$x = \dfrac{1}{3}(t-1)^3 + a(t-1)^2 + b(t-1) + 1$로 표현되는 식

중 하나이다. 그중 점 P는 $t = t_1$, $t = t_1 + 2$에서 각각

운동 방향을 바꾸고 $t = 2$일 때의 점 P의 위치 중 최소인

식이다. $t = 3$일 때, 점 P의 위치는? [4점]

① $\dfrac{1}{6}$　　② $\dfrac{1}{3}$　　③ $\dfrac{1}{2}$　　④ $\dfrac{2}{3}$　　⑤ $\dfrac{5}{6}$

115

최고차항의 계수가 1인 사차함수 $f(x)$가 다음 조건을 만족시킨다.

(가) $\lim\limits_{x \to -2} \dfrac{(x+2)f'(x)}{f(x)-1} = 3$

(나) $f(a)=1$, $f'(a)=-1$

$f(-1)$의 값은? (단, $a \neq -2$인 상수이다.) [4점]

① -2　　② 0　　③ 1　　④ 3　　⑤ 5

116

실수 전체의 집합에서 정의된 두 함수 $f(x)$와 $g(x)$가 $x \neq 0$인 모든 실수 x에 대하여 다음 조건을 만족시킨다.

(가) $f(1+x)f(1-x) = -x^4 + 36$

(나) $g(1+x) + g(1-x) = x^2 - 4$

함수 $f(x)$와 $\left| \dfrac{f(x)}{g(x)} \right|$가 $x=1$에서 연속일 때,

$\left| \dfrac{f(1)}{g(1)} \right|$의 값을 구하시오. [4점]

117

함수 $f(x) = x^2(x-3a) + 2$에 대하여 함수

$$g(x) = \begin{cases} b - f(x-2a) & (x < 2a) \\ f(x) & (x \geq 2a) \end{cases}$$

이 실수 전체의 집합에서 미분 가능할 때, 함수 $g(x)$의 최솟값이 $\frac{3}{2}$이다. $a+b$의 값을 구하시오. (단, $a > 0$, b는 상수이다.) [4점]

118

$f(x) = x^3 - 2ax^2 + a^2x$와 실수 t에 대하여 $x \leq t$에서 함수 $f(x)$의 최댓값을 $M(t)$라 하자. 함수 $M(t)$의 그래프가 미분가능하지 않은 점이 존재하기 위한 t의 값이 4일 때, $M(2) + M(5)$의 값을 구하시오. (단, a는 양의 상수이다.) [4점]

119

삼차함수 $f(x)$와 두 다항함수 $g_1(x)$, $g_2(x)$에 대하여 실수 전체의 집합에서 미분 가능한 함수 $g(x)$는

$$g(x)=\begin{cases} g_1(x) & (x < 1) \\ f(x) & (1 \le x < 2) \\ g_2(x) & (x \ge 2) \end{cases}$$

이다. 함수 $g_1(x)$, $g_2(x)$는 다음 조건을 만족시킨다.

$$\lim_{x \to 1-} \frac{g_1(x)-1}{x-1} = 4, \quad \lim_{x \to 2+} \frac{g_2(x)-8}{x-2} = 11$$

$f(1) - f(-2)$의 값을 구하시오. [4점]

120

다항함수 $f(x)$는 모든 실수 x, y에 대하여 다음과 같은 관계식을 만족시킨다.

$$f(x+y) = f(x) + f(y) + 2xy - 1$$

$\lim\limits_{x \to 1} \dfrac{f(x) - f'(x)}{x^2 - 1} = 3$일 때, $f(2)$의 값을 구하시오.
[4점]

121

사차함수 $f(x)$가 다음 조건을 만족시킬 때, $f(3)$의 값을 구하시오. [4점]

(가) 다항식 $f(x)$는 다항식 $f'(x)$로 나누어떨어진다.

(나) $f(0) = 1$

(다) $\displaystyle\lim_{x \to 1} \frac{f(x)}{(x-1)^2} = 0$

122

함수 $f(x)$가 다음 조건을 만족시킨다.

(가) $f(x) = -x^2 + 2x \ (0 \le x < 2)$

(나) $f(x+2) = 3f(x)$

$g(x) = \displaystyle\lim_{h \to 0} \frac{f(x+h) - f(x-h)}{h}$ 라 할 때, 자연수 n에

대하여 $\displaystyle\sum_{k=1}^{n} g(k) = 160$이 성립하게 하는 모든 n의 값의

합을 구하시오. [4점]

123

최고차항의 계수가 1인 다항함수 $f(x)$가 모든 실수 x에 대하여

$$x^2 f'(x) - (2x+1)f(x) = x^2 + kx + 1$$

를 만족시킬 때, 상수 k의 값은? [4점]

① 1   ② 2   ③ 3   ④ 4   ⑤ 5

124

함수 $f(x) = x^3 + ax^2 + ax$에 대하여 함수 $g(x)$를

$$g(x) = \begin{cases} \dfrac{f(x)}{x} & (x < 0) \\ 2x + b & (x \geq 0) \end{cases}$$

로 정의하자. 함수 $g(x)$가 실수 전체의 집합에서 미분가능할 때, 두 상수 a, b에 대하여 $a^2 + b^2$의 값을 구하시오. [4점]

125

최고차항의 계수가 1인 사차함수 $f(x)$와 두 실수 α, β가 다음 조건을 만족시킬 때, $f'(-1)$의 값은? [4점]

(가) $f'(1) = -4$

(나) 함수 $f(x)$는 $x = 0$에서 극대이고, $x = \alpha$와 $x = \beta$에서 극소이다.

(다) $\beta - \alpha = 2\sqrt{2}$

① 4 ② 2 ③ 1 ④ -2 ⑤ -4

126

두 다항함수 $f(x)$, $g(x)$가 다음 조건을 만족시킨다.

함수 $f(x)$의 y절편에 접하는 직선의 x절편과 함수 $g(x)$의 y절편에 접하는 직선의 x절편이 같다.

두 함수 $f(x)$, $g(x)$의 y절편의 y좌표를 각각 α, β라 할 때, $\left| \dfrac{\beta}{\alpha} \right| = \dfrac{3}{2}$이다. $\left\{ \dfrac{f'(0)}{g'(0)} \right\}^2$의 값은? [4점]

① $\dfrac{2}{3}$ ② $\dfrac{4}{9}$ ③ 1 ④ $\dfrac{3}{2}$ ⑤ $\dfrac{9}{4}$

127

실수 전체에서 정의된 함수 $f(x)$가 다음 두 조건을 만족시킨다.

(가) $f(x) = \begin{cases} x^2 & (0 \le x < 2) \\ 4(x-3)^2 & (2 \le x < 3) \end{cases}$

(나) 모든 실수 x에 대하여 $f(x) = f(x+3)$이다.

이때, $\displaystyle\sum_{k=1}^{10} \lim_{h \to 0} \frac{f(k+h) - f(k-h)}{2h}$ 의 값을 구하시오.

[4점]

128

다항함수 $f(x)$가 다음 조건을 만족시킨다.

(가) $\displaystyle\lim_{x \to 0} f(x) = \frac{1}{3}$

(나) $\displaystyle\lim_{h \to 0} \frac{f(3h)f\left(\dfrac{h}{3}\right) - \dfrac{f(3h)}{3}}{h} = 3$

$f'(0)$의 값은? [4점]

① 9 ② 18 ③ 27 ④ 36 ⑤ 45

129

실수 전체의 집합에서 미분가능한 함수 $f(x)$가 모든 실수 x에 대하여

$$f(x) = f(2x-1) + x^2 + kx$$

를 만족시킬 때, 함수 $f(x)$에서 x의 값이 2에서 9까지 변할 때의 평균변화율은 a이다. $a+k$의 값은? (단, a와 k는 상수이다.) [4점]

① -5　　② -3　　③ 0　　④ 3　　⑤ 5

130

$f'(0) = 0$, $f'(2) = \dfrac{1}{2}f(2)$을 만족하는 다항함수 $f(x)$와 실수 전체의 집합에서 연속인 함수 $g(x)$에 대하여 $xg(x) = f(x)$가 성립할 때, 보기에서 옳은 것만을 있는 대로 고른 것은? [4점]

│ 보기 │

ㄱ. $g(0) = 0$

ㄴ. $g'(2) = 0$

ㄷ. 함수 $f(x)$는 x^2을 인수로 갖는다.

---

① ㄱ　　　　② ㄱ, ㄴ　　　　③ ㄱ, ㄷ
④ ㄴ, ㄷ　　　　⑤ ㄱ, ㄴ, ㄷ

131

원점 O와 함수 $f(x)=x^3+x^2+x-2$위의 점
$A(2, f(2))$에 대하여 두 점 O, A를 지나는 직선의
기울기와 곡선 $y=f(x)$위의 점 $B(b, f(b))$
$(0<b<2)$에서의 접선의 기울기가 서로 같을 때, 곡선
$y=f(x)$위의 점 B에서의 접선을 l이라 하자. 직선 l이
곡선 $y=x^2+k$와 서로 다른 두 점 C, D에서 만나고
직선 OA와 직선 CD가 서로 평행하고 $\overline{OA}=\overline{CD}$일 때,
k의 값은? (단, k는 상수이다.) [4점]

① 1   ② 2   ③ 3

④ 4   ⑤ 5

132

최고차항의 계수가 1인 삼차함수 $f(x)$가 다음 조건을
모두 만족시킨다.

> (가) 임의의 실수 a에 대하여
> $$\lim_{x \to a} \frac{x-a}{f(x)-f(a)} \le \frac{1}{2}$$이다.
> (나) $f'(2)=2$

이때 $f'(3)$의 값을 구하시오. [4점]

133

실수 a에 대하여 원점에서 곡선 $y = x^4 - 4x^3 + ax$에 그은 두 접선의 기울기의 곱이 최소가 되도록 하는 a의 값은? (단, $a \neq 0$, $a \neq 16$이다.) [4점]

① $\dfrac{256}{27}$ ② $\dfrac{128}{27}$ ③ $\dfrac{64}{9}$

④ $\dfrac{32}{3}$ ⑤ $\dfrac{16}{3}$

134

실수에서 정의된 미분가능한 함수 $f(x)$는 다음 두 조건을 만족한다.

(가) 임의의 실수 x , y 에 대하여
$$f(x-y) = f(x) - f(y) - 3xy(x-y)$$
(나) $f'(0) = -12$

함수 $f(x)$의 극댓값과 극솟값의 차를 구하시오. [4점]

135

$|a-c| = \dfrac{4}{\sqrt{3}}$, $b < c$을 만족시키는 세 상수 a, b, c에 대하여 함수 $f(x)$가 $f(x) = \left| (x-a)(x-b)^2(x-c) \right|$일 때, $f(x)$는 $x = t$에서 미분가능하지 않다. t의 개수가 1일 때, $y = f(x)$의 극댓값을 구하시오. [4점]

136

$x \geq 0$일 때, 부등식 $x^3 - 3x^2 \geq ax - 27$이 항상 성립하도록 하는 양수 a의 최댓값을 구하시오. [4점]

137

두 함수 $f(x)= x|x-1|$, $g(x)=\begin{cases} 1 & (x \leq 2) \\ -x & (x > 2) \end{cases}$ 와

최고차항의 계수가 1이고 최고차항의 차수가 n인 다항함수 $h(x)$에 대하여 함수 $h(x)f(x)$와 함수 $h(x)g(x)$는 실수 전체의 집합에서 미분가능하다. n이 최소일 때, $h(3)$의 값을 구하시오. [4점]

138

다항함수 $f(x)$가 다음 조건을 만족시킨다.

(가) $\displaystyle\lim_{x \to \infty} \frac{f(x)-kx^4}{x^3} = -4k$

(나) $\displaystyle\lim_{x \to 0} \frac{f'(x)}{x^2+2x} = 4k$

(다) 방정식 $|f(x)|=1$의 서로 다른 실근의 개수는 5이다.

$f(x)$의 극댓값이 양수일 때, k의 값을 구하시오. (단, $k > 0$) [4점]

139

그림과 같이 함수 $y = \dfrac{1}{2}x^2 + 1$의 그래프 위를 움직이는

점 P 와 직선 $y = x - 2$ 위를 움직이는 점 Q 에 대하여 선분 PQ 의 중점을 M 이라 하자. 점 M 과 점 A$(3, 0)$ 사이의 거리의 최솟값은? [4점]

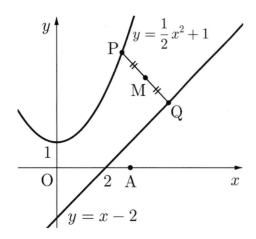

① $\sqrt{2}$ ② $\dfrac{9\sqrt{2}}{8}$ ③ $\dfrac{5\sqrt{2}}{4}$

④ $\dfrac{11\sqrt{2}}{8}$ ⑤ $\dfrac{3\sqrt{2}}{2}$

140

방정식 $x^3 - x - k = 0$ 의 근을 α 라 할 때, θ 에 관한 방정식 $\alpha = \sin\theta \ (0 \le \theta \le 2\pi)$을 만족시키는 서로 다른 모든 근의 합을 $g_k(\alpha)$ 라 하자.

$$\lim_{k \to \frac{2\sqrt{3}}{9}-} g_k(\alpha) + \lim_{k \to 0-} g_k(\alpha) + g_0(\alpha) = p\pi$$ 일 때, p 의

값을 구하시오. (단, 근이 존재하지 않으면 $g_k(\alpha) = 0$ 이다.) [4점]

141

최고차항의 계수가 양수인 사차함수 $f(x)$가 다음 조건을 만족시키도록 하는 n의 최솟값은? [4점]

(가) 함수 $f(x)$는 $x = 1$, $x = 3$ $x = n$에서 극값을 갖는다. (단, $n > 3$)

(나) $f(1) < 0$

(다) 실수 p에 대하여 $\lim\limits_{x \to p} \dfrac{x(x-3)(x-k)}{f(x)}$ 의 값이 항상 존재한다. (단, $k \geq 6$)

① 4 ② $\dfrac{9}{2}$ ③ 5 ④ $\dfrac{11}{2}$ ⑤ 6

142

좌표평면에서 함수 $f(x) = (x-1)^2(x-3)^2$에 대하여 원점과 곡선 $f(x)$ 위의 점 $(t, f(t))$를 이은 직선이 이 곡선과 만나는 점의 개수를 $g(t)$라 하자. 함수 $g(t)$가 불연속인 점의 x좌표를 크기순으로 차례대로 나타내면 $t_1, t_2, t_3, \cdots, t_n$이다. 이때, $n + \sum\limits_{k=1}^{n} g(t_k)$의 값을 구하시오. [4점]

143

함수 $f(x)=-\dfrac{1}{4}x^4+\dfrac{4}{3}x^3-\dfrac{3}{2}x^2+a$가 다음 조건을 만족시킨다.

(가) $x=a$에서 극댓값을 갖는다.
(나) 어떤 실수 b에 대하여 $f(b)>f(a)$이다.

함수 $f(x)$의 극솟값은? (단, a는 상수이다.) [4점]

① $-\dfrac{5}{12}$　　② $-\dfrac{1}{2}$　　③ $-\dfrac{7}{12}$

④ $-\dfrac{2}{3}$　　⑤ $-\dfrac{3}{4}$

144

최고차항의 계수가 a인 이차함수 $f(x)$가 다음 조건을 만족시킨다.

(가) $f(1-x)=f(1+x)$
(나) 모든 실수 x에 대하여
$|f'(x)| \geq -x^2+6x-6$ 이 성립한다.

양수 a의 최솟값은? [4점]

① $\dfrac{1}{4}$　　② $\dfrac{1}{2}$　　③ $\dfrac{3}{4}$

④ 1　　⑤ $\dfrac{5}{4}$

145

도함수가 $f'(x) = x^2 - 5x + 6$인 함수 $f(x)$와 양수 k에 대하여 함수

$$g(x) = \begin{cases} f(x) & (x \le k \text{ 또는 } x \ge 2k) \\ \dfrac{f(2k)-f(k)}{k}(x-k)+f(k) & (k < x < 2k) \end{cases}$$

의 역함수가 존재하도록 하는 k값의 범위가

$\alpha < k \le \beta$일 때, $\beta - \alpha$의 값은? [4점]

① $\dfrac{1}{14}$ ② $\dfrac{2}{7}$ ③ $\dfrac{5}{14}$

④ $\dfrac{1}{2}$ ⑤ $\dfrac{4}{7}$

146

최고차항의 계수가 1인 사차함수 $f(x)$와 실수 t에 대하여 곡선 $y = f(x)$ 위의 점 $(t, f(t))$에서의 접선의 y절편을 $g(t)$라 하자. 두 함수 $f(x)$, $g(t)$가 다음 조건을 만족시킨다.

(가) 방정식 $f(x) = 0$의 서로 다른 실근은 0과 a 뿐이다.

(나) $\{f(k)\}^2 + \{g(k)\}^2 = 0$을 만족시키는 실수 k의 개수는 2이다.

$f'(0) = 8$일 때, $f(2a)$의 값은? [4점]

① 1 ② 8 ③ 27 ④ 32 ⑤ 64

147

다항함수 $f(x)$가 다음 조건을 만족시킨다.

> (가) $\lim\limits_{x \to \infty} \dfrac{f(x) - 2x^4}{x^3} = -8$
>
> (나) 모든 실수 x에 대하여
> $f'(k+x) \times f'(k-x) \le 0$
> 이다.

$f'(0) = 0$일 때, $f(k) - f(0)$의 최댓값과 최솟값의 합은?
(단, $k > 0$) [4점]

① -48 ② -50 ③ -52 ④ -54 ⑤ -56

148

상수 a $(a > 0)$에 대하여 함수

$$f(x) = x^3 - \frac{3}{2}ax^2 + x + \frac{1}{2}a^3$$

이 있다. 곡선 $y = f(x)$위의 $x = a$에서의 접선과
$x = 2a$에서의 접선이 만나는 점을 A 라 하자.
$\overline{\mathrm{OA}} = 2\sqrt{2}$일 때, a의 값은? (단, O 는 원점이다.) [4점]

① $\dfrac{12}{19}$ ② $\dfrac{16}{19}$ ③ $\dfrac{20}{19}$ ④ $\dfrac{24}{19}$ ⑤ $\dfrac{28}{19}$

149

최고차항의 계수가 1인 이차함수 $f(x)$에 대하여 함수 $g(x)$를

$$g(x)=\begin{cases} f(x) & (x \leq a,\ x \geq a+2) \\ -2f(x)+6x-15 & (a \leq x \leq a+2) \end{cases}$$

라 하자. 함수 $g(x)$는 실수 전체의 집합에서 연속이고 방정식 $g(x)=-1$의 실근의 개수가 1일 때, $g\left(\dfrac{5}{2}\right)$의 값은? [4점]

① 0   ② $\dfrac{1}{2}$ ③ 1   ④ $\dfrac{3}{2}$ ⑤ 2

150

양수 a에 대하여 함수 $f(x)$는

$$f(x)=\begin{cases} ax+5 & (x \leq 0) \\ -x^2+3x+3 & (x > 0) \end{cases}$$

이다. 함수 $f(x)$와 최고차항의 계수가 양수인 삼차함수 $g(x)$에 대하여 $f(\alpha)=g(\alpha)$를 만족시키는 서로 다른 모든 실수 α의 값이 0, 1, 2이다. $g(3)=11$일 때, a의 최솟값은? [4점]

① $\dfrac{1}{2}$ ② 1   ③ $\dfrac{3}{2}$ ④ 2   ⑤ $\dfrac{5}{2}$

151

양수 a에 대하여 함수 $f(x)$는

$$f(x)=\begin{cases} x^2(x+a) & (x<0) \\ x^2(x-a) & (x \geq 0) \end{cases}$$

이다. 실수 t에 대하여 곡선 $y=f(x)$와 직선 $y=-\dfrac{9}{4}x+t$의 서로 다른 교점의 개수를 $g(t)$라 할 때, 함수 $g(t)$가 다음 조건을 만족시킨다.

(가) 함수 $g(t)$의 최댓값은 3이다.
(나) 함수 $g(t)$가 $t=\alpha$에서 불연속인 α의 개수는 2이다.

$f(a+1)$의 값을 구하시오. [4점]

152

원점을 지나고 $y=x^3+ax^2-ax+a+2$에 접하는 직선의 개수가 2일 때, 모든 a의 값의 곱을 구하시오. [4점]

153

함수 $f(x)= x^3 + \dfrac{3}{2}(1-a)x^2 - 3ax$에 대하여 방정식

$f(x)= 0$이 서로 다른 세 실근을 갖도록 하는 정수 a에 대하여 극솟값이 최대일 때, $f(3)$의 값을 구하시오. [4점]

154

함수 $g(x)= 3x-1$에 대하여 최고차항의 계수가 1인 삼차함수 $f(x)$가 다음 조건을 만족시킨다.

(가) 함수 $|f(x)-g(x)|$은 실수 전체의 집합에서 미분가능하다.

(나) 모든 실수 x에 대하여 $f(x)g(x) \geq 0$이다.

$f\left(\dfrac{10}{3}\right)$의 값을 구하시오. [4점]

155

다음 조건을 만족시키는 모든 삼차함수 $f(x)$에 대하여
$f(3)$의 최댓값을 구하시오. [4점]

(가) $f(x)$의 최고차항의 계수는 1이다.

(나) $f(0) = f'(0)$

(다) $x \leq 2$인 모든 실수 x에 대하여
$f(x) \leq f'(x)$이다.

156

두 함수 $f(x) = x^2(2x - 3)$, $g(x) = 3x^2 - 3$에 대하여
함수 $\sum\limits_{k=1}^{10} \left| k f(x) - g(x) + \dfrac{3}{k} + \dfrac{65}{k^2} \right|$ 가 $x = a$에서

미분가능하지 않은 모든 a의 개수를 구하시오. [4점]

157

함수 $f(x) = x^3 - 6x^2 + 9x + 10$에 대하여 함수 $g(x)$

$$g(x) = \begin{cases} t - f(x) & (x \leq 3) \\ f(x) & (x > 3) \end{cases}$$

의 서로 다른 극값의 개수를 $h(t)$라 하자. 임의의 실수 t에 대하여 함수 $h(t)$의 치역의 집합에 대한 원소들의 합을 m, 함수 $h(t)$가 $t = \alpha$ 에서 불연속점을 가질 때, $\alpha + m$의 값을 구하시오. [4점]

158

함수 $f(x) = x^3 + kx + k$ $(k > 0)$의 그래프 위의 서로 다른 두 점 A, B에서의 접선 l, m의 기울기가 모두 $4k$이다. $(0, k)$을 지나고 x축에 평행한 직선과 접선 l, m 그리고 x축으로 둘러싸인 사각형의 넓이가 8일 때, k의 값은? [4점]

① $\dfrac{5}{2}$ ② 3 ③ $\dfrac{7}{2}$

④ 4 ⑤ $\dfrac{9}{2}$

함수 $f(x) = x^3 - 6x^2 + 9x + 10$에 대하여 함수 $g(x)$

함수 $f(x) = x^3 + kx + k$ $(k > 0)$의 그래프 위의 서로

랑데뷰
N 제

하루 중 90%는 겸손하게 10%는 자신있게...

적분법

3

출제유형 | $y = x^n$ (n은 양의 정수)의 부정적분과 부정적분의 성질을 이용하여 부정적분을 구하는 문제가 출제된다.

출제유형잡기 | (1) n이 양의 정수일 때

$$\int x^n dx = \frac{1}{n+1} x^{n+1} + C \text{ (C는 적분상수)}$$

(2) 두 함수 $f(x), g(x)$의 부정적분이 각각 존재할 때

① $\int k f(x) dx = k \int f(x) dx$ (k는 0이 아닌 상수)

② $\int \{f(x) + g(x)\} dx = \int f(x) dx + \int g(x) dx$

③ $\int \{f(x) - g(x)\} dx = \int f(x) dx - \int g(x) dx$

159

실수 전체의 집합에서 미분가능한 함수 $f(x)$의 도함수가

$$f'(x) = \begin{cases} a & (x < b) \\ x^2 - 2x & (x \geq b) \end{cases}$$

이다. 함수 $f(x)$가 일대일 대응이고 $f(3) - f(0) = 9$일 때, $a + b$의 값은? [4점]

① 9　　② 8　　③ 7　　④ 6　　⑤ 5

160

최고차항의 계수가 서로 다른 두 다항함수 $f(x)$, $g(x)$가 다음 조건을 만족시킨다.

(가) $f(0)=-1$, $f'(0)g'(0)=1$

(나) 두 함수 $f(x)$, $g(x)$는 역함수를 갖는다.

(다) $f'(x)g(x)+f(x)g'(x)=4x^3-3x^2-2x-1$

$\displaystyle\lim_{x\to\infty}\frac{f(x)}{g(x)}$ 의 값이 존재할 때, $f(2)+g(1)$의 값은?

[4점]

① 8   ② 9   ③ 10   ④ 11   ⑤ 12

161

다항함수 $f(x)$가 다음 조건을 만족시킨다.

(가) $\displaystyle\lim_{h\to 0}\frac{4f(1+h)-1}{h}=4$

(나) $f'(x)=4x^3-2x+a$ (단, a는 상수이다.)

$f(a)$의 값은? [4점]

① $\dfrac{5}{4}$ ② $\dfrac{3}{2}$ ③ $\dfrac{7}{4}$ ④ 2   ⑤ $\dfrac{9}{4}$

162

다항함수 $f(x)$가 다음 조건을 만족시킬 때, $f(9)$의 값을 구하시오. [4점]

$t \neq 0$인 모든 실수 t에 대하여 곡선 $y = f(x)$위의 점 $(t, f(t))$에서의 접선의 x절편은

$\dfrac{t^2 - 2f(t)}{f'(t)}$ 이다.

출제유형 | 정적분의 성질을 이용한 계산 문제와 활용 문제가 출제된다.

출제유형잡기 | (1) 두 함수 $f(x), g(x)$가 닫힌구간 $[a, b]$에서 연속일 때

① $\displaystyle\int_a^b kf(x)dx = k\int_a^b f(x)dx$ (k는 0이 아닌 상수)

② $\displaystyle\int_a^b \{f(x) + g(x)\}dx = \int_a^b f(x)dx + \int_a^b g(x)dx$

③ $\displaystyle\int_a^b \{f(x) - g(x)\}dx = \int_a^b f(x)dx - \int_a^b g(x)dx$

(2) 함수 $f(x)$가 임의의 세 실수 a, b, c를 포함하는 구간에서 연속일 때

$$\int_a^c f(x)dx + \int_c^b f(x)dx = \int_a^b f(x)dx$$

163

최고차항의 계수가 양수 a인 이차함수 $f(x)$가

$$f(-2) > 0, \quad \int_{-2}^0 f(x)dx = 0$$

을 만족시키고 집합 A를

$$A = \left\{ f(x) \,\middle|\, (x-2)\int_0^x f(t)dt = 0 \right\}$$

라 할 때, $n(A) = 2$이다. 함수 $f(x)$의 최솟값은? [4점]

① $-a$ ② $-\dfrac{4}{3}a$ ③ $-\dfrac{5}{3}a$ ④ $-2a$ ⑤ $-\dfrac{7}{3}a$

164

다항함수 $f(x)$의 두 부정적분 $F(x)$, $G(x)$가 다음 조건을 만족시킬 때, 상수 a의 값은? [4점]

모든 실수 x에 대하여
$$F(x) + G(x) = 2x^3 + ax^2 + 2x + 1,$$
$$\int_{-1}^{1} \{F(t) + x\,G(t)\}\,dt = f(-1)$$
이다.

① $\dfrac{6}{5}$　② $\dfrac{7}{5}$　③ $\dfrac{8}{5}$　④ $\dfrac{9}{5}$　⑤ 2

165

실수 전체의 집합에서 연속인 두 함수 $f(x)$, $g(x)$에 대하여

$$h(x) = \frac{f(x) - g(x) + |f(x) + g(x)|}{2},$$
$$k(x) = f(x) + g(x)$$

이고, 두 함수 $k(x)$, $f(x)$가 다음 조건을 만족시킨다.

(가) $0 \le x \le 2$에서 $k(x) = x(x-1)(x-2)$이다.
(나) 모든 실수 x에 대하여 $k(x) = k(x+2)$이다.
(다) $\displaystyle\int_0^9 f(x)\,dx = 8$

$\displaystyle\int_0^9 h(x)\,dx$의 값을 구하시오. [4점]

166

실수 전체의 집합에서 연속인 함수 $f(x)$가 양수 a에 대하여 다음 조건을 만족시킨다.

(가) 모든 실수 x에 대하여
$f(a+x)+f(a-x)=0$이다.

(나) $\displaystyle\int_{-3a}^{-a} f(x)dx = 4$, $\displaystyle\int_{-a}^{4a} f(x)dx = -2$이다.

$\displaystyle\int_{-2a}^{5a} f(x)dx$의 값은? [4점]

① -4 ② -2 ③ 0 ④ 2 ⑤ 4

167

함수 $f(x)$가 닫힌구간 $[0,\ 2]$에서 $f(x)=|x-1|$이고, 모든 실수 x에 대하여 $f(x)=f(x+2)$를 만족시킬 때, 함수 $g(x)$를

$$g(x)=x+f(x)$$

라 하자. $a_n = \displaystyle\int_{n}^{n+1} g(x)dx$일 때, $\displaystyle\sum_{n=1}^{10} a_n$의 값은?
[4점]

① 55   ② 65   ③ 75   ④ 85   ⑤ 95

168

다음 조건을 만족시키는 자연수 n의 개수를 구하시오. [4점]

(가) $45 \le a \le 50$인 모든 실수 a에 대하여

$$\sum_{k=1}^{n} k(k-a) \ge 0 \text{ 이다.}$$

(나) $30 \le b \le 35$인 어떤 실수 b에 대하여

$$\int_{0}^{n} x(x-2b)\,dx \le 0 \text{ 이다.}$$

169

삼차함수 $f(x)$의 한 부정적분 $F(x)$가 다음 조건을 만족시킨다.

(가) 함수 $F(x)$는 $x=-\alpha$와 $x=\alpha\ (\alpha>0)$에서 동일한 극댓값 $m\ (m>3)$을 갖는다.

(나) 함수 $F(x)$는 극솟값 $m-3$을 갖는다.

$F(\beta)=0$인 양수 β에 대하여 $\displaystyle\int_{-\beta}^{\beta} |f(x)|\,dx = 16$일 때, m의 값을 구하시오. [4점]

유형 3 함수의 성질을 이용한 정적분

출제유형 | 함수의 그래프가 y축 또는 원점에 대하여 대칭일 때, 함수의 성질을 이용하여 정적분의 값을 구하는 문제가 출제된다.

출제유형잡기 | (1) 연속함수 $y = f(x)$의 그래프가 y축에 대하여 대칭, 즉 모든 실수 x에 대하여

$f(-x) = f(x)$이면

$$\int_{-a}^{a} f(x)dx = 2\int_{0}^{a} f(x)dx$$

(2) 연속함수 $y = f(x)$의 그래프가 원점에 대하여 대칭, 즉 모든 실수 x에 대하여 $f(-x) = -f(x)$이면

$$\int_{-a}^{a} f(x)dx = 0$$

170

함수

$$f(x) = \begin{cases} -2x - 1 & (x < 0) \\ x - 1 & (x \geq 0) \end{cases}$$

와 실수 $t\,(-1 \leq t \leq 1)$에 대하여 함수 $g(t)$를

$$g(t) = \int_{-1}^{2} |t - f(x)|\,dx$$

라 할 때, $40 \times g'\left(\dfrac{1}{2}\right)$의 값을 구하시오. [4점]

171

최고차항의 계수가 1인 삼차함수 $f(x)$가 다음 조건을 만족시킬 때, $f(2)$의 값은? [4점]

(가) 모든 실수 x에 대하여 $\displaystyle\int_{-x}^{x} f(t)dt = 0$이다.

(나) 방정식 $f'(x) = 0$의 두 실근을 α, β라 할 때, $|f(\beta) - f(\alpha)| = \dfrac{27}{16}$이다.

① $\dfrac{31}{8}$ ② $\dfrac{33}{8}$ ③ $\dfrac{35}{8}$

④ $\dfrac{37}{8}$ ⑤ $\dfrac{39}{8}$

172

$f(0) = 0$인 사차함수 $f(x)$가 다음 조건을 만족시킨다.

(가) 모든 실수 x에 대하여 $f(-x) = f(x)$이다.

(나) $g(x) = f(x) + f'(x)$라 하면
$$\int_{-1}^{1} g(x)dx = 4, \quad \int_{-1}^{1} \frac{g(x)}{x}dx = 28$$이다.

$f(1)$의 값을 구하시오. [4점]

173

함수 $f(x) = 3x^2 - 2x$에 대하여

$$\int_{-1}^{1} \{f(x)\}^2 \, dx = k\left(\int_{-1}^{1} f(x) \, dx\right)^2$$

일 때, 상수 k의 값은? [4점]

① $\dfrac{47}{30}$ ② $\dfrac{47}{15}$ ③ $\dfrac{94}{15}$

④ $\dfrac{47}{12}$ ⑤ $\dfrac{94}{9}$

174

실수 전체에서 정의된 연속함수 $f(x)$가

$f(x) = f(x+4)$를 만족하고

$$f(x) = \begin{cases} -ax + 2 & (0 \le x < 2) \\ \dfrac{1}{2}x^2 - 2x + b & (2 \le x \le 4) \end{cases}$$

일 때, $\displaystyle\int_{9}^{11} f(x) \, dx$의 값은? [4점]

① $\dfrac{1}{3}$ ② $\dfrac{2}{3}$ ③ 1 ④ $\dfrac{4}{3}$ ⑤ $\dfrac{5}{3}$

175

모든 실수 x에 대하여 $f(x) \leq 0$, $f(x) = f(x+3)$이고 $\int_0^3 \{f(x) - x^2 + 2x\}^2 dx$의 값이 최소가 되도록 하는 연속함수 $f(x)$에 대하여 $\int_{-3}^6 f(x)dx$의 값은?

[4점]

① -4　　② -3　　③ -2　　④ -1　　⑤ 0

176

실수 전체의 집합에서 미분가능한 함수 $f(x)$가 다음 조건을 만족시킨다.

> (가) $0 \leq x \leq 1$에서 $f(x) = x(x-3)^2$
> (나) 모든 실수 x에 대하여 $0 \leq f'(x) \leq 9$

$\int_{-2}^2 f(x)dx$의 최솟값은? [4점]

① $-\dfrac{23}{2}$　　　② $-\dfrac{45}{4}$　　　③ -11

④ $-\dfrac{43}{4}$　　　⑤ $-\dfrac{21}{2}$

유형 4 정적분으로 표현된 함수

출제유형 | 정적분으로 표현된 함수의 미분을 이용하는 문제가 출제된다.

출제유형잡기 | 함수 $f(t)$가 닫힌구간 $[a, b]$에서 연속일 때,

$$\frac{d}{dx}\int_a^x \{f(t)\}dt = f(x) \text{ (단, } a < x < b)$$

177

최고차항의 계수가 1인 삼차함수 $f(x)$와 실수 전체의 집합에서 연속인 함수 $g(x)$가 모든 실수 x에 대하여

$$\int_0^x g(t)dt = \left| x^2 - a^2 \right| f(x) \ (a > 0)$$

을 만족시킨다. 함수 $g(x)$의 최솟값이 $-a$일 때, $f(2a)$의 값을 구하시오. [4점]

178

양의 상수 k에 대하여 함수 $f(x)$를

$$f(x) = \begin{cases} -|x| + 2 & (x < 2) \\ k(x-2)(x-4) & (x \geq 2) \end{cases}$$

이라 할 때, 함수 $g(x) = |x| \displaystyle\int_a^x f(t)\,dt$가 실수 전체의 집합에서 미분가능하도록 하는 실수 a의 개수가 3이다. $10k$의 값을 구하시오. [4점]

179

함수 $f(x) = |x|(x-2)$과 상수 m에 대하여 함수 $g(x)$를

$$g(x) = \int_0^x \{f(t) - mt\}\,dt$$

라 하자. 함수 $g(x)$가 극값을 갖는 x는 양수 a뿐일 때, $a+m$의 최댓값을 구하시오. [4점]

180

최고차항의 계수가 양수인 삼차함수 $f(x)$와 모든 실수 x에 대하여 $g(x) > 0$이고 연속인 함수 $g(x)$가 있다. 두 함수 $f(x)$, $g(x)$에 대하여 함수

$$h(x) = \int_0^x f(t)g(t)dt$$

가 $x = a$에서 극소가 되도록 하는 실수 a의 값은 1뿐이다. $h'(0) = 0$, $f(2) = 1$일 때, $f(4)$의 값은? [4점]

① 6   ② 9   ③ 12   ④ 15   ⑤ 18

181

최고차항의 계수가 양수인 이차함수 $f(x)$가 다음 조건을 만족시킨다.

(가) 모든 실수 t에 대하여
$$\int_0^{2a-t} f(x)\,dx = \int_t^{2a} f(x)\,dx \text{ 이다.}$$

(나) $\int_a^4 f(x)\,dx = -4$, $\int_a^4 |f(x)|\,dx = 6$

$f(k) = 0$이고 $k < a$인 실수 k에 대하여
$\int_k^4 f(x)\,dx = m$이다. m^2의 값을 구하시오. (단, a는 상수이다.) [4점]

182

양수 a와 최고차항의 계수가 1이고, $x=2$에서 극댓값을 가지는 사차함수 $f(x)$에 대하여 함수

$$g(x)=\int_0^x \{f'(t-a)\times f'(t+2a)\}dt$$

가 다음 조건을 만족시킨다.

> 함수 $g(x)$는 $x=\dfrac{1}{3}$과 $x=\dfrac{10}{3}$에서만 극값을 가진다.

$a\times\{f(5)-f(2)\}$의 값을 구하시오. [4점]

183

함수 $f(x)=x^2-bx$ $(0<a<b)$에 대하여 함수 $g(x)$를

$$g(x)=\frac{1}{2}x^2(x+a)(x-a)+\int_a^x t\{f(t)-x^2\}dt$$

이라 하자.

모든 실수 x에 대하여 $g(x)\geq g(2)$이고 $g(0)=\dfrac{5}{12}$이다. $f(a+b)$의 값을 구하시오. [4점]

184

$\int f(x)dx = 1 - \dfrac{1}{x+1}$ 을 만족하는 함수 $f(x)$에 대하여 수열 $\{a_n\}$이

$$\sum_{k=1}^{n} a_k = \int_0^n f(x)dx$$

을 만족시킬 때, $\displaystyle\sum_{n=1}^{100} a_n = \dfrac{q}{p}$ 이다. $p+q$의 값을 구하시오. (단, p, q는 서로소인 자연수이다.) [4점]

185

실수 전체의 집합에서 증가하는 다항함수 $f(x)$에 대하여 $f(0) > 0$일 때, 곡선 $y = f(x)$와 직선 $x = k$ $(k > 0)$ 및 x축, y축으로 둘러싸인 부분의 넓이를 $S(k)$라 하자.

$$\int_0^x tf(t)dt = -x^3 - x^2 + xS(x)$$

가 성립할 때, $S(2)$의 값은? [4점]

① 14   ② 15   ③ 16   ④ 17   ⑤ 18

186

닫힌구간 $[0, 1]$에서 함수

$$f(x) = \int_0^1 |x^3 - t^3|\, dt$$

의 최댓값과 최솟값을 각각 M, m이라 할 때, $M + m = \dfrac{q}{p}$이다. $p + q$의 값을 구하시오. (단, p, q는 서로소인 자연수이다.) [4점]

출제유형 | 정적분으로 표현된 함수의 극한값을 구하는 문제가 출제된다.

출제유형잡기 | 실수 전체의 집합에서 연속인 함수 $f(x)$와 상수 a에 대하여

(1) $\displaystyle\lim_{x \to 0}\frac{1}{x}\int_{a}^{x+a}f(t)dt = f(a)$

(2) $\displaystyle\lim_{x \to a}\frac{1}{x-a}\int_{a}^{x}f(t)dt = f(a)$

187

최고차항의 계수가 1이고 $f(0)=0$인 삼차함수 $f(x)$가 상수 k에 대하여

$$\lim_{x \to 1}\frac{f(x)-f(4)}{\displaystyle\int_{1}^{x}f(t)dt} = k \ (k \neq 0)$$

을 만족시킨다. 곡선 $y=f(x)$위의 점 $(4, f(4))$에서의 접선의 y절편이 0일 때, $f(4k)$의 값은? [4점]

① 12   ② 14   ③ 16   ④ 18   ⑤ 20

188

최고차항의 계수가 1인 삼차함수 $f(x)$가 다음 조건을 만족시킨다.

(가) 모든 실수 x에 대하여
$f(1-x)+f(1+x)=2$이다.

(나) $\displaystyle\lim_{x \to 2}\frac{1}{x-2}\int_2^x f(t)dt=1$

$f(3)$의 값은? [4점]

① 9   ② 8   ③ 7
④ 6   ⑤ 5

189

두 함수 $f(x)$, $g(x)$가 양의 실수 a와 모든 실수 x에 대하여 다음 조건을 만족시킨다.

(가) $\displaystyle\lim_{x \to a}\frac{1}{x-a}\int_a^x f'(t)dt=32a$

(나) $\displaystyle f(x)=\int_{-a}^x g(t)dt$

(다) $\displaystyle g(x)=\int_{-a}^x (t^3+3t^2-2t)dt$

a의 값을 구하시오. [4점]

출제유형 | 곡선과 x축으로 둘러싸인 부분의 넓이를 구하는 문제가 주로 출제된다.

출제유형잡기 | 곡선이 주어지고 이 곡선과 x축으로 둘러싸인 부분의 넓이를 구하는 문제가 주로 출제되지만 문제에 주어지는 조건이 도함수, 함수의 성질 등을 이용하도록 주어지는 경우도 있으므로 이런 조건에 대비하여야 한다.

190

양수 a에 대하여 최고차항의 계수가 1인 삼차함수 $f(x)$와 실수 전체의 집합에서 연속인 함수 $g(x)$가

$$(x-a)g(x+a) = \begin{cases} f(x) & (x < a) \\ f(x-a) & (x \geq a) \end{cases}$$

를 만족시킨다. $y = g(x)$의 그래프에서 $y = g(x)\,(y \leq 0)$와 x축으로 둘러싸인 부분의 넓이가 $\dfrac{1}{3}$일 때, $g(4a)$의 값은? [4점]

① 4   ② 5   ③ 6   ④ 7   ⑤ 8

191

양수 k에 대하여 함수 $f(x)$는

$$f(x) = kx(x-1)(x-3)^2$$

이다. 곡선 $y = f(x)$와 x축이 원점 O와 두 점 P, Q $(\overline{\text{OP}} < \overline{\text{OQ}})$에서 만난다. 곡선 $y = f(x)$와 선분 OP로 둘러싸인 영역을 A, 곡선 $y = f(x)$와 선분 PQ로 둘러싸인 영역을 B라 하자.

$$(B\text{의 넓이}) - (A\text{의 넓이}) = 9$$

일 때, k의 값은? [4점]

① 6　　② $\dfrac{19}{3}$　　③ $\dfrac{20}{3}$　　④ 7　　⑤ $\dfrac{22}{3}$

192

양수 a, k에 대하여 함수 $f(x)$는

$$f(x) = k(x-a)(x-a-1)$$

이다. 곡선 $y = f(x)$와 x축으로 둘러싸인 부분의 넓이가 $\dfrac{1}{2}$일 때, $y = \{f(x)\}^2$와 x축으로 둘러싸인 부분의 넓이는? [4점]

① $\dfrac{1}{5}$　　② $\dfrac{3}{10}$　　③ $\dfrac{1}{2}$　　④ $\dfrac{5}{6}$　　⑤ $\dfrac{4}{3}$

193

함수 $f(x)$가 모든 실수 x에 대하여

$$f(x) = x^3 + \frac{1}{2}ax^2 + \int_{-1}^{1} tf'(t)dt$$

를 만족시킨다. 곡선 $y = xf'(x)$와 x축 및 두 직선 $x = -1$, $x = 1$로 둘러싸인 부분의 넓이가 2일 때, $f(2)$의 값은? (단, $a \leq -3$) [4점]

① -6　　② -4　　③ -2　　④ 0　　⑤ 2

194

곡선 $y = x^3 - 6x^2 + k$가 x축과 서로 다른 두 점에서 만날 때, 이 곡선과 x축으로 둘러싸인 부분의 넓이는? [4점]

① 84　　② 86　　③ 88　　④ 96　　⑤ 108

195

곡선 $y = (x-2)^3(x-3)$와 x축으로 둘러싸인 부분의 넓이는 $\dfrac{q}{p}$이다. $p+q$의 값을 구하시오. (단, p, q는 서로소인 자연수이다.) [4점]

196

최고차항의 계수가 1인 이차함수 $f(x)$와 양의 실수 a, k에 대하여 미분가능한 함수 $g(x)$를

$$g(x)=\begin{cases}(x-a)f(x) & (x \geq a) \\ k(x-a)\displaystyle\int_a^x f'(t)dt & (x < a)\end{cases}$$

라 할 때, $g(2a)=2a^3$이다. 함수 $y=g(x)$와 x축으로 둘러싸인 부분의 넓이가 a^4일 때, k의 값은? (단, $k \neq 1$) [4점]

① 12 ② 10 ③ 8 ④ 6 ⑤ 4

유형 7 두 곡선 사이의 넓이

출제유형 | 두 곡선으로 둘러싸인 부분의 넓이를 구하는 문제가 출제된다.

출제유형잡기 | 두 곡선이 만나는 점을 구할 필요가 있을 때는 방정식을 이용하여 만나는 점의 x좌표를 구하여 두 곡선으로 둘러싸인 부분의 넓이를 구한다. 닫힌구간 $[a, b]$에서 연속인 두 함수 $y = f(x)$와 $y = g(x)$의 두 직선 $x = a$, $x = b$로 둘러싸인 부분의 넓이 S 는

$$S = \int_a^b |f(x) - g(x)| \, dx$$

197

$a < 0$인 실수 a에 대하여 두 함수 $f(x) = x^3 - 4x$, $g(x) = a(x^2 - 4)$가 있다. 두 함수 $y = f(x)$, $y = g(x)$의 그래프로 둘러싸인 부분의 넓이를 S_1, 두 함수 $y = f(x)$, $y = g(x)$와 x축으로 둘러싸인 부분의 넓이를 S_2라 하자. $S_1 = S_2$일 때, a의 값은? [4점]

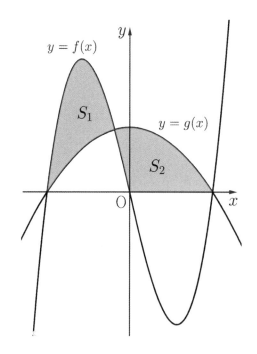

① $-\dfrac{1}{2}$ ② $-\dfrac{3}{8}$ ③ $-\dfrac{1}{4}$ ④ $-\dfrac{1}{8}$ ⑤ $-\dfrac{1}{16}$

198

최고차항의 계수가 1이고 $f(0)=4$인 삼차함수 $f(x)$에 대하여 곡선 $y=f(x)$가 직선 $y=x$와 $(2, 2)$에서 접한다. 곡선 $y=f(x)$와 직선 $y=x$로 둘러싸인 부분의 넓이는? [4점]

① $\dfrac{27}{4}$ ② $\dfrac{29}{4}$ ③ $\dfrac{31}{4}$ ④ $\dfrac{33}{4}$ ⑤ $\dfrac{35}{4}$

199

삼차함수 $f(x)=\dfrac{1}{8}(x+2)(x-4)^2$의 그래프와 최고차항의 계수가 양수인 이차함수 $g(x)$의 그래프가 점 $P(0, 4)$, $Q(t, f(t))$에서 만나고 곡선 $y=f(x)$위의 점 Q에서의 접선이 점 P를 지난다. 곡선 $y=f(x)$와 직선 PQ로 둘러싸인 부분의 넓이와 곡선 $y=g(x)$와 직선 PQ로 둘러싸인 부분의 넓이가 같을 때, $g(16)$의 값은? (단, $0<t<4$이다.) [4점]

① 17 ② 19 ③ 21 ④ 23 ⑤ 25

200

두 곡선 $y = x^2 + x$, $y = 2x^2 - 3x + 1$이 만나는 서로 다른 두 점의 x좌표를 각각 α, β ($\alpha < \beta$)라 할 때, 곡선 $y = 3x^2 + 2x$과 두 직선 $x = \alpha$, $x = \beta$ 및 x축으로 둘러싸인 부분의 넓이는? [4점]

① $36\sqrt{3}$ ② $37\sqrt{3}$ ③ $38\sqrt{3}$

④ $39\sqrt{3}$ ⑤ $40\sqrt{3}$

201

그림과 같이 곡선 $y = (x - 2a)^2$ 위의 점 $P\left(a,\ a^2\right)$에서의 접선 l과 곡선 $y = (x - 2a)^2$ 및 x축으로 둘러싸인 부분의 넓이가 $\dfrac{1}{12}$이다. 이때, 접선 l과 곡선 $y = (x - 2a)^2$ 및 y축으로 둘러싸인 부분의 넓이는? [4점]

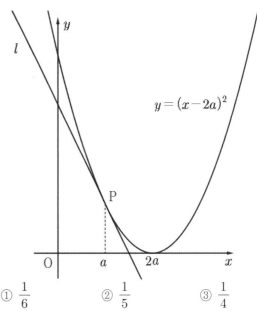

① $\dfrac{1}{6}$ ② $\dfrac{1}{5}$ ③ $\dfrac{1}{4}$

④ $\dfrac{1}{3}$ ⑤ $\dfrac{1}{2}$

202

함수 $f(x) = -x^2 + 4x - 1$에 대하여 원점을 지나고 곡선 $y = f(x)$와 한 점에서 만나는 두 직선을 l_1, l_2이라 하자. 곡선 $y = f(x)$와 두 직선 l_1, l_2로 둘러싸인 부분의 넓이는? [4점]

① $\dfrac{1}{3}$　　② $\dfrac{2}{3}$　　③ 1　　④ $\dfrac{4}{3}$　　⑤ $\dfrac{5}{3}$

출제유형 | 함수의 성질, 정적분의 정의와 성질, 역함수의 관계 등을 이용하여 넓이를 구하는 문제가 출제된다.

출제유형잡기 | 주어진 함수의 성질과 특징, 정적분의 정의와 넓이의 관계, 주어진 함수의 그래프와 그 역함수의 그래프의 특징을 이용하여 넓이를 구한다.

203

실수 $a\,(-1 < a < 0)$에 대하여 곡선
$y = x(x-1)^2\,(0 \le x \le 1+a)$와 곡선
$y = ax(x-1)$로 둘러싸인 부분의 넓이를 A, 곡선
$y = x(x-1)^2\,(1+a \le x \le 1)$와 곡선
$y = ax(x-1)$로 둘러싸인 부분의 넓이를 B라 하자.
$A - B = \dfrac{1}{24}$일 때, a의 값은? [4점]

① $-\dfrac{1}{2}$　② $-\dfrac{1}{3}$　③ $-\dfrac{1}{4}$　④ $-\dfrac{1}{5}$　⑤ $-\dfrac{1}{6}$

204

함수 $f(x) = -|x-2|+2$에 대하여

$g(x) = \begin{cases} f(x) & (x \geq 0) \\ f(-x) & (x < 0) \end{cases}$의 그래프가 x축과 만나는

원점이 아닌 서로 다른 두 점을 P, Q라 하고, 상수 k $(k > 4)$에 대하여 직선 $x = k$가 x축과 만나는 점을 R이라 하자. 곡선 $y = g(x)$와 선분 PQ로 둘러싸인 부분의 넓이를 A, 곡선 $y = f(x)$와 직선 $x = k$ 및 선분 QR로 둘러싸인 부분의 넓이를 B라 하자. $A = B$일 때, k의 값은? (단, 점 P의 x좌표는 음수이다.) [4점]

① 2   ② 4   ③ 6   ④ 8   ⑤ 10

205

양수 a에 대하여 함수 $f(x) = x(ax^2 - 4ax + 4a + 1)$가 있다. 함수 $y = f(|x|)$의 그래프와 함수 $y = |x|$의 그래프로 둘러싸인 부분의 넓이를 A라 하고, 함수 $y = \dfrac{1}{2}x^2$의 그래프와 함수 $y = |x|$의 그래프로 둘러싸인 부분의 넓이를 B라 하자. $A = 2B$일 때, a의 값은? [4점]

① $\dfrac{1}{2}$ ② $\dfrac{2}{3}$ ③ 1 ④ $\dfrac{4}{3}$ ⑤ 2

206

최고차항의 계수가 1인 삼차함수 $f(x)$가 양수 k에 대하여 다음 조건을 만족시킨다.

(가) $f'(k)=f'(-k)=0$

(나) $f(k)f(-k) \leq 0$

$f(0)$의 값이 최대일 때, 함수 $f(x)$를 $M(x)$라 하고 $f(0)$의 값이 최소일 때, 함수 $f(x)$를 $m(x)$라 하자, 두 곡선 $y=M(x)$, $y=m(x)$와 두 직선 $x=-k$, $x=k$로 둘러싸인 부분의 넓이가 $\dfrac{81}{2}$일 때, $M(5)$의 값을 구하시오. [4점]

207

최고차항의 계수가 1인 삼차함수 $f(x)$에 대하여 함수

$$g(x)= \int_0^x (t-2)f(t)\,dt$$

라 할 때, 두 함수 $f(x)$, $g(x)$가 다음 조건을 만족시킨다.

(가) 곡선 $y=f(x)$는 x축에 접하고 $y=f(x)$와 x축으로 둘러싸인 부분의 넓이는 $\dfrac{64}{3}$이다.

(나) 함수 $g(x)$는 역함수를 갖는다.

$f(5)$의 값으로 가능한 모든 값의 합을 구하시오. [4점]

208

실수 전체의 집합에서 정의된 함수 $f(x) = |x^2 - 1|$ 에 대하여 합성함수 $(f \circ f)(x)$의 그래프와 x축으로 둘러싸인 부분의 넓이는? [4점]

① $\dfrac{8\sqrt{2}}{15}$
② $\dfrac{4\sqrt{2}}{5}$
③ $\dfrac{16\sqrt{2}}{15}$

④ $\dfrac{8}{3}(\sqrt{2}-1)$
⑤ $\dfrac{10}{3}(\sqrt{2}-1)$

209

세 점 $\mathrm{O}(0, 0)$, $\mathrm{A}(4, 0)$, $\mathrm{B}(2, 2\sqrt{3})$을 꼭짓점으로 하는 삼각형 OAB의 넓이가 두 점 O, A를 지나는 이차함수 $y = f(x)$의 그래프에 의하여 이등분될 때, $f'(0)$의 값은? (단, 곡선 $y = f(x)$와 삼각형 OAB는 두 점 O, A에서만 만난다.) [4점]

① $\dfrac{\sqrt{3}}{2}$
② $\dfrac{3\sqrt{3}}{4}$
③ 3

④ $\dfrac{5\sqrt{3}}{4}$
⑤ $\dfrac{3\sqrt{3}}{2}$

210

함수 $f(x) = -\dfrac{1}{4}(x-2)^3 + 2$에 대하여 두 곡선

$y = f(x)$와 $y = f^{-1}(x)$로 둘러싸인 부분의 넓이를 구하시오. [4점]

211

함수 $f(x) = -x^2 + x$에 대하여 곡선 $y = f(x)$와 x축으로 둘러싸인 부분의 넓이를 A라 하자. 1보다 큰 실수 a에 대하여 곡선 $y = f(x)$위의 점 $(a, f(a))$와 원점을 지나는 직선을 l이라 하고 곡선 $y = f(x)$와 직선 l로 둘러싸인 부분의 넓이를 B라 하자.

$\displaystyle\lim_{a \to \infty} \dfrac{A}{B} \int_1^a |f(x)| \, dx$의 값은? [4점]

① $\dfrac{1}{6}$ ② $\dfrac{1}{5}$ ③ $\dfrac{1}{4}$

④ $\dfrac{1}{3}$ ⑤ $\dfrac{1}{2}$

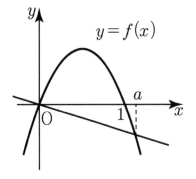

수직선 위를 움직이는 점의 속도와 거리

출제유형 | 수직선 위를 움직이는 점 또는 물체의 시각 t에서의 속도에 대한 식이나 그래프가 주어질 때, 점 또는 물체의 위치, 위치의 변화량, 움직인 거리를 구하는 문제가 출제된다.

출제유형잡기 | 수직선 위를 움직이는 점 P의 위치와 위치의 변화량, 움직인 거리의 차이점을 이해하고 이를 이용하여 문제를 해결한다.

212

수직선 위를 움직이는 점 P가 있다. 점 P가 출발한 후 시각 t까지 움직인 거리를 $f(t)$라 하면

$$f(t)=\begin{cases} \displaystyle\int_0^t x\,dx & (0 \le t \le 2) \\ \displaystyle\int_2^t (-x+4)\,dx & (2 < t \le 4) \\ \displaystyle\int_4^t (x-4)\,dx & (t > 4) \end{cases}$$

이다. 점 P가 원점을 출발 후 다시 원점을 한번 지난다. $t = 8$일 때, 가능한 점 P의 위치의 차를 구하시오. (단, 시각 t에서 점 P의 속도를 나타내는 함수는 연속함수이다.) [4점]

213

실수 a에 대하여 수직선 위를 움직이는 점 P의 처음 위치가 a이고 시각 $t\,(t \geq 0)$에서의 속도 $v(t)$가

$$v(t)= 2(t-2)\big(2t^2-8t+a\big)$$

이다. 시각 $t=0$에서 $t=2$까지 점 P의 위치의 변화량을 A, 시각 $t=0$에서 $t=4$까지 점 P가 움직인 거리를 B라 할 때, 〈보기〉에서 옳은 것만을 있는 대로 고른 것은? [4점]

| 보기 |

ㄱ. $A=-\displaystyle\int_{2}^{4} v(t)dt$

ㄴ. $B=2A$을 만족시키는 a의 최댓값은 0이다.

ㄷ. $B=-2A$을 만족시키는 a의 최솟값은 8이다.

---

① ㄱ   ② ㄴ   ③ ㄱ, ㄴ

④ ㄱ, ㄷ   ⑤ ㄱ, ㄴ, ㄷ

214

원점을 동시에 출발하여 수직선 위를 움직이는 두 점 P, Q의 시각 $t\,(t \geq 0)$에서의 속도를 각각 $v_P(t)$, $v_Q(t)$라 하면

$$v_P(t)= t^3 + a, \quad v_Q(t)= 12t$$

이다. 시각 $t=k\,(k>0)$에서 두 점 P, Q의 가속도가 서로 같고, $t=k$에서의 두 점 P, Q가 원점에서 거리가 같고 방향이 반대일 때, a의 값은? [4점]

① -16 ② -14 ③ -12

④ -10 ⑤ -8

215

최고차항의 계수가 1이고 역함수가 존재하는 두 다항함수 $f(x)$, $g(x)$가 다음 조건을 만족시킨다.

(가) 모든 실수 x에 대하여
$$f'(x)g(x) + f(x)g'(x) = 4x^3 + 3x^2 + 6x + 4$$
(나) $f'(0)g'(0) = 3$

$f(1) \times g(1)$의 최댓값을 구하시오. [4점]

216

$a < b$인 모든 실수 a, b에 대하여

$$\int_a^b (x^4 - 4x^3)dx > k(a-b)$$

이 성립하도록 하는 실수 k의 최솟값을 구하시오. [4점]

217

두 삼차함수 $f(x)$, $g(x)$가 $x = -k$과 $x = k$에서만

만나고 $\displaystyle\int_{-k}^{k} \{f(x) - g(x)\}dx = \dfrac{4}{3}k^4$일 때,

함수 $f(k+1) - g(k+1)$가 될 수 있는 모든 값의 합이
-9일 때, k의 값은? (단, $k > 0$) [4점]

① 1   ② 2   ③ 3   ④ 4   ⑤ 5

218

두 함수 $g(x) = x + 1$, $h(x) = x^2 + 1$에 대하여 함수

$f(x)$가

$$f(x) = \begin{cases} g(h(x)) & (x \le 0) \\ h(g(x)) & (x > 0) \end{cases}$$

일 때, 정적분 $\displaystyle\int_{-1}^{1} f(x)dx$의 값은? [4점]

① 3   ② $\dfrac{11}{3}$ ③ $\dfrac{13}{3}$ ④ 5   ⑤ $\dfrac{17}{3}$

219

최고차항의 계수가 1인 삼차함수 $f(x)$가

$$\int_1^{a^2} f'(x)dx = \{f(a)\}^2 \ (a = -1, 0, 1)$$

을 만족시킬 때, $f(2)$의 최댓값은? [4점]

① 3 ② 4 ③ 5 ④ 6 ⑤ 7

220

삼차 이하의 다항함수 $f(x)$에 대하여 함수 $y = f(x)$의 그래프가 x축과 오직 두 점 $(0, 0)$, $(2, 0)$에서 만나고 다음 조건을 만족시킨다.

$$\int_0^3 f(x)dx = \frac{3}{4}, \ 0 < \int_0^3 \{xf(x)\}'dx < 6$$

$f(9)$의 값을 구하시오. [4점]

221

실수 t에 대하여 함수 $f(x)$를

$$f(x) = \begin{cases} 1 - \dfrac{1}{2}|x-t| & (|x-t| \leq 2) \\ 0 & (|x-t| > 2) \end{cases}$$ 이라 할 때,

함수 $g(t)$는 $g(t) = \displaystyle\int_0^1 f(x)dx$이다. $100 \times g'\left(\dfrac{1}{4}\right)$의

값을 구하시오. [4점]

222

함수 $f(x)$는 다음 조건을 만족시킨다.

(가) $\displaystyle\int_0^2 xf(x)dx = \int_0^2 x^2 f(x)dx = 0$

(나) $\displaystyle\int_0^2 f(x)dx = \int_0^2 x^3 f(x)dx = 1$

$\displaystyle\int_0^2 (x+1)^3 f(x)dx \leq \int_0^2 k\,|x-1|\,dx$를

만족시키는 상수 k의 최솟값을 m이라 할 때, $50m$의
값을 구하시오. [4점]

223

함수 $f(x)=\displaystyle\int_{-1}^{1}\{|t+x|-|t|+|t-x|\}dt$ 에 대하여

함수 $f(x)$ 의 최댓값은? (단, $0 \leq x \leq 2$) [4점]

① 7   ② 9   ③ 11

④ 13   ⑤ 15

224

이차함수 $f(x)$ 에 대하여

$$\lim_{x \to 1}\frac{f(x)-f(2)}{\displaystyle\int_{1}^{x}f(t)dt}=3$$

일 때, $\dfrac{f(3)}{f(1)}$ 의 값은? [4점]

① -1 ② -2 ③ -3 ④ -4 ⑤ -5

225

실수 $a\left(0<a<\dfrac{1}{2}\right)$에 대하여 함수 $f(x)$는

$$f(x)=\begin{cases} -x^2+ax & (x<a) \\ x^2-x-a^2+a & (x\geq a) \end{cases}$$

이다 함수 $g(x)=\displaystyle\int_0^x f(t)dt$의 최솟값이 0이 되도록 하는 a의 최솟값은? [4점]

① $\dfrac{1}{7}$ ② $\dfrac{1}{6}$ ③ $\dfrac{1}{5}$ ④ $\dfrac{1}{4}$ ⑤ $\dfrac{1}{3}$

226

사차함수 $y=f(x)$의 그래프와 점 $A(-1,\,0)$을 지나는 일차함수 $y=g(x)$의 그래프가 그림과 같다.

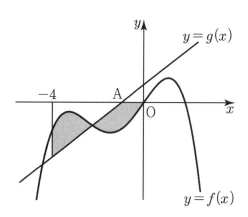

곡선 $y=f(x)$와 선분 OA 및 직선 $y=g(x)$로 둘러싸인 부분의 넓이와 곡선 $y=f(x)$와 두 직선 $x=-4$, $y=g(x)$로 둘러싸인 부분의 넓이가 같다.

$\displaystyle\int_{-4}^0 f(x)dx=-5$일 때, 직선 $y=g(x)$의 기울기는 m이다. $9m$의 값을 구하시오. (단, O는 원점이다.) [4점]

227

최고차항의 계수가 -1인 사차함수 $f(x)$에 대하여 곡선 $y = f(x)$와 직선 $y = 2x$가 원점 O가 아닌 점에서 만나는 점을 x좌표가 작은 순서로 A, B라 할 때, 곡선 $y = f(x)$와 직선 $y = 2x$는 점 B에서 접한다. 곡선 $y = f(x)$와 선분 OA로 둘러싸인 영역의 넓이를 S_1, 곡선 $y = f(x)$와 선분 AB로 둘러싸인 영역의 넓이를 S_2라 하자. $\overline{OB} = 2\sqrt{5}$이고 $S_1 = S_2$일 때, $f(1)$의 값은? [4점]

① $\dfrac{6}{5}$ ② $\dfrac{7}{5}$ ③ $\dfrac{8}{5}$ ④ $\dfrac{9}{5}$ ⑤ 2

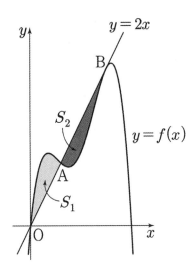

228

원점을 출발하여 수직선 위를 움직이는 두 점 P, Q의 시각 $t(t \geq 0)$에서의 속도가 각각 $v_P(t) = t^2 + kt + 5$, $v_Q(t) = 2$이다. 두 점 P, Q가 출발 후 $t = a\,(a > 0)$에서만 만날 때, 점 P가 출발 후 $t = a$까지 움직인 거리를 구하시오. (단, a, k는 상수) [4점]

229

실수 a에 대하여 원점을 출발하여 수직선 위를 움직이는 두 점 P, Q의 시각 t $(t \geq 0)$에서의 속도를 각각

$$v_1(t) = 2t - \frac{3}{2}, \; v_2(t) = t^2 - at$$

라 하자. 점 P의 $t = 2$에서의 위치와 시각 $t = 0$에서 $t = 2$까지 점 Q가 움직인 거리가 같을 때, 모든 a의 값의 합은? [4점]

① $\dfrac{-1 + \sqrt{21}}{2}$ ② $\dfrac{1 + \sqrt{21}}{2}$ ③ $\dfrac{2 - \sqrt{21}}{2}$

④ $\dfrac{3 - \sqrt{21}}{2}$ ⑤ $\dfrac{2 + \sqrt{21}}{2}$

230

정수 k와 함수 $f(x)$에 대하여

$$\int_{2k-1}^{2k} f(x)dx = 6k - 1, \; \int_{2k}^{2k+1} f(x)dx = 6k + 2$$

가 성립할 때, $\displaystyle\sum_{n=0}^{5}\left(\int_{0}^{2n+1} f(x)dx\right)$의 값을 구하시오.

[4점]

231

실수 전체에서 정의된 연속함수 $f(x)$가
$f(x) = f(x+4)$, $f(0) = 2$를 만족하고

$$f'(x) = \begin{cases} -4 & (0 \leq x < 2) \\ 2x - 2 & (2 \leq x < 4) \end{cases}$$

일 때 $\displaystyle\int_{13}^{15} f(x)\, dx$의 값은? [4점]

① -8　② $-\dfrac{26}{3}$　③ $-\dfrac{28}{3}$　④ -10　⑤ $-\dfrac{32}{3}$

232

최고차항의 계수가 1인 이차함수 $f(x)$는 $f(0) = -\alpha$
$(\alpha > 0)$이고,

$$\int_{-\alpha}^{\alpha} f(x)\, dx = \int_{0}^{\alpha} f(x)\, dx = \int_{-\alpha}^{0} f(x)\, dx$$

를 만족시킨다. $f(2)$의 값은? [4점]

① 1　② 2　③ 3　④ 4　⑤ 5

233

이차함수 $f(x)$가

$$f(x) = \frac{15}{8}x^2 + 2x\int_0^2 f(t)\,dt - \left\{\int_0^2 f(t)\,dt\right\}^2$$

일 때, $\displaystyle\int_0^2 f(x)\,dx$ 로 가능한 값의 합은? [4점]

① $-\dfrac{5}{2}$ ② $-\dfrac{3}{2}$ ③ 1

④ $\dfrac{3}{2}$ ⑤ $\dfrac{5}{2}$

234

함수 $f(x) = x^2$에 대하여 두 곡선 $y = f(x)$, $y = -f(x-1) + 3$로 둘러싸인 부분의 넓이는? [4점]

① $\dfrac{4\sqrt{5}}{3}$ ② $\dfrac{5\sqrt{5}}{3}$ ③ $2\sqrt{5}$

④ $\dfrac{7\sqrt{5}}{3}$ ⑤ $\dfrac{8\sqrt{5}}{3}$

235

함수
$$f(x) = x(x-a)|x-a|$$
의 극솟값이 -4이고, 방정식 $\displaystyle\int_0^x f(t)dt = 0$ 의

$x > 0$인 해가 존재할 때, $f(4)$의 값을 구하시오.
(단, a는 상수이다.) [4점]

236

0이 아닌 실수 a에 대하여
$$f(x) = \frac{1}{a}x^2 + (a-2)x + 2(a-2)$$

의 한 부정적분을 $F(x)$라 할 때, 함수 $F(x)$가 실수
전체에서 증가하도록 하는 a값의 범위는
$\alpha \le a \le \beta$이다. $\beta - \alpha$의 최댓값을 구하시오. [4점]

237

$x > 0$에서 정의된 함수 $f(x) = x^3 + x^2 + 2x$와 그 역함수 $g(x)$에 대하여 정적분

$\int_0^1 f(x)dx + \int_0^4 g(x)dx$의 값은? [4점]

① $\dfrac{5}{2}$ ② 3 ③ $\dfrac{7}{2}$ ④ 4 ⑤ $\dfrac{9}{2}$

238

$f(0) = 0$인 삼차함수 $f(x)$가 $x = \alpha$에서 극대, $x = \beta$에서 극소이고 다음 조건을 만족시킨다.

(가) $f(\alpha) - f(\beta) = 12$
(나) $f(\alpha) = f(\alpha + 3)$

$f(1) = 12$일 때, $f(2)$의 값을 구하시오. (단, $0 < \alpha < \beta$) [4점]

239

최고차항의 계수가 음수인 이차함수 $f(x)$가 다음 조건을 만족시킨다.

> (가) 모든 실수 t에 대하여
> $$\int_0^{a-t} f(x)\,dx = \int_t^a f(x)\,dx \text{ 이다.}$$
>
> (나) $\displaystyle\int_1^{\frac{a}{2}} f(x)\,dx = 3$, $\displaystyle\int_1^{\frac{a}{2}} |f(x)|\,dx = 7$

$f(k) = 0$이고 $k > \dfrac{a}{2}$인 실수 k에 대하여 $\displaystyle\int_1^k f(x)\,dx$의 값을 구하시오. [4점]

240

실수 전체의 집합에서 미분가능한 함수 $f(x)$가 다음 조건을 만족시킨다.

> (가) 모든 실수 x에 대하여 $f'(x) = f'(-x)$이고
> $\displaystyle\lim_{x \to 0} \frac{f(x)}{x}$의 값이 존재한다.
>
> (나) $\displaystyle\int_{-2}^1 f(x)\,dx = 2$, $\displaystyle\int_1^4 f(x)\,dx = -3$
>
> (다) $\displaystyle\int_2^4 (x+1)f(x)\,dx = 1$

$\displaystyle\int_{-4}^{-2} x f(x)\,dx$의 값은? [4점]

① -2 ② -1 ③ 0 ④ 1 ⑤ 2

241

양수 a와 최고차항의 계수가 1인 삼차함수 $f(x)$에 대하여 함수 $g(x)$는

$$g(x)=\int_a^x f(t)\,dt$$

이고 다음 조건을 만족시킨다.

(가) $g(-2a)=0$
(나) 함수 $g(x)$의 최솟값은 0이다.

$f(-a)=64$일 때, $f(2a)$의 값을 구하시오. [4점]

242

최고차항의 계수가 2인 이차함수 $f(x)$에 대하여 함수

$$g(x)=\int_x^{x+1} |f(t)|\,dt$$는 $x=1$과 $x=4$에서 극소이다.

함수 $g(x)$의 극댓값을 M이라 할 때, $6M$의 값을 구하시오. [4점]

243

함수

$$f(x)= \begin{cases} -x^3 - x^2 + 1 \ (x < 0) \\ x^3 - x^2 + 1 \ \ \ (x \geq 0) \end{cases}$$

에 대하여 원점 O 에서 곡선 $y = f(x)$에 그은 두 접선을 각각 l_1, l_2라 할 때, 곡선 $f(x)$와 두 직선 l_1, l_2로 둘러싸인 부분의 넓이는? [4점]

① $\dfrac{2}{3}$ ② $\dfrac{5}{6}$ ③ 1

④ $\dfrac{7}{6}$ ⑤ $\dfrac{4}{3}$

244

실수 전체의 집합에서 미분 가능한 함수 $f(x)$가 상수 $a\,(a \neq 0)$와 모든 실수 x에 대하여 다음 조건을 만족시킨다.

(가) $f(-x) = -f(x)$

(나) $\displaystyle\int_{x}^{x+4} f(t)dt = ax + 4$

$\displaystyle\int_{-5a}^{9a} f(x)dx$의 값을 구하시오. [4점]

245

실수 a와 함수 $f(x)$가 다음 조건을 만족시킨다.

(가) $0 \leq x < 2$일 때, $f(x) = -x^2(x-3)$이다.

(나) 모든 실수 x에 대하여 $f(x+2) = f(x) + a$이다.

함수 $f(x)$가 실수 전체의 집합에서 연속일 때, 곡선 $y = f(x)$와 x축 및 $x = 2a$로 둘러싸인 부분의 넓이를 구하시오. [4점]

246

이차함수 $f(x)$에 대하여 함수

$$g(x) = \int_0^x (t+1)(t-1)f(t)dt$$

의 역함수가 존재한다. 0이 아닌 상수 m, n에 대하여

$$\lim_{x \to 0} \frac{g(x)}{x} = \lim_{x \to 2} \frac{\{g(x)\}^2 - m}{x-2} = n$$

일 때, $\dfrac{23n}{m}$의 값을 구하시오. [4점]

247

두 함수 $f(x) = x^3$, $g(x) = ax^2 + bx + c$ (단, $a > 3$)의 그래프가 점 $(1, 1)$에서 공통접선을 갖고, 구간 $[0, 2]$에서 함수 $h(x) = f(x) - g(x)$의 최솟값을 $l(a)$라 할 때, $\left\{ \displaystyle\int_4^6 l(a)\,da \right\}^2$의 값은? [4점]

① 16　　② 25　　③ 36　　④ 49　　⑤ 64

248

실수 전체의 집합에서 도함수가 연속인 함수 $f(x)$에 대하여 방정식 $f(x) = k$의 해집합은 $\{a,\ b\}$이다. 그림과 같이 곡선 $y = f(x)$와 $y = k$ $(k > 0)$및 직선 $x = a + 4$로 둘러싸인 두 부분의 넓이를 각각 A, B라 하자. $A - B = 4k$일 때, $\displaystyle\int_a^{a+4} f(x)dx = 16$이다. k의 값을 구하시오. (단, $a < b < a + 4$이다.) [4점]

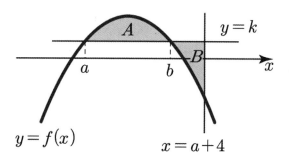

249

함수

$$f(x) = -x^2 + 4x$$

에 대하여 열린구간 $(0, 4)$에서 정의된 함수

$$g(x) = \int_0^x |f(x) - f(t)| \, dt$$

는 $x = a$에서 극댓값을 갖고 $x = b$에서 극솟값을 갖는다. $30(a+b)$의 값을 구하시오. [4점]

250

다항함수 $f(x)$가 임의의 두 실수 a, b에 대하여 다음 조건을 만족시킨다.

(가) $\dfrac{2}{b-a}\displaystyle\int_a^b f(x)dx = f(a) + f(b)$

(나) 방정식 $f(x) - 2x = 1$의 해는 존재하지 않는다.

(다) $f(-x) + f(x) = 0$

$\displaystyle\int_0^1 f(x)dx$의 값을 구하시오. [4점]

랑데뷰
N 제

쉬사준킬
수 학 II

랑데뷰
N 제

하루 중 90%는 겸손하게 10%는 자신있게...

빠른 정답

함수의 극한

랑데뷰
N·제

하루 중 90%는 겸손하게 10%는 자신있게...

상세 해설

─────────

유형 1 함수의 좌극한과 우극한

01 정답 18

수특

$g(x)$는 사차함수이므로 $\lim_{x \to a} g(x) = g(a)$이다.

(i) $a < -1$, $-1 < a < 1$, $0 < a < 1$, $a > 1$일 때,

$\lim_{x \to a} f(x) = f(a)$이고, $f(a) \neq 0$이므로

$\lim_{x \to a} \dfrac{g(x)}{f(x)} = \dfrac{\lim\limits_{x \to a} g(x)}{\lim\limits_{x \to a} f(x)} = \dfrac{g(a)}{f(a)}$이다.

따라서

$a < -1$, $-1 < a < 1$, $0 < a < 1$, $a > 1$일 때

$\lim_{x \to a} \dfrac{g(x)}{f(x)}$의 값은 존재한다.

(ii) $a = -1$, $a = 0$, $a = 1$일 때,

$\lim_{x \to a-} f(x) \neq \lim_{x \to a+} f(x)$이므로 $\lim_{x \to a} \dfrac{g(x)}{f(x)}$의 값이 존재하기

위해서는 $g(a) = 0$이어야 한다.

따라서 $g(-1) = g(0) = g(1)$이다.

그러므로

$g(x) = (x+1)x(x-1)(x-k)$라 할 수 있다.

(iii)

$\lim_{x \to -1-} \dfrac{g(x)}{f(x)}$

$= \lim_{x \to -1-} \dfrac{(x+1)x(x-1)(x-k)}{f(x)}$

$= \dfrac{0}{1} = 0$

$\lim_{x \to -1+} \dfrac{g(x)}{f(x)}$

$= \lim_{x \to -1+} \dfrac{(x+1)x(x-1)(x-k)}{f(x)}$

$= \dfrac{0}{0}$

이므로 $-1 < x < 0$일 때, $f(x) = (x+1)h(x)$꼴이다. 따라서

$\lim_{x \to -1+} \dfrac{g(x)}{f(x)}$

$= \lim_{x \to -1+} \dfrac{(x+1)x(x-1)(x-k)}{(x+1)h(x)}$

$= \lim_{x \to -1+} \dfrac{x(x-1)(x-k)}{h(x)}$

$= \dfrac{2(-1-k)}{h(-1)} = 0$

$\therefore k = -1$

그러므로 $g(x) = (x+1)^2 x(x-1)$이다.

$g(2) = 9 \times 2 \times 1 = 18$

02 정답 ②

$\displaystyle\sum_{k=1}^{4} \left\{ \lim_{x \to (3k)-} f(x) \right\}$

$= \lim_{x \to 3-} f(x) + \lim_{x \to 6-} f(x) + \lim_{x \to 9-} f(x) + \lim_{x \to 12-} f(x)$

이다.

$\lim_{x \to 3-} f(x) = \lim_{x \to -1-} \{2f(x) - 1\} = -2 - 1 = -3$

$\lim_{x \to 6-} f(x) = \lim_{x \to 2-} \{2f(x) - 1\} = 4 - 1 = 3$

$\lim_{x \to 9-} f(x) = \lim_{x \to 5-} \{2f(x) - 1\} = 2 \left\{ \lim_{x \to 1-} 2f(x) - 1 \right\} - 1$

$= 2(2 \times 2 - 1) - 1 = 5$

$\lim_{x \to 12-} f(x) = \lim_{x \to 8-} \{2f(x) - 1\} = 2 \left\{ \lim_{x \to 4-} 2f(x) - 1 \right\} - 1$

$\qquad = 2 \left[2 \left\{ \lim_{x \to 0-} 2f(x) - 1 \right\} - 1 \right] - 1$

$\qquad = 2[2 \times \{-3\} - 1] - 1 = -15$

따라서

$\displaystyle\sum_{k=1}^{4} \left\{ \lim_{x \to (3k)-} f(x) \right\}$

$= (-3) + 3 + 5 + (-15)$

$= -10$

03 정답 ③

양의 정수 a에 대하여

$\lim_{x \to a+} f(x) = a - 1$, $\lim_{x \to (a+1)-} f(x) = \dfrac{a(a-1)}{a+1}$이므로

임의의 자연수 n에 대하여

$\lim_{x \to n+} f(x) = n - 1$, $\lim_{x \to n-} f(x) = \dfrac{(n-1)(n-2)}{n}$이다.

따라서

$\lim_{x \to (p+3)+} f(x) \times \lim_{x \to (p+2)-} f(x)$

$= (p+2) \times \dfrac{(p+1)p}{p+2}$

$= p(p+1) = 72$

$\therefore p = 8$

유형 2 함수의 극한에 대한 성질

04 정답 ④

$\lim_{x \to 0+} f(x+1)g(x) = 1 \times g(0) = g(0)$

$\lim_{x \to 0-} f(x+1)g(x) = 0 \times g(0) = 0$이고

$\lim_{x \to 0} f(x+1)g(x)$이 존재하므로 $g(0) = 0$

또한, $\lim_{x \to 3+} f(x-1)g(x+1) = (-1) \times g(4) = -g(4)$

$\lim\limits_{x \to 3^-} f(x-1)g(x+1) = 0 \times g(4) = 0$ 이고

$\lim\limits_{x \to 3} f(x-1)g(x+1)$이 존재하므로 $g(4) = 0$

최고차항의 계수와 이차항의 계수가 모두 1인 삼차함수

$g(x) = x^3 + x^2 + ax + b$라 하자.

$g(0) = 0$에서 $b = 0$이고 $g(4) = 64 + 16 + 4a = 0$에서 $a = -20$

따라서

$g(x) = x^3 + x^2 - 20x$이다.

$g(5) = 125 + 25 - 100 = 50$

05 정답 ①

$g(x) = \begin{cases} bx+2 & (x < -1) \\ ax^2 + x + 1 & (-1 \leq x \leq 1) \\ bx+2 & (x > 1) \end{cases}$ 이므로

$\lim\limits_{x \to -1^-} f(x)g(x) = 1 \times (-b+2)$

$\lim\limits_{x \to -1^+} f(x)g(x) = -1 \times (a-1+1)$

이므로 $-b+2 = -a$

즉, $a - b = -2 \cdots \bigcirc$

$\lim\limits_{x \to 1^-} f(x)g(x) = 1 \times (a+1+1)$

$\lim\limits_{x \to 1^+} f(x)g(x) = -1 \times (b+2)$

이므로 $a + 2 = -b - 2$

즉, $a + b = -4 \cdots \bigcirc$

$\bigcirc$, $\bigcirc$에서 $a = -3$, $b = -1$이다.

그러므로

$\lim\limits_{x \to -1} f(x)g(x) = 3 = c$

$\lim\limits_{x \to 1} f(x)g(x) = -1 = d$

에서 $c = 3$, $d = -1$이다.

$a \times b \times c \times d = (-3)(-1)(3)(-1) = -9$

유형 3 $\dfrac{0}{0}$꼴과 $0 \times \infty$꼴의 극한값의 계산

06 정답 ⑤

[출제자 : 황보성호T] |

$\lim\limits_{x \to 1^+} \left\{ \dfrac{x-1}{\sqrt{f(x)}} + \dfrac{\sqrt{f(x)}}{x^2-x} \right\} = \lim\limits_{x \to 1^+} \left\{ \dfrac{(x-1)(x^2-x) + f(x)}{\sqrt{f(x)}(x^2-x)} \right\}$

$= \dfrac{5}{2}$

에서 $x \to 1$일 때, (분모) $\to 0$이므로 (분자) $\to 0$이어야 한다.

즉, $f(1) = 0$

$f(x) = (x-1)(x^2 + ax + b)$ $(a, b$는 정수$)$라 하면

$\lim\limits_{x \to 1^+} \left\{ \dfrac{x(x-1)^2 + (x-1)(x^2+ax+b)}{x(x-1)\sqrt{(x-1)(x^2+ax+b)}} \right\}$

$= \lim\limits_{x \to 1^+} \left\{ \dfrac{x(x-1) + (x^2+ax+b)}{x\sqrt{(x-1)(x^2+ax+b)}} \right\} = \dfrac{5}{2}$

에서 $x \to 1$일 때, (분모) $\to 0$이므로 (분자) $\to 0$이어야 한다.

즉, $1 + a + b = 0$

$b = -a - 1 \qquad \cdots \bigcirc$

$\lim\limits_{x \to 1^+} \left\{ \dfrac{x(x-1) + (x^2+ax-a-1)}{x\sqrt{(x-1)(x^2+ax-a-1)}} \right\}$

$= \lim\limits_{x \to 1^+} \left\{ \dfrac{x(x-1) + (x-1)(x+a+1)}{x\sqrt{(x-1)^2(x+a+1)}} \right\}$

$= \lim\limits_{x \to 1^+} \left\{ \dfrac{x(x-1) + (x-1)(x+a+1)}{x(x-1)\sqrt{x+a+1}} \right\}$

$= \lim\limits_{x \to 1^+} \left\{ \dfrac{2x+a+1}{x\sqrt{x+a+1}} \right\}$

$= \dfrac{a+3}{\sqrt{a+2}} = \dfrac{5}{2}$

$\dfrac{(a+3)^2}{a+2} = \dfrac{25}{4}$, $4a^2 + 24a + 36 = 25a + 50$, $4a^2 - a - 14 = 0$

$(4a+7)(a-2) = 0$

$\therefore a = 2$ ($\because a$는 정수)

$\bigcirc$에 의하여 $b = -3$

즉, $f(x) = (x-1)(x^2 + 2x - 3) = (x-1)^2(x+3)$

따라서 $f(7) = 6^2 \times 10 = 360$

07 정답 ②

$\lim\limits_{x \to -1} \dfrac{f(x)}{(x+1)^2} = \infty$에서

$x \to -1$일 때, (분모) $\to 0+$이므로 $f(-1) > 0$이어야 한다.

$\lim\limits_{x \to 1} \dfrac{(x-1)^2}{f(x)f(x-2)} = -1$에서

$x \to 1$일 때, (분자) $\to 0$이고 극한값이 0이 아닌 값으로

수렴하므로 (분모) $\to 0$이어야 한다.

$x \to 1$일 때, $f(x-2) > 0$이고 $f(0) = 0$이므로

$f(x) = ax(x-1)^2$라 할 수 있다.

$f(-1) = -4a > 0$이므로 $a < 0$이다.

$\lim\limits_{x \to 1} \dfrac{(x-1)^2}{f(x)f(x-2)}$

$= \lim\limits_{x \to 1} \dfrac{(x-1)^2}{ax(x-1)^2(-4a)}$

$= \lim\limits_{x \to 1} \dfrac{1}{a \times (-4a)}$

$= -\dfrac{1}{4a^2} = -1$

$a^2 = \dfrac{1}{4}$

$\therefore a = -\dfrac{1}{2}$

$f(x) = -\dfrac{1}{2}x(x-1)^2$

그러므로 $f\left(\dfrac{1}{a}\right) = f(-2) = 9$이다.

08 정답 ③

$$\lim_{x \to 1}\left\{\frac{1}{f(x)} - \frac{1}{x^2-1}\right\} = \lim_{x \to 1}\frac{(x^2-1)-f(x)}{f(x)(x^2-1)}$$

에서 (분모)→0이므로 (분자)→0이어야 한다.

$$\therefore f(1)=0$$

따라서 $f(x)=(x-1)(x^2+ax+b)$라 할 수 있다.

$$\lim_{x \to 1}\left\{\frac{1}{f(x)} - \frac{1}{x^2-1}\right\}$$

$$=\lim_{x \to 1}\left\{\frac{1}{(x-1)(x^2+ax+b)} - \frac{1}{(x-1)(x+1)}\right\}$$

$$=\lim_{x \to 1}\frac{x+1-(x^2+ax+b)}{(x-1)(x^2+ax+b)(x+1)}$$

$$=\lim_{x \to 1}\frac{-x^2+(1-a)x+1-b}{(x-1)(x^2+ax+b)(x+1)}$$

에서 $-x^2+(1-a)x+1-b=-(x-1)(x+c)$라 하면 ······ ㉠

$$=\lim_{x \to 1}\frac{-(x-1)(x+c)}{(x-1)(x^2+ax+b)(x+1)}$$

$$=\lim_{x \to 1}\frac{-(x+c)}{(x^2+ax+b)(x+1)}$$

$$=\frac{-1-c}{2(1+a+b)}=1$$

$$-1-c=2+2a+2b$$

㉠에서

$$-x^2+(1-a)x+1-b=-x^2+(1-c)x+c$$

$a=c$, $b=1-c$이므로

$$-1-c=2+2c+2-2c$$

$c=-5$이다.

따라서 $a=-5$, $b=6$이다.

$$f(x)=(x-1)(x^2-5x+6)$$

$$f(4)=3 \times (16-20+6)=6$$

09 정답 ③

$$\lim_{x \to \infty}\frac{\{f(x)\}^2}{x^4}=a$$

에서 함수 $f(x)$는 최고차항의 계수가 $\sqrt{a}$인 이차함수이다.

$$\lim_{x \to 0}\frac{1-\sqrt{|f(x)-x|}}{x^2}=a \ (a \neq 0)$$에서

$$\lim_{x \to 0}\frac{\{1-\sqrt{|f(x)-x|}\}\{1+\sqrt{|f(x)-x|}\}}{x^2\{1+\sqrt{|f(x)-x|}\}}=a$$

$$\lim_{x \to 0}\frac{1-|f(x)-x|}{x^2\{1+\sqrt{|f(x)-x|}\}}=a \cdots ㉠$$

이때 $x \to 0$일 때, (분모)→0이고 극한값이 존재하므로
(분자)→0이어야 한다.

즉, $|f(0)|=1$에서 $f(0)=\pm 1$이다.

또한, 다항식 $1-|f(x)-x|$의 인수에 x^2이 포함되어야 하므로

$$f(x)=\sqrt{a}\,x^2+x\pm 1$$이다.

㉠에서

$$\lim_{x \to 0}\frac{1-|\sqrt{a}\,x^2\pm 1|}{x^2\{1+\sqrt{|\sqrt{a}\,x^2\pm 1|}\}}=a$$

$$\lim_{x \to 0}\frac{1-|\sqrt{a}\,x^2\pm 1|}{x^2}\times\frac{1}{2}=a$$

(i) $f(x)=\sqrt{a}\,x^2+x+1$이면

$$\lim_{x \to 0}\frac{1-|\sqrt{a}\,x^2+1|}{x^2}\times\frac{1}{2}=\lim_{x \to 0}\frac{-\sqrt{a}\,x^2}{x^2}\times\frac{1}{2}=-\frac{\sqrt{a}}{2}=a$$

에서 모순

(ii) $f(x)=\sqrt{a}\,x^2+x-1$이면

$$\lim_{x \to 0}\frac{1-|\sqrt{a}\,x^2-1|}{x^2}\times\frac{1}{2}=\lim_{x \to 0}\frac{\sqrt{a}\,x^2}{x^2}\times\frac{1}{2}=\frac{\sqrt{a}}{2}=a$$

$$\sqrt{a}=2a$$

$$a=4a^2$$

$$\therefore a=\frac{1}{4}$$

(i), (ii)에서

$$f(x)=\frac{1}{2}x^2+x-1$$이다.

따라서 $f(8a)=f(2)=2+2-1=3$

10 정답 ⑤

$$\lim_{x \to 3+}f(x)$$

$$=\lim_{x \to 3+}\frac{(x-1)(x-2)(x-3)}{(x-1)(x-2)(x-3)}=1$$

$$\lim_{x \to 2-}f(x)$$

$$=\lim_{x \to 2-}\frac{(x-1)\{-(x-2)\}(x-3)}{(x-1)(x-2)\{-(x-3)\}}=1$$

$$\lim_{x \to 1+}f(x)$$

$$=\lim_{x \to 1+}\frac{(x-1)\{-(x-2)\}(x-3)}{(x-1)(x-2)\{-(x-3)\}}=1$$

따라서 $\lim_{x \to 3+}f(x)+\lim_{x \to 2-}f(x)+\lim_{x \to 1+}f(x)=3$

11 정답 25

$$f(0)=0, \ f(f(0))=f(0)=0이므로$$

$$\lim_{x \to 0}\frac{f(f(x))}{x}=\lim_{x \to 0}\left\{\frac{f(f(x))}{f(x)}\times\frac{f(x)}{x}\right\}$$

$$=\lim_{x \to 0}\left\{\frac{f(f(x))-f(f(0))}{f(x)}\times\frac{f(x)-f(0)}{x}\right\}$$

$f(x)=t$라 하면 f는 미분가능하고, $f'(0)=5$이므로

$$\lim_{t \to 0}\frac{f(t)-f(0)}{t}\times\lim_{x \to 0}\frac{f(x)-f(0)}{x}=f'(0)\times f'(0)$$

$$=5 \times 5=25$$

12 정답 ③

[출제자 : 황보성호]

[검토 : 이덕훈T]

주어진 극한의 우변을 먼저 계산하자.

$$\lim_{x\to 2}\frac{x^3-4x^2+x+6}{-x^2+x+2}=\lim_{x\to 2}\frac{(x+1)(x-2)(x-3)}{-(x+1)(x-2)}$$

$$=\lim_{x\to 2}(3-x)=1$$

이차함수 $f(x)=x^2+ax+b$ (단, a, b는 상수)라 하자.

$$\lim_{x\to\infty}\left\{\sqrt{f(x)}+x^2-f(x)\right\}=\lim_{x\to\infty}\left\{\sqrt{x^2+ax+b}-(ax+b)\right\}$$

$$\cdots\cdots\ \text{㉠}$$

㉠의 값이 존재하므로 $a>0$이다.

$$\lim_{x\to\infty}\left\{\sqrt{x^2+ax+b}-(ax+b)\right\}$$

$$=\lim_{x\to\infty}\frac{\left\{\sqrt{x^2+ax+b}-(ax+b)\right\}\left\{\sqrt{x^2+ax+b}+(ax+b)\right\}}{\sqrt{x^2+ax+b}+(ax+b)}$$

$$=\lim_{x\to\infty}\frac{(x^2+ax+b)-(ax+b)^2}{\sqrt{x^2+ax+b}+(ax+b)}$$

$$=\lim_{x\to\infty}\frac{(1-a^2)x^2+a(1-2b)x+\left(b-b^2\right)}{\sqrt{x^2+ax+b}+(ax+b)}\ \cdots\ \text{㉡}$$

㉡의 값이 존재하므로 $1-a^2=0$이고, $a>0$이므로 $a=1$

㉡에서 $\displaystyle\lim_{x\to\infty}\frac{(1-2b)x+(b-b^2)}{\sqrt{x^2+x+b}+x+b}=\frac{1-2b}{2}$

이므로 $\dfrac{1-2b}{2}=1$에서 $b=-\dfrac{1}{2}$

즉, $f(x)=x^2+x-\dfrac{1}{2}$이므로 $f(1)=\dfrac{3}{2}$

[랑데뷰팁] – 정찬도T

$\displaystyle\lim_{x\to\infty}\left\{\sqrt{x^2+px+q}-x\right\}=\dfrac{p}{2}$임을 활용하면,

$$\lim_{x\to\infty}\left\{\sqrt{x^2+ax+b}-(ax+b)\right\}$$

$$=\lim_{x\to\infty}\left\{\sqrt{x^2+ax+b}-ax\right\}+b\ \text{이고 극한값이 존재하려면}$$

$a=1$이고 극한값은 $\dfrac{a}{2}+b=\dfrac{1}{2}+b$ 에서 $b=-\dfrac{1}{2}$

13 정답 ①

[출제자 : 김수T]

(i) $\displaystyle\lim_{x\to 2}\frac{f(x)}{(x-2)^2}=0$, $\displaystyle\lim_{x\to\infty}\frac{f(x)-2x^3}{2x^2}=k$ 이면

$f(x)$는 최고차항의 계수가 2인 삼차함수이다.

$$\therefore f(x)=2(x-2)^3$$

이때, $\displaystyle\lim_{x\to\infty}\frac{f(x)-2x^3}{2x^2}=-6$이다.

$$\therefore k=-6$$

(ii) $\displaystyle\lim_{x\to 2}\frac{f(x)}{(x-2)^2}=k$, $\displaystyle\lim_{x\to\infty}\frac{f(x)-2x^3}{2x^2}=0$이면

$\displaystyle\lim_{x\to 2}\frac{f(x)}{(x-2)^2}=k$ 에서 $f(x)=2(x-2)^2\left(x+\dfrac{k}{2}-2\right)$이다.

$$\lim_{x\to\infty}\frac{f(x)-2x^3}{2x^2}=\lim_{x\to\infty}\frac{(k-12)x^2+(-4k+24)x+(4k-16)}{2x^2}=0$$

$$\therefore k=12$$

따라서 모든 k의 값의 곱은 -72이다.

14 정답 ②

[출제자 : 정일권T]

함수 $f(x)=a_m x^m+a_{m-1}x^{m-1}+\cdots+a_1 x+a_0$라 하자.

$$\lim_{x\to\infty}\frac{\{f(x)\}^6}{x^{2n}}=2^n\text{에서}$$

$(a_m)^6=2^n$, $3m=n$

$a_m=\sqrt[6]{2^n}$ 에서

$n=6k$ (k는 자연수), $m=2k$, $a_m=2^k$

$$\lim_{x\to 0}\frac{f(x)}{x^2}=0\text{에서}$$

(분모) $\to 0$ 인데 0으로 수렴하므로

$f(x)=2^k x^{2k}+\cdots+a_3 x^3$ ($k\ge 2$)

즉 3차 이상의 다항함수이어야 한다.

k의 값에 따라 만족하는 함수를 구해보면

ⅰ) $k=1$이면

$f(x)$가 이차식이라 조건을 만족하지 않는다.

ⅱ) $k\ge 2$이면

$f(x)=2^k x^{2k}+\cdots+a_3 x^3$이므로

$f(1)=2^k+a_{2k-1}+\cdots+a_3\ge 4$ (단, 등호는 $k=2$이고,

최고차항의 계수를 제외한 모든 수는 0일 때 성립한다.)

참고로, 조건을 만족하는 $f(x)=4x^4$일 때이다.

15 정답 1

$$\sqrt{4x+1}-\sqrt{x+2}<f(x)-g(x)<\sqrt{4x+4}-\sqrt{x}$$

$$\frac{\sqrt{4x+1}-\sqrt{x+2}}{\sqrt{x}}<\frac{f(x)-g(x)}{\sqrt{x}}<\frac{\sqrt{4x+4}-\sqrt{x}}{\sqrt{x}}$$

에서

$$\lim_{x\to\infty}\frac{\sqrt{4x+1}-\sqrt{x+2}}{\sqrt{x}}$$

$$=\lim_{x\to\infty}\frac{3x-1}{\sqrt{x}\left\{\sqrt{4x+1}+\sqrt{x+2}\right\}}$$

$$=\frac{3}{\sqrt{4}+1}=1$$

$$\lim_{x\to\infty}\frac{\sqrt{4x+4}-\sqrt{x}}{\sqrt{x}}$$

$$= \lim_{x \to \infty} \frac{3x+4}{\sqrt{x}\left\{\sqrt{4x+4}+\sqrt{x}\right\}}$$

$$= \frac{3}{\sqrt{4}+1} = 1$$

이므로 샌드위치 정리에 의해

$$\lim_{x \to \infty} \frac{f(x)-g(x)}{\sqrt{x}} = 1$$

유형 5 미정계수의 결정

16 정답 ②

$$\lim_{x \to 1} \frac{ax^2 f(x) - x f(x)}{x^2 - 1} = -2$$

에서 $x \to 1$일 때, (분모)$\to 0$이므로 (분자)$\to 0$이다.

따라서

$$af(1) - f(1) = 0$$

$$(a-1)f(1) = 0$$

$a = 1$이거나 $f(1) = 0$

이다.

$a = 1$이면 $f(a) = f(1) = 0$

$f(x) = (x-1)(x-k)$라 할 수 있다.

$$\lim_{x \to 1} \frac{x^2 f(x) - x f(x)}{x^2 - 1}$$

$$= \lim_{x \to 1} \frac{f(x)x(x-1)}{(x-1)(x+1)}$$

$$= \lim_{x \to 1} \frac{(x-1)(x-k)x}{(x+1)} = 0$$

으로 모순이다.

따라서 $a \ne 1$이고 $f(1) = 0$, $f(a) = 0$이다.

$f(x) = (x-1)(x-a)$이므로

$$\lim_{x \to 1} \frac{ax^2 f(x) - x f(x)}{x^2 - 1}$$

$$= \lim_{x \to 1} \frac{f(x)x(x-1)}{(x-1)(x+1)}$$

$$= \lim_{x \to 1} \frac{(x-1)(x-a)x(ax-1)}{(x-1)(x+1)}$$

$$= \lim_{x \to 1} \frac{(x-a)x(ax-1)}{(x+1)}$$

$$= \frac{(1-a)(a-1)}{2} = -2$$

$$(a-1)^2 = 4$$

$a = 3$ 또는 $a = -1$이다.

따라서

$f(x) = (x-1)(x-3)$ 또는 $f(x) = (x-1)(x+1)$이다.

$f(4) = 3$ 또는 $f(4) = 15$

이므로 $f(4)$가 될 수 있는 최댓값은 15이다.

17 정답 ⑤

$y = x^2 - 2x + 2 \ (x \ge 1)$의 역함수는

$y = (x-1)^2 + 1$에서

$x = (y-1)^2 + 1 \ (y \ge 1)$

$(y-1)^2 = x - 1$

$y - 1 = \pm \sqrt{x-1}$

$y = \pm \sqrt{x-1} + 1$

$y = \sqrt{x-1} + 1 \ (\because y \ge 1)$

$\therefore \ g(x) = \sqrt{x-1} + 1$

한편, $y = f(x)$와 $y = g(x)$의 교점은 $y = f(x)$가

증가함수이므로 $y = f(x)$와 $y = x$의 교점과 일치한다.

따라서

$$x^2 - 2x + 2 = x$$

$$x^2 - 3x + 2 = 0$$

$$(x-1)(x-2) = 0$$

$x = 1$ 또는 $x = 2$에서 $a = 2$이다.

$$\lim_{x \to a} \frac{f(x) - a}{g(x) - a}$$

$$= \lim_{x \to 2} \frac{f(x) - 2}{g(x) - 2}$$

$$= \lim_{x \to 2} \frac{x^2 - 2x}{\sqrt{x-1} - 1}$$

$$= \lim_{x \to 2} \frac{x(x-2)\left\{\sqrt{x-1}+1\right\}}{(x-2)}$$

$$= 2 \times (1+1) = 4$$

18 정답 ①

$a \to x$일 때, (분모)$\to 0$이면 (분자)$\to 0$이어야 $f(x)$가 정의될 수 있다. $\sqrt{x} - x = 0$을 만족시키는 $x = 1$이므로 함수 $f(x)$는 $x \ne 1$인 모든 실수에서 정의된다.

따라서 $x = 1$에서 정의되면 함수 $f(x)$는 양의 실수 전체에서 정의된다.

따라서

$f(1) = \lim_{a \to 1} \dfrac{a^2 - k^2}{\sqrt{a} - 1}$ 이고 $k^2 = 1$이어야 $f(1)$의 값이 존재한다.

$$f(1) = \lim_{a \to 1} \frac{(a-1)(a+1)(\sqrt{a}+1)}{a-1}$$

$$= 2 \times 2 = 4$$

따라서

$$f(x) = \begin{cases} \dfrac{x^2 - 1}{\sqrt{x} - x} & (0 < x < 1, x > 1) \\ \\ 4 & (x = 1) \end{cases}$$

$$\therefore \ f(4) = \frac{16 - 1}{\sqrt{4} - 4} = -\frac{15}{2}$$

19 정답 ②

$\lim\limits_{x \to n}\dfrac{f(x)-n^2}{f(n)-x^2}=\dfrac{f(n)}{n^2}$ 에서

$n=1,\ 2$일 때, $f(n) \neq n^2$이면

$\lim\limits_{x \to n}\dfrac{f(x)-n^2}{f(n)-x^2}=\dfrac{f(n)-n^2}{f(n)-n^2}=1$이므로

$1=\dfrac{f(n)}{n^2}$에서 $f(n)=n^2$이므로 모순이다.

따라서

$n=1,\ 2$일 때, $f(n)=n^2$이다.

따라서

$f(x)=(x-1)(x-2)(x^2+ax+b)+x^2$이라 할 수 있다.

(i) $n=1$일 때,

$\lim\limits_{x \to 1}\dfrac{f(x)-1}{1-x^2}=1$에서

$\lim\limits_{x \to 1}\dfrac{(x-1)\{(x-2)(x^2+ax+b)+(x+1)\}}{-(x-1)(x+1)}=1$

$\dfrac{-(1+a+b)+2}{-2}=1$

$-1-a-b+2=-2$

$\therefore \ a+b=3$

(ii) $n=2$일 때,

$\lim\limits_{x \to 2}\dfrac{f(x)-4}{4-x^2}=1$에서

$\lim\limits_{x \to 2}\dfrac{(x-2)\{(x-1)(x^2+ax+b)+(x+2)\}}{-(x-2)(x+2)}=1$

$\dfrac{(4+2a+b)+4}{-4}=1$

$4+2a+b+4=-4$

$\therefore \ 2a+b=-12$

(i), (ii)에서 $a=-15$, $b=18$이다.

그러므로 $f(x)=(x-1)(x-2)(x^2-15x+18)+x^2$이다.

$f(3)=2 \times 1 \times (-18)+9=-27$

20 정답 ④

(가)에서 분자 $g(-x)+x^3$와 분모 $f(-x)$는 최고차항의 계수비가 4이어야 하고 두 다항함수 $f(x)$, $g(x)$가 최고차항의 계수가 1이므로 $f(x)=x^2+ax+b$,

$g(x)=x^3+4x^2+cx+d$꼴이어야 한다.

(나)에서 $g(0)=0$이므로 $d=0$

$g(x)=x^3+4x^2+cx$

(다)에서 $g(1)=1+4+c=0$

$\therefore \ c=-5$

따라서

$g(x)=x^3+4x^2-5x=x(x^2+4x-5)=x(x+5)(x-1)$

(나)에서

$\lim\limits_{x \to a}\dfrac{g(x)}{f(x)}=\lim\limits_{x \to a}\dfrac{x(x+5)(x-1)}{x^2+ax+b}=0$을 만족시키는 a의 값이

0뿐이기 위해서는 $x^2+ax+b=(x+5)(x-1)$이어야 한다.

따라서 $f(x)=(x+5)(x-1)$

그러므로

$f(0)+g(2)=-5+14=9$

21 정답 21

이차항의 계수가 1인 이차함수 $f(x)$를 (가)조건을 이용하면
$f(x)=(x+1)(x+a)$라 할 수 있다.

$g(x)=x+b$라 두면

(가)에서

$\lim\limits_{x \to -1}\dfrac{f(x)}{(x+1)g(x)}$

$=\lim\limits_{x \to -1}\dfrac{(x+1)(x+a)}{(x+1)(x+b)}$

$=\dfrac{a-1}{b-1}=2$

따라서 $a-1=2b-2$

$\therefore \ a-2b=-1 \ \cdots \ \bigcirc$

(나)에서

$\lim\limits_{x \to \infty}\dfrac{f(x)-xg(x)}{2x}$

$=\lim\limits_{x \to \infty}\dfrac{(x+1)(x+a)-x(x+b)}{2x}$

$=\lim\limits_{x \to \infty}\dfrac{(a+1-b)x+a}{2x}=2$

$\dfrac{a-b+1}{2}=2$

$\therefore \ a-b=3 \ \cdots \ \bigcirc$

$\bigcirc$, $\bigcirc$에서 $a=7$, $b=4$

따라서 $f(x)=(x+1)(x+7)$, $g(x)=x+4$이다.

$f(1)=2 \times 8=16$

$g(1)=5$

그러므로 $f(1)+g(1)=21$

22 정답 3

$\lim\limits_{x \to a}\dfrac{af(x)-xf(a)}{x-a}$

$=\lim\limits_{x \to a}\dfrac{a\{f(x)-f(a)\}-(x-a)f(a)}{x-a}$

$=\lim\limits_{x \to a}\dfrac{a\{f(x)-f(a)\}}{x-a}-\lim\limits_{x \to a}\dfrac{(x-a)f(a)}{x-a}$

$=af'(a)-f(a)=1-a^2 \cdots \ \bigcirc$

$f(x)=px^2+qx+r$ 로 놓으면 $f'(x)=2px+q$이므로

$\bigcirc$으로부터

$a(2pa+q)-(pa^2+qa+r)=1-a^2$

$pa^2-r=-a^2+1$ 이 모든 실수 a에 대하여 성립해야 하므로

$p=-1$, $r=-1$

$\therefore \ f(x)=-x^2+qx-1$

$f(1) = -1 + q - 1 = 0$에서 $q = 2$

$\therefore f(x) = -x^2 + 2x - 1$

$f(0) = -1$, $f(3) = -4$

$f(0) - f(3) = (-1) - (-4) = 3$

23 정답 ①

$\displaystyle\lim_{x \to a} f(x)g(x+a)$ 의 값이 존재하려면

$\displaystyle\lim_{x \to a-} f(x)g(x+a) = \lim_{x \to a+} f(x)g(x+a)$ 이어야 한다.

$f(x) = \begin{cases} x+a & (x \le a) \\ -ax & (x > a) \end{cases}$, $g(x) = x(x-1)$ 에서

$\displaystyle\lim_{x \to a-} f(x)g(x+a)$

$= \displaystyle\lim_{x \to a-} (x+a)(x+a)(x+a-1) = 2a(2a)(2a-1)$

$\displaystyle\lim_{x \to a+} f(x)g(x+a)$

$= \displaystyle\lim_{x \to a+} (-ax)(x+a)(x+a-1) = (-a^2)(2a)(2a-1)$

이므로

$4a^2(2a-1) = -2a^3(2a-1)$

$4a^2(2a-1) + 2a^3(2a-1) = 0$

$2a^2(2a-1)(2+a) = 0$

에서 $a = -2$ 또는 $a = \dfrac{1}{2}$ 또는 $a = 0$

따라서 모든 실수 a 의 값의 합은 $-2 + \dfrac{1}{2} + 0 = -\dfrac{3}{2}$

유형 6 함수의 극한의 활용

24 정답 ③

[출제자 : 이소영T]

[그림 : 강민구T]

[검토자 : 이지훈T]

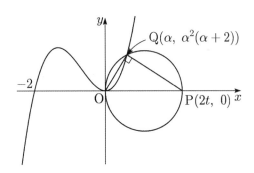

삼차함수 $y = x^2(x+2)$ 와 지름을 $\overline{OP}$ 로 하는 원의 교점이

Q이므로 $\angle OQP = \dfrac{\pi}{2}$ 가 되므로

$(\overline{OQ}$ 의 기울기$) \times (\overline{PQ}$ 의 기울기$) = -1$이 된다.

P의 좌표는 $P(2t, 0)$이고 Q의 x좌표를 α 라 하면

$Q(\alpha, \alpha^2(\alpha+2))$이므로

$\dfrac{\alpha^2(\alpha+2)}{\alpha} \times \dfrac{\alpha^2(\alpha+2)}{\alpha - 2t} = -1$

$\alpha(\alpha+2) \times \dfrac{\alpha^2(\alpha+2)}{\alpha - 2t} = -1$

$\alpha^3(\alpha+2)^2 = 2t - \alpha$

$t = \dfrac{1}{2}\{\alpha^3(\alpha+2)^2 + \alpha\} = \dfrac{\alpha}{2}\{\alpha^2(\alpha+2)^2 + 1\}$이다.

$\displaystyle\lim_{t \to 0+} \dfrac{S(t)}{t^3}$에서 $t \to 0+$이면 $\alpha \to 0+$이므로

$\displaystyle\lim_{t \to 0+} \dfrac{S(t)}{t^3} = \lim_{t \to 0+}\left\{\dfrac{1}{2} \cdot \dfrac{2t}{t^3} \cdot \alpha^2(\alpha+2)\right\}$

$= \displaystyle\lim_{t \to 0+}\left\{\dfrac{1}{t^2} \cdot \alpha^2(\alpha+2)\right\}$

$= \displaystyle\lim_{\alpha \to 0+} \dfrac{\alpha^2(\alpha+2)}{\dfrac{\alpha^2}{4}\{\alpha^2(\alpha+2)^2 + 1\}^2}$

$\displaystyle\lim_{\alpha \to 0+} \dfrac{4(\alpha+2)}{\{\alpha^2(\alpha+2)^2 + 1\}^2}$

$= 8$

25 정답 ①

[출제자 : 이호진T]

[검토자 : 김경민T]

ⅰ) $\displaystyle\lim_{x \to 0}\left|\dfrac{f(x)}{x^3} - 2\right| \le |x|$를 적용하면

$\displaystyle\lim_{x \to 0} \dfrac{f(x)}{x^3} = 2$이다. 따라서 $f(x) = x^3(g(x) + 2)$의 형태이고,

ⅱ) 주어진 식의 양변을 $|x|$ 로 나눈 후

$\displaystyle\lim_{x \to \infty}$를 적용하면 $\displaystyle\lim_{x \to \infty}\left|\dfrac{g(x)}{x}\right| \le 1$따라서 $g(x) = ax$이고

$0 \le a \le 1$이므로

$g(1) = a + 2$에서 최댓값은 3, 최솟값은 2에서 합은 5이다.

26 정답 ②

[그림 : 최성훈T]

점 P가 직선 $y = -x + 1$위의 점이고 x좌표가 t이므로 좌표를

$(t, 1-t)$라 할 수 있다.

$\overline{OP} = \sqrt{t^2 + (1-t)^2}$ 이므로

$\overline{PQ} = \overline{OQ} - \overline{OP} = 1 - \overline{OP} = 1 - \sqrt{t^2 + (1-t)^2}$

$\overline{PA} = \sqrt{(1-t)^2 + (-1+t)^2} = \sqrt{2}(1-t)$

$\displaystyle\lim_{t \to 1-} \dfrac{\overline{PA}}{\overline{PQ}} = \lim_{t \to 1-} \dfrac{\sqrt{2}(1-t)}{1 - \sqrt{t^2 + (1-t)^2}}$

$$= \lim_{t \to 1-} \frac{\sqrt{2}(1-t)(1+\sqrt{t^2+(1-t)^2})}{\{1-\sqrt{t^2+(1-t)^2}\}\{1+\sqrt{t^2+(1-t)^2}\}}$$

$$= \lim_{t \to 1-} \frac{\sqrt{2}(1-t)(1+\sqrt{t^2+(1-t)^2})}{2t(1-t)}$$

$$= \lim_{t \to 1-} \frac{\sqrt{2}\{1+\sqrt{t^2+(1-t)^2}\}}{2t} = \sqrt{2}$$

27 정답 54

[출제자 : 김진성T]

점 $A(0,3)$와 점 $P(t,0)$에 대하여 선분 AP와 선분 QR가

수직이므로 $\angle AQR = \dfrac{\pi}{2}$가 되고 이것은 AR가 원의 지름이

된다는 것이므로 점 R는 $R(0,-3)$이 된다. 그러면 원점 O에

대하여 $\triangle AOP$와 $\triangle AQR$은 서로 닮음 삼각형(AA)이 되고

닮음비는 $\overline{AP} : \overline{AR} = \sqrt{t^2+9} : 6$가 된다.

따라서

$\triangle AQR$의 넓이 $S(t) = \dfrac{36}{t^2+9} \times \triangle AOP = \dfrac{54t}{t^2+9}$

(단, $\triangle AOP = \dfrac{1}{2} \times 3 \times t$)가 된다.

$\therefore \lim_{t \to \infty} t S(t) = \lim_{t \to \infty} \dfrac{54t^2}{t^2+9} = 54$

유형 7 함수의 연속

---

28 정답 ①

함수 $f(x)g(x)$가 $x=a$에서 연속이기 위해서는 함수 $f(x)$가

연속함수이므로 함수 $g(x)$가 연속함수이거나 함수 $g(x)$가

$x=a$에서 불연속일 때, $f(a)=0$이면 함수 $f(x)g(x)$는

$x=a$에서 연속이다.

(i) $g(x)$가 $x=a$에서 연속일 때,

$\lim_{x \to a+} g(x) = g(a) = -f(a) - 2a = -a^2 - 3a$

$\lim_{x \to a-} g(x) = f(a+2) = (a+2)^2 + (a+2) = a^2 + 5a + 6$

$-a^2 - 3a = a^2 + 5a + 6$

$2a^2 + 8a + 6 = 0$

$a^2 + 4a + 3 = 0$

$(a+1)(a+3) = 0$

$a = -1$ 또는 $a = -3$

(ii) $f(a) = 0$일 때,

$a^2 + a = 0$

$a(a+1) = 0$

$a = 0$ 또는 $a = -1$

(i), (ii)에서 가능한 모든 a의 값의 합은

$(-1) + (-3) + 0 = -4$

29 정답 ③

$\lim_{x \to 1-} f(x) = a+3$, $\lim_{x \to 1+} f(x) = -2+a$

$a+3 \neq -2+a$이므로 함수 $f(x)$는 $x=1$에서 불연속이다.

따라서

함수 $f(x)f(4-x)$가 실수 전체의 집합에서 연속이기 위해서는

$\lim_{x \to 1} f(4-x) = 0$이어야 한다. 즉, $f(3) = 0$

그러므로 $-6+a = 0$에서 $a = 6$이다.

$f(x) = \begin{cases} 6x+3 & (x<1) \\ -2x+6 & (x \geq 1) \end{cases}$ 이므로 $f(a) = f(6) = -6$

30 정답 16

함수 $f(x-k)$는 함수 $f(x)$을 x축의 방향으로 k만큼

평행이동한 함수이다.

함수 $g(x)$가 $x=1$에서 연속이면 함수 $f(x-k)g(x)$는 k의

값에 관계없이 모든 실수 x에서 연속이므로 모순이다.

따라서 함수 $g(x)$는 $x=1$에서 불연속이다.

$g(x)$가 $x=1$에서 불연속이므로 함수 $f(x-k)g(x)$가

$x=1$에서 연속이기 위해서는 $f(1-k) = 0$이어야 한다.

또한 $1-k$의 값이 한 개만 존재해야 하므로

$f(x) = -(x+k-1)^2$이다.

모든 실수 x에서 $f(x) \leq 0$이므로

함수 $g(x)$의 최댓값은 $x=1$에서 $a-1$이다.

따라서 $k = a-1$

$f(-a) = -(-a+k-1)^2 = -(-2)^2 = -4$

그러므로 $\{f(-a)\}^2 = 16$이다.

31 정답 8

t값에 따른 함수 $f(t)$는 다음과 같다.

$f(t) = \begin{cases} 0 & (t<0) \\ 2 & (t=0) \\ 4 & (0<t<1) \\ 3 & (t=1) \\ 2 & (t>1) \end{cases}$

따라서

함수 $g(f(t))$가 모든 실수 t에서 연속이기 위해서는 $t=0$과

$t=1$에서 연속이어야 한다.

$t=0$일 때 $g(f(t))$가 연속이기 위해서는 $f(t)$의 좌극한 0,

함숫값 2, 우극한 4이 모두 같아야 하므로 $t=0$에서 연속일

조건은 $g(0) = g(2) = g(4)$이다.

$t=1$일 때 $g(f(t))$가 연속이기 위해서는 $f(t)$의 좌극한 4,

함숫값 3, 우극한 2이 모두 같아야 하므로 $t=1$에서 연속일

조건은 $g(4) = g(3) = g(2)$이다.

따라서

최고차항의 계수가 1인 사차함수 $g(t)$는

$g(0) = g(2) = g(3) = g(4)$을 만족해야만 한다.

$\therefore\ g(t) = t(t-2)(t-3)(t-4) + k$ (k는 상수)

따라서 $g(3) = k$, $g(1) = -6 + k$

$f(3) + g(3) - g(1) = 2 + k - (-6 + k) = 8$이다.

유형 8 연속함수의 성질

32 정답 7

$y = \{g(x)\}^2$이 $x = 0$에서 연속이므로

$\lim\limits_{x \to 0} \{g(x)\}^2 = \{g(0)\}^2$이 성립한다.

$\lim\limits_{x \to 0^-} \{g(x)\}^2 = \{g(0)\}^2 = \{f(1)\}^2 = (a+2)^2$

$\lim\limits_{x \to 0^+} \{g(x)\}^2 = \{f(-2)\}^2 = (-2a+5)^2$

따라서 $a^2 + 4a + 4 = 4a^2 - 20a + 25$

$3a^2 - 24a + 21 = 0$

$a^2 - 8a + 7 = 0$

$(a-1)(a-7) = 0$

$a = 1$ 또는 $a = 7$이다.

$a = 1$일 때 $f(x) = x^2 + x + 1$이고 $f(1) = f(-2) = 3$으로 $g(x)$는 $x = 0$에서 연속이다.

$a = 7$일 때 $f(x) = x^2 + 7x + 1$이고 $f(1) = 9$,

$f(-2) = -9$로 $g(x)$는 $x = 0$에서 불연속이지만

$\left| \lim\limits_{x \to 0^+} g(x) \right| = \left| \lim\limits_{x \to 0^-} g(x) \right|$으로 함수 $\{g(x)\}^2$은 $x = 0$에서 연속이다.

따라서 정답은 7

33 정답 ①

함수 $g(x)$가 $x = 0$과 $x = 2$에서 연속이 되도록 a, b를 정하면 된다.

(i) $g(x)$가 $x = 0$에서 연속이 되기 위해서는

$\lim\limits_{x \to 0^-} g(x) = \lim\limits_{x \to 0^+} g(x)$이어야 하고

$\lim\limits_{x \to 0^-} f(x) = 1$, $\lim\limits_{x \to 0^+} f(x) = -2$

$(a+1)^2(b+1) = (a-2)^2(b+1)$

(ii) $g(x)$가 $x = 2$에서 연속이 되기 위해서는

$\lim\limits_{x \to 2^-} g(x) = \lim\limits_{x \to 2^+} g(x)$이어야 하고

$\lim\limits_{x \to 2^-} f(x) = -2$, $\lim\limits_{x \to 2^+} f(x) = 2$

$g(x) = \{f(x)+a\}^2\{(x-1)^2+b\}$에서

$(a-2)^2(b+1) = (a+2)^2(b+1)$

(i), (ii)에서 $b = -1$

34 정답 ②

[그림 : 이정배T]

함수 $g(x)$는 주기가 4이고 최댓값이 $2+k$, 최솟값이 $-2+k$이므로 그래프는 아래와 같다.

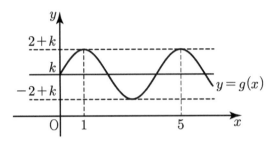

함수 $(f \circ g)(x)$가 $x = 5$에서 불연속이므로

$\lim\limits_{x \to 5}(f \circ g)(x) \neq (f \circ g)(5)$을 만족한다.

한편, 함수 $(f \circ g)(x)$가 $x = 5$에서 좌극한과 우극한은 아래와 같이 표현되고

$\lim\limits_{x \to 5^-}(f \circ g)(x) = \lim\limits_{g(x) \to (2+k)^-} f(g(x))$

$\lim\limits_{x \to 5^+}(f \circ g)(x) = \lim\limits_{g(x) \to (2+k)^-} f(g(x))$

따라서 $\lim\limits_{x \to 5}(f \circ g)(x) \neq (f \circ g)(5)$을 만족하기 위해

서는 $\lim\limits_{x \to (2+k)^-} f(x) \neq f(2+k)$

즉, 함수 $f(x)$에서 좌극한과 함숫값이 다른 x는 $x = 1$이다.

($x = 4$에서는 좌극한과 함숫값이 같다.)

따라서 $2 + k = 1$

$k = -1$

35 정답 ②

최고차항의 계수가 1이고 (가)에서 $x = 1$에 대칭이므로

$f(x) = (x-1)^2 + q$라 할 수 있다.

(나)에서 방정식 $f(x) = 0$의 해가 존재해야 하므로 $q \leq 0$이다.

따라서 $f(0) = 1 + q \leq 1$

$f(0)$의 최댓값은 1이다.

36 정답 ①

$g(x) = f(x+\beta)f(x-\beta)$라 하면

함수 $g(x)$가 $x = 1$에서 연속일 조건은

$g(1) = \lim\limits_{x \to 1} g(x)$이다.

$g(1) = f(1+\beta)f(1-\beta)$에서

(i) $0 < \beta < 1$이면

$f(1+\beta) = 1 + \beta + \alpha$, $f(1-\beta) = 1 - \beta + 1 = 2 - \beta$

따라서 $g(1) = (1+\beta+\alpha)(2-\beta)$

$\lim\limits_{x \to 1^+} g(x) = \lim\limits_{x \to 1^+} f(x+\beta)f(x-\beta) = (1+\beta+\alpha)(2-\beta)$

$\lim\limits_{x \to 1^-} g(x) = \lim\limits_{x \to 1^-} f(x+\beta)f(x-\beta) = (1+\beta+\alpha)(2-\beta)$

따라서 α, β에 관계없이 $g(1)=\lim\limits_{x \to 1}g(x)$이 성립한다.

(ii) $\beta=1$이면
$g(1)=f(2)f(0)=(2+\alpha)\times 1=2+\alpha$
$\lim\limits_{x \to 1+}g(x)=\lim\limits_{x \to 1+}f(x+1)f(x-1)=(2+\alpha)\times 1$
$\lim\limits_{x \to 1-}g(x)=\lim\limits_{x \to 1-}f(x+1)f(x-1)=(2+\alpha)\times 0$
이므로 $g(1)=\lim\limits_{x \to 1}g(x)$이 성립하기 위해서는 $\alpha=-2$이다.

(iii) $\beta>1$이면
$f(1+\beta)=1+\beta+\alpha$, $f(1-\beta)=-(1-\beta)=-1+\beta$
따라서 $g(1)=(1+\beta+\alpha)(-1+\beta)$
$\lim\limits_{x \to 1+}g(x)=\lim\limits_{x \to 1+}f(x+\beta)f(x-\beta)=(1+\beta+\alpha)(-1+\beta)$
$\lim\limits_{x \to 1-}g(x)=\lim\limits_{x \to 1-}f(x+\beta)f(x-\beta)=(1+\beta+\alpha)(-1+\beta)$
따라서 α, β에 관계없이 $g(1)=\lim\limits_{x \to 1}g(x)$이 성립한다.

(i)~(iii)에서 모든 양수 β에 대하여 함수
$f(x+\beta)f(x-\beta)$가 $x=1$에서 연속이기 위해서는
$\alpha=-2$이다.

37 정답 4

$3x^2-8x-16 \le 0 \to (3x+4)(x-4) \le 0 \to$
$-\dfrac{4}{3} \le x \le 4$이다.

따라서
$g(x)=\begin{cases} \dfrac{ax}{2x+2a} & \left(-\dfrac{4}{3} \le x \le 4\right) \\ \dfrac{2x+2a}{ax} & \left(x < -\dfrac{4}{3}, x>4\right) \end{cases}$이다.

우선 $y=\dfrac{ax}{2x+2a}$의 점근선

$x=-a$가 $-\dfrac{4}{3} \le x \le 4$에 속하지 않는 값이므로

$a<-4$ 또는 $a>\dfrac{4}{3}$을 만족한다.

$g(x)$가 실수 전체의 집합에서 연속이므로 $x=-\dfrac{4}{3}$과 $x=4$에서
연속이다.

(i) $x=-\dfrac{4}{3}$에서 연속일 때

$\dfrac{-\dfrac{4}{3}a}{-\dfrac{8}{3}+2a}=\dfrac{-\dfrac{8}{3}+2a}{-\dfrac{4}{3}a}$이므로

$\dfrac{16}{9}a^2=4a^2-\dfrac{32}{3}a+\dfrac{64}{9}$

$16a^2=36a^2-96a+64 \to 20a^2-96a+64=0 \to$
$5a^2-24a+16=0$

$(a-4)(5a-4)=0$에서 $a=4$ 또는 $a=\dfrac{4}{5}$이다.

(ii) $x=4$에서 연속일 때

$\dfrac{4a}{8+2a}=\dfrac{8+2a}{4a}$이므로 $16a^2=64+32a+4a^2$

$12a^2-32a-64=0 \to 3a^2-8a-16=0$

$(a-4)(3a+4)=0$에서 $a=4$ 또는 $a=-\dfrac{4}{3}$이다.

(i), (ii)에서 $a=4$이다.

유형 9 최대 · 최소 정리와 사잇값의 정리

38 정답 ④

$f(1)=f(2)=f(3)=0$이므로
다항함수 $g(x)$에 대하여
$f(x)=(x-1)(x-2)(x-3)g(x)$라 두면
$\lim\limits_{x \to 1}\dfrac{f(x)}{x-1}$
$=\lim\limits_{x \to 1}\dfrac{(x-1)(x-2)(x-3)g(x)}{x-1}=2g(1)=-2$
따라서 $g(1)=-1$
$\lim\limits_{x \to 2}\dfrac{f(x)}{x-2}=\lim\limits_{x \to 2}\dfrac{(x-1)(x-2)(x-3)g(x)}{x-2}=-g(2)=-1$
따라서 $g(2)=1$
$\lim\limits_{x \to 3}\dfrac{f(x)}{x-3}=\lim\limits_{x \to 3}\dfrac{(x-1)(x-2)(x-3)g(x)}{x-3}=2g(3)=1$
따라서 $g(3)=\dfrac{1}{2}$

방정식 $g(x)=0$는 구간 $[1, 2]$에서 적어도 하나의 실근을 갖고
구간 $[2, 3]$에서는 실근을 갖지 않을 수도 있다. 따라서 함수
$f(x)$는 구간 $[1, 3]$에서 적어도 4개의 실근을 갖는다.

39 정답 ③

$g(x)=|f(x)+b|$이라 할 때
$f(0)=3$이고 $\lim\limits_{x \to 1-}f(x)=1$이므로

(i) $a=3$일 때,
$f(x)$의 $-1 \le x < 1$에서의 치역은 $\{y|1<y \le 3\}$이므로
$g(x)$가 실수 전체의 집합에서 연속이기 위해서는 함수 $f(x)$의
그래프를 y축으로 -2만큼 평행이동한 후 x축 아랫부분을 x축
대칭이동하면 된다.
즉, $b=-2$이다.

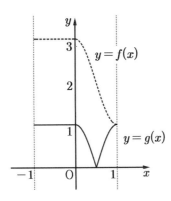

따라서 $a-b=5$

(ii) $a=1$일 때,

$f(x)$의 $-1 \leq x < 1$에서의 치역은 $\{y|1 \leq y \leq 3\}$이므로 $g(x)$가 실수 전체의 집합에서 연속이기 위해서는 함수 $f(x)$의 그래프를 y축으로 -2만큼 평행이동한 후 x축 아랫부분을 x축 대칭이동하면 된다.

즉, $b=-2$

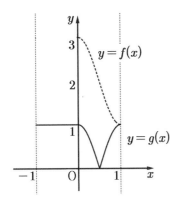

따라서 $a-b=3$

그러므로 $a-b$의 최댓값은 5, 최솟값은 3이다.

$5+3=8$

함수의 극한 **단원 평가**

40 정답 ②

조건 (나)에서 $\lim\limits_{x \to 1}\dfrac{f(x)+5}{x-1}=4$이고, $x \to 1$일 때

(분모) $\to 0$이므로

(분자) $\to 0$이어야 한다.

즉, $\lim\limits_{x \to 1}\{f(x)+5\}=0$에서

$f(1)+5=0$

$\therefore f(1)=-5$

따라서 $f(1)=-5$에서

$\lim\limits_{x \to 1}\dfrac{f(x)+5}{x-1}=\lim\limits_{x \to 1}\dfrac{f(x)-f(1)}{x-1}=f'(1)=4$이므로.

$f'(-1)=\lim\limits_{h \to 0}\dfrac{f(-1+h)-f(-1)}{h}$

$=\lim\limits_{h \to 0}\dfrac{-f(1-h)+f(1)}{h}$ ($\because$ 조건(가))

$=\lim\limits_{h \to 0}\dfrac{f(1-h)-f(1)}{-h}$

$=f'(1)=4$

$\therefore f(1)+f'(-1)=-5+4=-1$

41 정답 2

$\lim\limits_{x \to 0-}g(x)+\lim\limits_{x \to 0+}g(x)=-4$에서

$\lim\limits_{x \to 0}f(x)=f(0)=\alpha$ 라 하면

$\lim\limits_{x \to 0-}\{2f(x)+2g(x)\}=2$

$\lim\limits_{x \to 0+}\{f(x)-2g(x)\}=10$

$\alpha+2\left\{\lim\limits_{x \to 0-}g(x)+\lim\limits_{x \to 0+}g(x)\right\}=-8$

$\alpha-8=-8, \ \alpha=0$

$\therefore f(0)=0 \cdots \bigcirc$

한편,

$f(x)$가 삼차함수이고 함수 $g(x)$가 $x=1$에서 연속이므로

$0 < x < 1$일 때, $f(x)-2g(x)=x^2+10$

$x > 1$일 때, $f(x)+2x^2g(x)=-11x^2$

에서 함수 $f(x)$와 $g(x)$가 $x=1$에서 연속이므로

$f(1)-2g(1)=11$

$f(1)+2g(1)=-11$

$\therefore f(1)=0, \ g(1)=-\dfrac{11}{2} \cdots \bigcirc$

$\lim\limits_{h \to 0-}\dfrac{g(1+h)-g(1)}{h}-\lim\limits_{h \to 0+}\dfrac{g(1+h)-g(1)}{h}$

$=\lim\limits_{x \to 1-}g'(x)-\lim\limits_{x \to 1+}g'(x)=-1$이므로

$0 < x < 1$일 때, $f'(x)-2g'(x)=2x$

$x > 1$일 때, $f'(x)+4xg(x)+2x^2g'(x)=-22x$

에서

$\lim\limits_{x \to 1}f'(x)=f'(1)=\beta$ 라 하면

$\lim\limits_{x \to 1-}\{f'(x)-2g'(x)\}=2 \Rightarrow \beta-2\lim\limits_{x \to 1-}g'(x)=2$

$\lim\limits_{x \to 1+}\{f'(x)+4xg(x)+2x^2g'(x)\}=-22$

$\Rightarrow \beta-22+2\lim\limits_{x \to 1+}g'(x)=-22 \Rightarrow \beta+2\lim\limits_{x \to 1+}g'(x)=0$

$2\beta-2\left\{\lim\limits_{x \to 1-}g'(x)-\lim\limits_{x \to 1+}g'(x)\right\}=2$

$\lim\limits_{x \to 1-}g'(x)-\lim\limits_{x \to 1+}g'(x)=-1$이므로

$2\beta+2=2$

$\beta=f'(1)=0 \cdots \bigcirc$

$\bigcirc, \bigcirc, \bigcirc$에서 $f(x)=x(x-1)^2$이다.

$\therefore f(2)=2$

42 정답 ②

직선 l의 기울기가 $\dfrac{4}{3}$이므로

직선 l의 방정식은 $y=\dfrac{4}{3}x+k$라 할 수 있다.

즉, $4x-3y+3k=0$

원 C의 중심 $C(-3,0)$에서 직선까지 거리가 원 C의 반지름의 길이 r이므로

$r=\dfrac{|-12+3k|}{5}$이다.

$r\to 0+$이므로 $k\to 4$이다.

원 R'의 반지름의 길이 R은 중심 $C'(-5,4)$에서 직선 l까지의 거리이므로

$R=\dfrac{|-20-12+3k|}{5}$

따라서

$$\lim_{r\to 0+}R=\lim_{k\to 4}\dfrac{|-32+3k|}{5}=4$$

43 정답 ①

$\lim\limits_{x\to 0}\dfrac{f(x)\{f(x)-2\}}{x}=1$에서 $x\to 0$일 때, (분모) $\to 0$이므로 (분자) $\to 0$이어야 한다.

즉, $f(0)=0$ 또는 $f(0)=2$이다.

함수 $f(x)$를 $f(x)=x^2+ax+b$ (a, b는 상수)라 하면 모든 실수 x에 대하여 $f(x)\ge 0$이므로 방정식 $f(x)=0$의 판별식 D가 $D=a^2-4b\le 0$이어야 한다. 즉, $a^2\le 4b$여야 한다.

(i) $f(0)=0$인 경우

$f(0)=b=0$이므로 함수 $f(x)=x^2+ax$이다. 이때,

$$\lim_{x\to 0}\dfrac{(x^2+ax)(x^2+ax-2)}{x}$$
$$=\lim_{x\to 0}(x+a)(x^2+ax-2)=-2a=1$$

따라서 $a=-\dfrac{1}{2}$이므로 $a^2\le 4b$를 만족시키지 않는다.

(ii) $f(0)=2$인 경우

$f(0)=b=2$이므로 함수 $f(x)=x^2+ax+2$이다. 이때,

$$\lim_{x\to 0}\dfrac{(x^2+ax+2)(x^2+ax)}{x}$$
$$=\lim_{x\to 0}(x^2+ax+2)(x+a)$$
$$=2a=1$$
$$\Rightarrow a=\dfrac{1}{2}$$

이므로 $a^2\le 4b$이다.

따라서 (i), (ii)에 의하여 $a=\dfrac{1}{2}$, $b=2$이므로

함수 $f(x)=x^2+\dfrac{1}{2}x+2$에서 $f(4)=20$이다.

44 정답 12

$g(x)=f(x)f(a-x)$라 할 때

$f(x)$가 $x=2$에서 불연속이므로

$\lim\limits_{x\to 2-}g(x)=\lim\limits_{x\to 2-}f(x)f(a-x)=4f(a-(2-))$

$\lim\limits_{x\to 2+}g(x)=\lim\limits_{x\to 2+}f(x)f(a-x)=f(a-(2+))$

$g(2)=2f(a-2)$

따라서 $4f(a-(2-))=f(a-(2+))=2f(a-2)$이다.

(i) $f(a-2)=0$이면 성립한다.

$f(0)=f(4)=0$이므로 $a-2=0$, $a-2=4$에서 $a=2$, $a=6$이다.

(ii) 함수 $f(a-x)$는 함수 $f(x)$를 $x=\dfrac{a}{2}$에 대칭 이동한 그래프이다.

$f(2)=2$이므로 $f(a-2)=2$이면 즉, $a=4$일 때,

$4f(a-(2-))=4f(2+)=4\times 1=4$

$f(a-(2+))=f(2-)=4$이므로

$4f(a-(2-))=f(a-(2+))=2f(a-2)$이 성립한다.

따라서 $a=4$일 때도 성립한다.

모든 a의 합은 $2+4+6=12$이다.

[다른 풀이]

$f(x)$를 $x=2$에 대칭이동한 함수 $f(4-x)$와 $f(x)$의 곱함수인 $f(x)f(4-x)$는 $x=2$에서 연속이다.

따라서 $a=4$

$f(x)=0$의 두 실근이 $x=0$, $x=4$로 $x=2$에 대칭이므로

$a=2+0=2$, $a=2+4=6$일 때

$f(x)f(a-x)$는 연속이다.

따라서 가능한 모든 a의 값의 합은

$2+4+6=12$

[랑데뷰팁]

(1) $f(x)f(x-a)$의 연속성은 다음과 같다.

함수 $f(x)$가 $x=t$에서만 불연속이고 $f(t)\ne 0$일 때 $f(x)f(x-a)$가 실수 전체에서 연속이기 위한 a값

① $\left|\lim\limits_{x\to t-}f(x)\right|=\left|\lim\limits_{x\to t+}f(x)\right|=|f(t)|$이면 $\Rightarrow a=0$

② $f(x)=0$의 실근 중 $x=t$에 대칭인 두 근이 α, β일 때 $\Rightarrow a=t-\alpha$, $a=t-\beta$

(2) $f(x)f(a-x)$의 연속성은 다음과 같다.

함수 $f(x)$가 $x=t$에서만 불연속이고 $f(t)\ne 0$일 때 $f(x)f(a-x)$가 실수 전체에서 연속이기 위한 a값

① $y=f(x)$를 $x=t$에 대칭이동한 함수 $f(2t-x)$에 대해 $g(x)=f(x)f(2t-x)$라 할 때 $g(x)$가 $x=t$에서 연속일 때 $\Rightarrow a=2t$

② $f(x)=0$의 실근 중 $x=t$에 대칭인 두 근이 α, β일 때 $\Rightarrow a=t+\alpha$, $a=t+\beta$

45 정답 ④

[그림 : 이현일T]
[랑데뷰 세미나(71) 참고]

함수 $g(x)$는 $x=-1$과 $x=2$에서 극한값이 존재하지 않으므로 $h(x)$가 $x=-1$과 $x=2$에서 미분가능이기 위해서는 다항함수 $f(x)$가 $(x+1)^n$와 $(x-2)^m$ $(n \geq 2, m \geq 2)$을 인수로 가지는 함수여야 한다.

또한 함수 $g(x)$는 $x=1$에서 극한값이 존재하고 불연속이므로 $h(x)$가 $x=1$에서 미분가능이기 위해서는 다항함수 $f(x)$는 $(x-1)^l$ $(l \geq 1)$을 인수로 가지는 함수여야 한다.

따라서 조건을 만족하는 최소 차수의 다항함수 $f_1(x)$는 다음과 같다.

$$f_1(x)=(x+1)^2(x-1)(x-2)^2$$
$$f_1(3)=16 \times 2 \times 1 = 32$$

46 정답 ③

$$\lim_{x \to 0+}\{f(a-x)+f(a+x)\}=\lim_{x \to a-}f(x)+\lim_{x \to a+}f(x)=5$$

(i) $f(x)$가 $x=a$에서 불연속일 때

$a=2$일 때 가능하다.

(ii) $f(x)$가 $x=a$에서 연속일 때

$$\lim_{x \to a-}f(x)=\lim_{x \to a+}f(x)=\frac{5}{2}$$이므로

$0 \leq x < 1$에서 $f(x)=-2x+3$이므로 $f(x)=\frac{5}{2}$을 만족하는 해는 $-2x+3=\frac{5}{2}$에서 $x=\frac{1}{4}$이다. 따라서 $a=\frac{1}{4}$

(i), (ii)에서 가능한 a의 값의 합은 $2+\frac{1}{4}=\frac{9}{4}$

47 정답 60

(가)에서 $f(x)$는 x을 인수로 갖고 $g(x)$는 $x-1$을 인수로 갖는다.

(나)에서 $\lim_{x \to 1}\dfrac{f(x)}{g(x)}$의 분모가 0으로 가기 때문에 극한값이 존재하려면 $f(1)=0$이다.

$\lim_{x \to 1}\dfrac{g(x-1)}{f(x)}$도 마찬가지로 분모가 0으로 가기 때문에 극한값이 존재하려면 $g(0)=0$이다.

(가), (나)에서

$f(x)=x(x-1)Q_1(x)$, $g(x)=x(x-1)Q_2(x)$이다.

(다)에서 $\lim_{x \to 3}\dfrac{f(x+2)}{g(x-2)}$의 분모가 0으로 가기 때문에 극한값이 존재하려면 $f(5)=0$이다.

따라서 $f(x)=x(x-1)(x-5)(x+k)$이라 할 수 있다.

$\lim_{x \to 3}\dfrac{g(x+2)}{f(x-1)}$의 값이 존재하지 않으므로 $f(2)=0$, $g(5) \neq 0$이다.

따라서 $f(x)=x(x-1)(x-5)(x-2)$,

$g(x)=x(x-1)(x+l)$

$f(6)=6 \times 5 \times 1 \times 4 = 120$

$g(6)=6 \times 5 \times (6+l)=120$에서 $l=-2$이다.

따라서 $g(x)=x(x-1)(x-2)$이다.

$g(5)=5 \times 4 \times 3 = 60$

48 정답 ③

함수 $h(x)$가 실수 전체의 집합에서 연속이므로

$$h(2)=\lim_{x \to 2}\frac{g(x)}{f(x)}$$이다.

$f(2)=4-2a$이므로 $h(2)=\dfrac{g(2)}{f(2)}=\dfrac{g(2)}{4-2a}$

$$\lim_{x \to 2-}\frac{g(x)}{f(x)}=\lim_{x \to 2-}\frac{g(x)}{\dfrac{x-1}{x-2}}=\lim_{x \to 2-}\frac{(x-2)g(x)}{x-1}=0$$

$$\lim_{x \to 2+}\frac{g(x)}{f(x)}=\lim_{x \to 2+}\frac{g(x)}{x^2-ax}=\frac{g(2)}{4-2a}$$

$\dfrac{g(2)}{4-2a}=0$에서 $a>2$이므로 $g(2)=0$

$g'(2)=0$이므로 함수 $g(x)$는 $(x-2)^2$을 인수로 갖는다.

(나)에서

$h(1)=\lim_{x \to 1}\dfrac{g(x)}{f(x)}=\lim_{x \to 1}\dfrac{(x-2)g(x)}{x-1}$ …㉠에서 $g(1)=0$이다.

$h(a)=\lim_{x \to a}\dfrac{g(x)}{f(x)}=\lim_{x \to a}\dfrac{g(x)}{x(x-a)}$ …㉡에서 $g(a)=0$이다.

따라서 최고차항의 계수가 1인 사차함수 $g(x)$가

$g(x)=(x-1)(x-2)^2(x-a)$꼴이다.

㉠에서

$h(1)=\lim_{x \to 1}\dfrac{(x-2)g(x)}{x-1}=\lim_{x \to 1}(x-2)^3(x-a)=-1+a$

㉡에서

$h(a)=\lim_{x \to a}\dfrac{g(x)}{x(x-a)}=\lim_{x \to a}\dfrac{(x-1)(x-2)^2}{x}=\dfrac{(a-1)(a-2)^2}{a}$

$a-1=\dfrac{(a-1)(a-2)^2}{a}$

$a=(a-2)^2$

$a^2-5a+4=0$

$(a-1)(a-4)=0$

$a=4 \ (\because a>2)$

49 정답 ③

$$\lim_{x \to a}\frac{f(x-b)-f(a+b)}{x-a}$$

$$=\lim_{x \to a}\frac{k|x-b-a|-k|b|}{x-a}$$

$$=k\lim_{x \to a}\frac{|x-b-a|-|b|}{x-a}$$에서

(i) $b>0$이면 $x \to a$일 때, $x-b-a<0$이므로

$$k\lim_{x \to a}\frac{|x-b-a|-|b|}{x-a}$$

$$=k\lim_{x \to a}\frac{-(x-b-a)-b}{x-a}$$

$$=k\lim_{x \to a}\frac{-(x-a)}{x-a}=-k$$

$-k=3$에서 $k>0$이므로 모순

(ii) $b=0$이면

$$k\lim_{x \to a}\frac{|x-b-a|-|b|}{x-a}$$

$$=k\lim_{x \to a}\frac{|x-a|}{x-a}=\pm k$$이다.

따라서 진동으로 모순

(iii) $b<0$이면 $x \to a$일 때, $x-b-a>0$이므로

$$k\lim_{x \to a}\frac{|x-b-a|-|b|}{x-a}$$

$$=k\lim_{x \to a}\frac{(x-b-a)+b}{x-a}$$

$$=k\lim_{x \to a}\frac{x-a}{x-a}=k=3$$

따라서 $k=3$

50 정답 ⑤

조건 (가), (나)에 의하여

$f(x)g(x)=x^4+ax^3+x^2$ (a는 상수)

로 놓을 수 있다.

$f(x)g(x)=x^2(x^2+ax+1)$에서

조건 (다)에 의하여

$x^2+ax+1=0$은 중근을 가진다.

따라서 $D=a^2-4=0$에서 $a=\pm2$

그러므로 $f(x)g(x)=x^2(x^2\pm2x+1)$

$f(x)g(x)=x^2(x+1)^2$ 또는 $f(x)g(x)=x^2(x-1)^2$

이때 $f\left(\dfrac{1}{2}\right)$가 최소는 $f(x)$의 인수에 $(x-1)$가 포함되야 하므로

($\because$ 음수가 되어야 하므로)

$f_1(x)=x-1$, $f_2(x)=x(x-1)$, $f_3(x)=x^2(x-1)$

중 하나에서 생긴다.

$f_1\left(\dfrac{1}{2}\right)=-\dfrac{1}{2}$, $f_2\left(\dfrac{1}{2}\right)=-\dfrac{1}{4}$, $f_3\left(\dfrac{1}{2}\right)=-\dfrac{1}{8}$

따라서 $f\left(\dfrac{1}{2}\right)$의 최솟값은 $-\dfrac{1}{2}$이다.

51 정답 2

함수 $f(x)$는 최고차항의 계수가 1인 삼차함수이므로

$\lim_{x \to \infty}f(x)=\infty$

$\lim_{x \to \infty}\dfrac{2}{f(x)}=0$, $\lim_{x \to \infty}\{f(x)+2g(x)\}=2$이므로

$\lim_{x \to \infty}\dfrac{f(x)+2g(x)}{f(x)}=0$이다. 즉, $\lim_{x \to \infty}\left\{1+\dfrac{2g(x)}{f(x)}\right\}=0$

$h(x)=1+\dfrac{2g(x)}{f(x)}$라 하면

$\dfrac{2g(x)}{f(x)}=h(x)-1$이고 $\lim_{x \to \infty}h(x)=0$이므로

$\lim_{x \to \infty}\dfrac{2g(x)}{f(x)}=\lim_{x \to \infty}\{h(x)-1\}=-1$

즉, $\lim_{x \to \infty}\dfrac{g(x)}{f(x)}=-\dfrac{1}{2}$

최고차항의 계수가 1인 삼차함수 $f(x)$에 대하여

$\lim_{x \to \infty}\dfrac{f(x)}{x^3}=1$이다.

따라서

$$\lim_{x \to \infty}\frac{x^3+\{f(x)\}^2+2f(x)g(x)-\dfrac{2f(x)g(x)}{x^3}}{3f(x)+2g(x)}$$

$$=\lim_{x \to \infty}\frac{\dfrac{x^3}{f(x)}+f(x)+2g(x)-\dfrac{g(x)}{f(x)}\times\dfrac{2f(x)}{x^3}}{3+\dfrac{2g(x)}{f(x)}}$$

$$=\frac{1+2-\left(-\dfrac{1}{2}\right)\times2}{3+2\left(-\dfrac{1}{2}\right)}=\frac{4}{2}=2$$

52 정답 ②

[그림 : 이정배T]

x에 대한 이차방정식 $x^2+2tx+kt=0$에서 판별식을 D라 하면

$D/4=t^2-kt=t(t-k)$이고 $k>0$이므로

$t<0$ 또는 $t>k$일 때 서로 다른 두 실근을 가지므로 실근의 개수는 2

$t=0$, $t=k$일 때 중근으로 실근의 개수는 1

$0<t<k$일 때 서로 다른 두 허근을 가지므로 실근의 개수는 0

따라서 $f(t)=\begin{cases}2 & (t<0 \text{ 또는 } t>k) \\ 1 & (t=0 \text{ 또는 } t=k) \\ 0 & (0<t<k)\end{cases}$ 의 그래프는 그림과 같다.

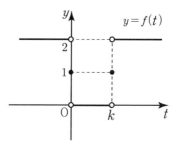

$t=0$일 때 $g(f(t))$가 연속이기 위해서는 $f(t)$의 좌극한 2, 함숫값 1, 우극한 0이 모두 같아야 하므로 $t=0$에서 연속일 조건은 $g(2)=g(1)=g(0)$이다. $\cdots\cdots$ ㉠

$t=k$일 때 $g(f(t))$가 연속이기 위해서는 $f(t)$의 좌극한 0, 함숫값 1, 우극한 2이 모두 같아야 하므로 $t=k$에서 연속일

조건은 $g(0)=g(1)=g(2)$이다. $\cdots$ ㉡

㉠, ㉡에서 삼차함수 $g(x)$의 최고차항의 계수가 1이므로
$g(x)=x(x-1)(x-2)+c$ (c는 상수)이다.
$g(4)=24+c$, $g(3)=6+c$
$g(4)-g(3)=18$

53 정답 7

$x\neq -a$, $x\neq 3a$일 때, $g(x)=\dfrac{f(x)+x^2}{(x-3a)(x+a)}$에서

$f(x)+x^2=h(x)$이라 하면 다항식 $k(x)$에 대하여
$h(x)=k(x)(x-3a)(x+a)$ $\cdots$㉠꼴이다.

$x\to\infty$일 때는

$g(x)=\dfrac{h(x)}{(x-3a)(x+a)}=\dfrac{k(x)(x-3a)(x+a)}{(x-3a)(x+a)}=k(x)$이고

$\displaystyle\lim_{x\to\infty}\dfrac{g(x)}{x}=2$에서 $k(x)=2x+b$라 할 수 있다.

따라서

$g(x)=\begin{cases}2x+b & (x\neq -a,\,x\neq 3a)\\ 2 & (x=3a)\\ -6 & (x=-a)\end{cases}$

함수 $g(x)$가 $x=3a$, $x=-a$에서 연속이므로

$\displaystyle\lim_{x\to 3a}g(x)=g(3a)$ ⇨ $6a+b=2$

$\displaystyle\lim_{x\to -a}g(x)=g(-a)$ ⇨ $-2a+b=-6$

따라서 $8a=8$에서 $a=1$, $b=-4$이다.

그러므로

$g(x)=\begin{cases}2x-4 & (x\neq -1,\,x\neq 3)\\ 2 & (x=3)\\ -6 & (x=-1)\end{cases}$ 이고

㉠에서 $h(x)=f(x)+x^2=(2x-4)(x-3)(x+1)$

따라서 $f(x)=(2x-4)(x-3)(x+1)-x^2$이다.

$f(1)=-2\times(-2)\times 2-1=7$

미분법

유형 1 미분계수의 뜻과 정의

54 정답 9

조건 (가)에서 $x\to 1$일 때 (분모)$\to 0$이고 극한값이 존재하므로
$\displaystyle\lim_{x\to 1}\{f(x)-2\}=f(1)-2=0$

즉, $f(1)=2$

$\displaystyle\lim_{x\to 1}\dfrac{f(x)-2}{x^2-x}=\lim_{x\to 1}\left\{\dfrac{f(x)-f(1)}{x-1}\times\dfrac{1}{x}\right\}$

$=f'(1)\times 1=3$

즉, $f'(1)=3$

조건 (나)에서 $h\to 0$일 때 (분자)$\to 0$이고 0이 아닌 극한값이
존재하므로
$\displaystyle\lim_{h\to 0}\{g(1+h)-1\}=g(1)-1=0$

즉, $g(1)=1$

$\displaystyle\lim_{h\to 0}\dfrac{h}{g(1+h)-1}=\lim_{h\to 0}\dfrac{1}{\dfrac{g(1+h)-g(1)}{h}}$

$=\dfrac{1}{\displaystyle\lim_{h\to 0}\dfrac{g(1+h)-g(1)}{h}}$

$=\dfrac{1}{g'(1)}=\dfrac{1}{3}$

즉, $g'(1)=3$

$h(x)=f(x)g(x)$에서

$h'(x)=f'(x)g(x)+f(x)g'(x)$이므로

$h'(1)=f'(1)g(1)+f(1)g'(1)$

$=3\times 1+2\times 3=9$

55 정답 ④

(가)에서 함수 $f(x)$는 점 $(1,0)$에 대칭인 그래프를 갖는
함수이다.

함수 $f(x)$를 x축의 방향으로 -1만큼 평행이동한 함수를
$h(x)$라 하면 $h(x)=f(x+1)$이고 함수 $h(x)$는 $(0,0)$에
대칭이다.

한편, $g(t)$는 두 점 $(t,f(t))$, $(t+2,f(t+2))$의 지나는 직선의

기울기이므로 $g(t)=\dfrac{f(t+2)-f(t)}{2}$이다.

(i)

$g(-5)=\dfrac{f(-3)-f(-5)}{2}=-9$에서 $f(-3)-f(-5)=-18$이고

$h(-4)=f(-3)$, $h(-6)=f(-5)$이므로

$h(-4)-h(-6)=-18$이다.

(ii)

$g(-1)=\dfrac{f(1)-f(-1)}{2}=2$에서 $f(1)-f(-1)=4$이고

$h(0)=f(1)$, $h(-2)=f(-1)$이므로 $h(0)-h(-2)=4$이다.

(iii)

$g(3)=\dfrac{f(5)-f(3)}{2}=0$에서 $f(5)-f(3)=0$이고

$h(2)=f(3)$, $h(4)=f(5)$이므로 $h(2)=h(4)$이다.

(ii)에서 $h(0)=0$이므로 $h(-2)=-4$

함수 $h(x)$가 원점대칭이므로 $h(2)=4$이고 (iii)에서 $h(4)=4$

$h(4)=4$이므로 $h(-4)=-4$이다.

(i)에서 $h(-6)=14$이므로 $h(6)=-14$이다.

$h(6)=f(7)$이므로 $f(7)=-14$이다.

56 정답 ②

[그림 : 최성훈T]

함수 $f(x)$가 $x=1$에서 연속이므로

$-a+b=1$

$\therefore\ b=a+1$

$f(x)=\begin{cases} ax\cos(\pi x)+(a+1)x & (0 \leq x < 1) \\ x^2 & (x \geq 1) \end{cases}$

(i) $0<t<1$일 때,

$(0,0)$, $(t, at\cos(\pi t)+(a+1)t)$에 대한 평균변화율은

$g(t)=a\cos\pi t+a+1$

(ii) $t \geq 1$일 때,

$(0,0)$, (t, t^2)에 대한 평균변화율은

$g(t)=t$

(i), (ii)에서

$g(t)=\begin{cases} a\cos\pi t+a+1 & (0<t<1) \\ t & (t \geq 1) \end{cases}$

이다.

따라서 함수 $g(t)$의 그래프는 다음 그림과 같다.

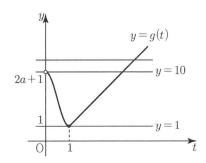

방정식 $g(t)-k=0$의 해가 한 개이기 위해서는

$k=1$ 또는 $k \geq 2a+1$이다.

두 번째로 작은 값이 10이므로

$2a+1=10$

$\therefore\ a=\dfrac{9}{2}$, $b=\dfrac{11}{2}$

$a+b=10$

유형 2 미분가능과 연속

---

57 정답 6

[그림 : 배용제T]
[검토자 : 안형진T]

$g'(x)=f(x)=k-2x$에서

$g(x)=-x^2+kx+C$

$g(0)=C$이다.

모든 양의 실수 x에 대하여 $g(x) \leq f(x)$이므로

$-x^2+kx+C \leq k-2x$

$x^2-(k+2)x+k-C \geq 0$

$p(x)=x^2-(k+2)x+k-C$라 하면 함수 $p(x)$의 축의

방정식은 $x=\dfrac{k+2}{2}$이다.

(i) $\dfrac{k+2}{2}<0$, 즉, $k<-2$일 때, $p(0) \geq 0$이어야 한다.

따라서 $k-C \geq 0$

$\therefore\ C=h(k) \leq k$

(ii) $\dfrac{k+2}{2} \geq 0$, 즉, $k \geq -2$일 때, 이차방정식 $p(x)=0$의

실근의 개수가 1이하이므로 $D \leq 0$이어야 한다.

따라서 $D=(k+2)^2-4k+4C \leq 0$

$k^2+4+4C \leq 0$

$\therefore\ C=h(k) \leq -\dfrac{k^2+4}{4}$

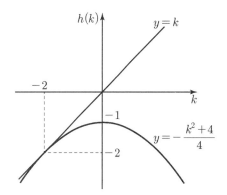

(i), (ii)에서 $h(k)=\begin{cases} k & (k < -2) \\ -\dfrac{k^2+4}{4} & (k \geq -2) \end{cases}$ ······ ㉠

$h(-3)\times h(2)=(-3)\times(-2)=6$

---

58 정답 ③

$f(x)=\dfrac{1}{2}x^2-2x+a$, $f'(x)=x-2$이므로

$h(x)=\left(\dfrac{1}{2}x^2-2x+a\right)(x-2)$라 하자.

$a<2$이므로 방정식 $\dfrac{1}{2}x^2-2x+a=0$은 $x=2$에 대칭인 서로

다른 두 실근을 갖는다.

따라서 함수 $h(x)$의 그래프 개형은 다음과 같다.

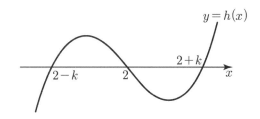

방정식 $g(x)=0$의 모든 해의 곱이 2이므로 방정식 $h(x)=0$의
모든 해의 곱도 2이다.

따라서 $(2-k)\times2\times(2+k)=2$

$4-k^2=1$

$k^2=\sqrt3$

$k=\sqrt3$이다.

따라서

$h(x)=\dfrac{1}{2}(x-2)\{x-(2+\sqrt3)\}\{x-(2-\sqrt3)\}$

$\quad=\dfrac{1}{2}(x-2)(x^2-4x+1)$

$\quad=\left(\dfrac{1}{2}x^2-2x+\dfrac{1}{2}\right)(x-2)$

$h(x)=\left(\dfrac{1}{2}x^2-2x+a\right)(x-2)$에서

$\therefore\ a=\dfrac{1}{2}$

$h(x)=\dfrac{1}{2}(x-2)(x^2-4x+1)$의

$h'(1)=h'(3)=0\ (\because$ 삼차함수 비율에서$)$

이므로 $h(1)=1$, $h(3)=-1$이다.

따라서 함수 $g(x)$의 그래프는 그림과 같다.

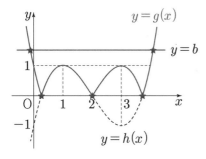

함수 $g(x)$는 x축과 만나는 세 점에서 모두 미분가능하지 않다.

따라서 함수 $|g(x)-b|$가 미분가능하지 않은 점의 개수가 5이기
위해서는

$b\ge1$이어야 한다.

$\therefore\ m=1$

따라서 $a+m=\dfrac{1}{2}+1=\dfrac{3}{2}$

59 정답 ①

[그림 : 서태욱T]

곡선 $y=|2^x-2|$의 그래프와 $y=t$의 관계는 다음과 같다.

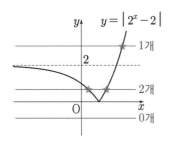

따라서

$f(t)=\begin{cases}0 & (t<0)\\ 1 & (t=0)\\ 2 & (0<t<2)\\ 1 & (t\ge2)\end{cases}$

으로 함수 $f(x)$는 $x=0$과 $x=2$에서 불연속이다.

따라서

함수 $f(x)g(x)$가 실수 전체의 집합에서 미분가능하기 위해서는

함수 $g(x)$가 $x^2(x-2)^2$을 인수로 가져야 한다. [세미나(71)
참고]

한편, 다항함수 $g(x)$는 $\displaystyle\lim_{x\to\infty}\dfrac{g(x)-x^4}{x^3}=a$에서 $g(x)$는

최고차항의 계수가 1인 사차함수이므로

$g(x)=x^2(x-2)^2=x^4-4x^3+4x^2$이다.

$\displaystyle\lim_{x\to\infty}\dfrac{g(x)-x^4}{x^3}=\lim_{x\to\infty}\dfrac{-4x^3+4x^2}{x^3}=-4$

$\therefore\ a=-4$

60 정답 ①

$g(x)=\dfrac{f(x)+\mid f(x)\mid}{2}=\begin{cases}f(x) & (f(x)\ge0)\\ 0 & (f(x)<0)\end{cases}$이므로 함수

$g(x)$는 다음과 같다.

$g(x)=\begin{cases}f(x) & (x<-2,\ -1\le x<1,\ x\ge2)\\ 0 & (-2\le x<-1,\ 1\le x<2)\end{cases}$

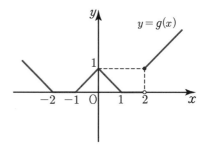

ㄱ.

$\displaystyle\lim_{x\to-2}f(x)g(x)=\begin{cases}\displaystyle\lim_{x\to-2+}f(x)g(x)=0\times0=0\\ \displaystyle\lim_{x\to-2-}f(x)g(x)=0\times0=0\end{cases}$

이므로 $\displaystyle\lim_{x\to-2}f(x)g(x)$는 존재한다. (참)

ㄴ.

함수 $f(x)+g(x-k)$가 $x=2$에서 연속이 되기 위해서는

$f(2)+g(2-k)=\displaystyle\lim_{x\to2}\{f(x)+g(x-k)\}$이어야 한다.

$f(2)=1$, $\displaystyle\lim_{x\to2+}f(x)=1$, $\displaystyle\lim_{x\to2-}f(x)=-1$이므로

$1+g(2-k)=1+\displaystyle\lim_{x\to2+}g(x-k)=-1+\lim_{x\to2-}g(x-k)$이어야

한다.

즉, $\displaystyle\lim_{x\to2+}g(x-k)-\lim_{x\to2-}g(x-k)=-2$을 만족시키는 k가

존재해야 하는데 함수 $g(x)$의 그래프를 x축의 방향으로 k만큼
평행이동시킨 함수 $g(x-k)$에는 존재하지 않는다. (거짓)

ㄷ.

$h(x)=f(x)g(x-2)$라 하면

$h'(x)=f'(x)g(x-2)+f(x)g'(x-2)$이다.

$h'(2)$의 값이 존재하기 위해서는

$\lim_{x\to 2}h'(x)=\lim_{x\to 2}f'(x)g(x-2)+\lim_{x\to 2}f(x)g'(x-2)$이어야 한다.

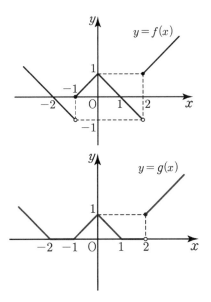

$\lim_{x\to 2+}f(x)=1$, $\lim_{x\to 2+}f'(x)=1$, $\lim_{x\to 2+}g(x-2)=1$,

$\lim_{x\to 2+}g'(x-2)=-1$

$\lim_{x\to 2-}f(x)=-1$, $\lim_{x\to 2-}f'(x)=-1$, $\lim_{x\to 2-}g(x-2)=1$,

$\lim_{x\to 2-}g'(x-2)=1$

$\lim_{x\to 2+}h'(x)=\lim_{x\to 2+}f'(x)g(x-2)+\lim_{x\to 2+}f(x)g'(x-2)$
$\qquad\qquad =1\times 1+1\times(-1)=0$

$\lim_{x\to 2-}h'(x)=\lim_{x\to 2-}f'(x)g(x-2)+\lim_{x\to 2-}f(x)g'(x-2)$
$\qquad\qquad =(-1)\times 1+(-1)\times 1=-2$

$\lim_{x\to 2+}h'(x)\neq\lim_{x\to 2-}h'(x)$이므로 함수 $f(x)g(x-2)$는 $x=2$에서 미분가능하지 않다. (거짓)

61 정답 5

[그림 : 이정배T]

$xg(x)=\big|xf(|x|-p)+qx\big|$에서

$xg(x)=|x|\,\big|f(|x|-p)+q\big|$이다.

따라서 $g(x)=\begin{cases}\dfrac{|x|\,|f(|x|-p)+q|}{x} & (x\neq 0)\\ g(0) & (x=0)\end{cases}$

함수 $g(x)$가 $x=0$에서 미분가능하므로 함수 $g(x)$는 $x=0$에서 연속이다. 따라서

$\lim_{x\to 0+}g(x)=\lim_{x\to 0-}g(x)=g(0)$이어야 한다.

$\lim_{x\to 0+}g(x)=\lim_{x\to 0+}|f(x-p)+q|=|f(-p)+q|$,

$\lim_{x\to 0-}g(x)=\lim_{x\to 0-}-|f(-x-p)+q|=-|f(-p)+q|$이므로

$\lim_{x\to 0+}g(x)=\lim_{x\to 0-}g(x)$에서

$|f(-p)+q|=-|f(-p)+q|$

$|f(-p)+q|=0$

$f(-p)+q=0$

$\therefore\ f(-p)=-q$

$\lim_{x\to 0+}g(x)=\lim_{x\to 0-}g(x)=0$이므로

$g(0)=0$이다.

그러므로

$g(x)=\begin{cases}|f(x-p)+q| & (x\geq 0)\\ -|f(-x-p)+q| & (x<0)\end{cases}$ 이다.

따라서 $g(-x)=-g(x)$이 성립한다. 즉, 함수 $g(x)$는 원점대칭이므로 그래프는 $x\geq 0$인 부분을 그린 후 $x<0$인 부분은 $x\geq 0$인 부분을 원점 대칭이동한 그래프이다.

따라서 $g'(0)=0$이고 미분가능하지 않은 점의 개수가 2이기 위해서는 $x\geq 0$의 범위에서 미분가능하지 않은 점의 개수가 1이면 된다.

사차함수 $f(x)$의 그래프는 다음 그림과 같다.

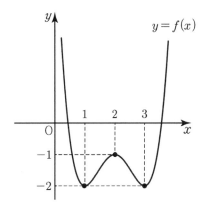

함수 $g(x)$가 원점을 지나고 $x\geq 0$에서 $|f(x-p)+q|$가 원점에서 미분계수가 0이고 미분가능하지 않은 점의 개수가 1이게 하는 $p,\ q$의 값은 $p=-2$, $q=1$이다.

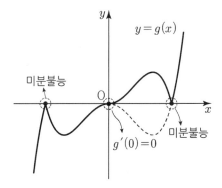

따라서
$p^2+q^2=5$이다.

62 정답 ②

$f(x)=|x-1|(x+a)$

$=\begin{cases}(x-1)(x+a) & (x \geq 1) \\ -(x-1)(x+a) & (x < 1)\end{cases}$

에서 $f'(x)=\begin{cases}2x+a-1 & (x>1) \\ -2x-a+1 & (x<1)\end{cases}$ $\cdots$㉠

$\lim\limits_{x \to 1+}f(x)=0=\lim\limits_{x \to 1-}f(x)$이므로 $f(x)$가 $x=1$에서

연속이다.

$f(x)$가 $x=1$에서 미분가능하려면 ㉠에서 미분계수가 존재해야

하므로 $\lim\limits_{x \to 1+}f'(x)=\lim\limits_{x \to 1-}f'(x)$에서

$\lim\limits_{x \to 1+}(2x+a-1)=\lim\limits_{x \to 1-}(-2x-a+1)$

$\therefore 1+a=-1-a$ $\therefore a=-1$

63 정답 2

$f(x)$가 $x=1$에서 미분가능하므로

$x=1$에서 연속이다.

따라서 $\dfrac{1}{2}+a=\dfrac{2}{3}+b+c$ $\cdots$㉠

$f'(x)=\begin{cases}x & (x<1) \\ 2x^2+b & (x \geq 1)\end{cases}$이므로

$f'(1)=1=2+b$

따라서 $b=-1$

㉠에 대입하면 $a-c=-\dfrac{5}{6}$

$f'(x)=\begin{cases}x & (x<1) \\ 2x^2-1 & (x \geq 1)\end{cases}$에서

$2x^2-1=0$의 해는 $x \geq 1$범위에 존재하지 않으므로

함수 $f(x)$의 최솟값은 $f(0)=a$이다.

(나)에서 $a=\dfrac{1}{6}$이므로 $a-c=-\dfrac{5}{6}$에서 $c=1$이다.

그러므로

$a=\dfrac{1}{6}$, $b=-1$, $c=1$이다.

$6a+2b+3c=1-2+3=2$

64 정답 ②

$\lim\limits_{h \to 0}\dfrac{f(n+h)-f(n-h)}{h}$은 $f(x)$의 $x=n$에서의 미분가능성과

상관없이 극한값이 존재한다. (중심화 차 몫)

$\lim\limits_{x \to n}\dfrac{f(x)+1}{x-n}$에서 $x-n=h$라 하면

$\lim\limits_{h \to 0}\dfrac{f(n+h)+1}{h}=n$

$\lim\limits_{x \to n}\dfrac{f(x)+1}{x-n}$에서 $x-n=-h$라 하면

$\lim\limits_{h \to 0}\dfrac{f(n-h)+1}{-h}=-\lim\limits_{h \to 0}\dfrac{f(n-h)+1}{h}=n$

따라서

$\lim\limits_{h \to 0}\dfrac{f(n+h)-f(n-h)}{h}$

$=\lim\limits_{h \to 0}\dfrac{f(n+h)+1-f(n-h)-1}{h}$

$=\lim\limits_{h \to 0}\dfrac{f(n+h)+1}{h}-\lim\limits_{h \to 0}\dfrac{f(n-h)+1}{h}$

$=2n=100$ $\therefore n=50$

65 정답 ①

$\lim\limits_{x \to 0}\dfrac{f(x)-1}{x^2\{f'(x)-4\}}=2$에서

$x \to 0$일 때, (분모)$\to 0$이므로 (분자)$\to 0$이어야 한다.

따라서 $f(0)=1$

$f(x)=\cdots+px^2+qx+1$라 하면

$f'(x)=\cdots+2px+q$

$\lim\limits_{x \to 0}\dfrac{f(x)-1}{x^2\{f'(x)-4\}}$

$=\lim\limits_{x \to 0}\dfrac{\cdots+px^2+qx}{x^2(\cdots+2px+q-4)}$

$=\lim\limits_{x \to 0}\dfrac{\cdots+px+q}{x(\cdots+2px+q-4)}$

$x \to 0$일 때, (분모)$\to 0$이므로 (분자)$\to 0$이어야 한다.

따라서 $q=0$

$=\lim\limits_{x \to 0}\dfrac{\cdots+px}{x(\cdots+2px-4)}$

$=\lim\limits_{x \to 0}\dfrac{\cdots+p}{\cdots+2px-4}=2$

따라서 $\dfrac{p}{-4}=2$

$\therefore p=-8$

$f(x)=\cdots-8x^2+1$

그러므로

$\lim\limits_{x \to 0}\dfrac{f'(x)}{x}=\lim\limits_{x \to 0}\dfrac{\cdots-16x}{x}=-16$

66 정답 ①

(가)에서 등식 $xf(x)=g(x)$에서 $x=1$, $x=2$, $x=3$, $x=4$을

대입한 식이므로

$h(x)=xf(x)-g(x)$라 하면 함수 $h(x)$는 최고차항의 계수가

2인 사차함수이다.

$h(1)=h(2)=h(3)=h(4)=0$이므로

$h(x)=2(x-1)(x-2)(x-3)(x-4)$이다.

$h'(x)=f(x)+xf'(x)-g'(x)$이고

$h'(x)=2(x-2)(x-3)(x-4)+2(x-1)k(x)$꼴이므로

$h'(1)=f(1)+f'(1)-g'(1)=-12$

$f'(1)-g'(1)=-4$이므로 $f(1)-4=-12$에서

$f(1)=-8$이다.

67 정답 ②

$h(x)=\sum_{k=1}^{2n} x^{k-1}=\dfrac{x^{2n}-1}{x-1}$

$\quad=x^{2n-1}+x^{2n-2}+\cdots+x+1$

$h'(x)=(2n-1)x^{2n-2}+(2n-2)x^{2n-3}+\cdots+2x+x$

$h'(1)=(2n-1)+(2n-2)+\cdots+2+1$

$\quad=\dfrac{(2n-1)(2n-1+1)}{2}=n(2n-1)$

$h'(1)=190$에서 $n=10$이다.

따라서 $h(x)=x^{19}+x^{18}+\cdots+x+1$ $\cdots$ ㉠

(나)조건에서 $f(-x)=f(x)$이므로

함수 $f(x)$는 y축 대칭이며 짝수차 항만 항으로 갖는

다항함수이고

$g(-x)=-g(x)$이므로

함수 $g(x)$는 원점에 대칭이고 홀수차 항만 항으로 갖는

다항함수이다.

㉠에서

$h(x)=3f(x)+2g(x)=x^{19}+x^{18}+\cdots+x+1$이므로

$f(x)=\dfrac{1}{3}\left(x^{18}+x^{16}+\cdots+x^2+1\right)$

$g(x)=\dfrac{1}{2}\left(x^{19}+x^{17}+\cdots+x\right)$

이다.

따라서 $f(1)=\dfrac{10}{3}$, $g(1)=\dfrac{10}{2}=5$

$f(1)+g(1)=\dfrac{10}{3}+5=\dfrac{25}{3}$

68 정답 ②

$f(x)$와 $f'(x)$의 곱이 1차식이므로 $f(x)$는 1차식이다.

$f(x)=ax+b$라 두면 $f'(x)=a$이고

$f(x)f'(x)=a^2x+ab$이다.

따라서 $a^2=16$에서 $a=4$ 또는 $a=-4$

$ab=-9$에서 $b=-\dfrac{9}{4}$ 또는 $b=\dfrac{9}{4}$이다.

$f(x)=4x-\dfrac{9}{4}$ 또는 $f(x)=-4x+\dfrac{9}{4}$

따라서 $y=4x-\dfrac{9}{4}$, $y=-4x+\dfrac{9}{4}$와 y축으로 둘러싸인 부분의

넓이는

$\dfrac{1}{2}\times\dfrac{9}{2}\times\dfrac{9}{16}=\dfrac{81}{64}$

69 정답 54

함수 $f(x)$에 대하여

$f'(x)=\begin{cases} 3x^2-6x \ (x \le 0 \ \text{또는} \ x \ge 1) \\ 3x^2-6x \ (0<x<1) \end{cases}$

즉, $f'(x)=3x^2-6x$이다.

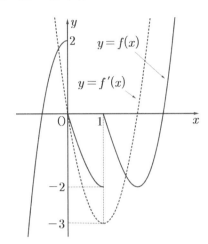

$x\to 0+$일 때 $f'(x)\to 0-$이고

$x\to 1$일 때, $f'(x)\to -3+$이다.

따라서

$\displaystyle\lim_{x\to 0+}f(f'(x))-\lim_{x\to 1}f(f'(x))$

$=\displaystyle\lim_{t\to 0-}f(t)-\lim_{t\to -3+}f(t)$

$=2-f(-3)=2-(-52)=54$

70 정답 12

함수 $g(x)$가 실수 전체의 집합에서 연속이므로 $x=-1$과

$x=1$에서도 연속이다. 따라서 사차함수 $f(x)$는

$(x-1)(x+1)$을 인수로 가져야 한다.

따라서 세 상수 p, q, r에 대하여

$f(x)=(x-1)(x+1)\left(px^2+qx+r\right)$이라 할 수 있다.

그러므로

$g(x)=\begin{cases} (x-1)\left(px^2+qx+r\right) \ (x<-1) \\ ax+b \qquad\qquad (-1 \le x \le 1) \\ (x+1)\left(px^2+qx+r\right) \ (x>1) \end{cases}$

이다.

$\displaystyle\lim_{x\to 1}\dfrac{g(x)-2}{f(x)}=\dfrac{1}{2}$에서 $x\to 1$일 때, (분모)$\to 0$이므로

(분자)$\to 0$이어야 한다.

따라서 $g(1)=2$에서 $a+b=2$이다.

$\displaystyle\lim_{x\to 1}\dfrac{g(x)-2}{f(x)}=\dfrac{1}{2}$에서

$\displaystyle\lim_{x\to 1}\dfrac{g(x)-g(1)}{x-1}\times\dfrac{1}{\dfrac{f(x)}{x-1}}=g'(1)\times\dfrac{1}{g(1)}=\dfrac{1}{2}$

$g(1)=2$이므로 $g'(1)=1$

따라서 $a=1$, $b=1$이다.

$$\therefore g(x)=\begin{cases}(x-1)(px^2+qx+r) & (x<-1) \\ x+1 & (-1\le x\le 1) \\ (x+1)(px^2+qx+r) & (x>1)\end{cases}$$

(i) $\lim\limits_{x\to-1-}g(x)=g(-1)$에서

$-2(p-q+r)=0$이므로 $p-q+r=0$

(ii) $\lim\limits_{x\to 1+}g(x)=g(1)$에서

$2(p+q+r)=2$이므로 $p+q+r=1$

(i), (ii)에서 $q=\dfrac{1}{2}$, $p+r=\dfrac{1}{2}$

한편, $g'(1)=1$이므로 $x>1$일 때,

$g'(x)=px^2+\dfrac{1}{2}x+r+(x+1)\left(2px+\dfrac{1}{2}\right)$에서

$\lim\limits_{x\to 1-}g'(x)=p+\dfrac{1}{2}+r+2\left(2p+\dfrac{1}{2}\right)$

$\qquad\qquad =1+4p+1=1$

$p=-\dfrac{1}{4}$, $r=\dfrac{3}{4}$

따라서

$$g(x)=\begin{cases}(x-1)\left(-\dfrac{1}{4}x^2+\dfrac{1}{2}x+\dfrac{3}{4}\right) & (x<-1) \\ x+1 & (-1\le x\le 1) \\ (x+1)\left(-\dfrac{1}{4}x^2+\dfrac{1}{2}x+\dfrac{3}{4}\right) & (x>1)\end{cases}$$

$g(-3)=-4\times\left(-\dfrac{9}{4}-\dfrac{3}{2}+\dfrac{3}{4}\right)=9+6-3=12$

71 정답 3

$f(x)-2f(-x)=3x^2-x+2\cdots$㉠의 양변의 x에 $-x$을 대입하면

$f(-x)-2f(x)=3x^2+x+2$이다. 양변에 $\times 2$을 하면

$2f(-x)-4f(x)=6x^2+2x+4\cdots$㉡

㉠, ㉡의 양변을 더하면

$-3f(x)=9x^2+x+6$

$f(x)=-3x^2-\dfrac{1}{3}x-2$

$f'(x)=-6x-\dfrac{1}{3}$

따라서 $f'\left(-\dfrac{5}{9}\right)=-6\times\left(-\dfrac{5}{9}\right)-\dfrac{1}{3}=\dfrac{10}{3}-\dfrac{1}{3}=3$

유형 4 접선의 방정식

72 정답 ①

$f(x)=ax^3+bx^2$, $f'(x)=3ax^2+2bx$

에서 $f(1)=a+b$, $f'(1)=3a+2b$이다.

$f(1)=2f'(1)\to a+b=6a+4b\to b=-\dfrac{5}{3}a$

$f(x)=ax^3-\dfrac{5}{3}ax^2$, $f'(x)=3ax^2-\dfrac{10}{3}ax$

$f(1)=-\dfrac{2}{3}a$, $f'(1)=-\dfrac{1}{3}a$이다.

따라서 점 A에서의 접선의 방정식은

$y=-\dfrac{1}{3}a(x-1)-\dfrac{2}{3}a=-\dfrac{1}{3}ax-\dfrac{1}{3}a$

이다.

$ax^3-\dfrac{5}{3}ax^2=-\dfrac{1}{3}ax-\dfrac{1}{3}a$

$x^3-\dfrac{5}{3}x^2+\dfrac{1}{3}x+\dfrac{1}{3}=0$

$3x^3-5x^2+x+1=0$

$(x-1)(3x^2-2x-1)=0$

$(x-1)^2(3x+1)=0$

따라서 점 B의 x좌표는 $x=-\dfrac{1}{3}$이다.

그러므로 $A\left(1,-\dfrac{2}{3}a\right)$, $B\left(-\dfrac{1}{3},-\dfrac{2}{9}a\right)$이다.

직선 OA의 기울기는 $-\dfrac{2}{3}a$

직선 OB의 기울기는 $\dfrac{2}{3}a$

두 직선이 수직이므로 기울기 곱은 -1이다.

$-\dfrac{4}{9}a^2=-1$

$a^2=\dfrac{9}{4}$

$a=\dfrac{3}{2}$ $(\because a>0)$

$f(x)=\dfrac{3}{2}x^3-\dfrac{5}{2}x^2$

따라서 $f(3)=12-10=2$

73 정답 ⑤

곡선 $y=x^2+a$위의 점 (s,s^2+a)에서의 접선의 기울기는 $2s$이다.

두 점 (s,s^2+a)와 $(t,f(t))$을 지나는 직선의 기울기가 $2s$이므로

$\dfrac{s^2+a-f(t)}{s-t}=2s$

$$\frac{s^2+t^2+2a}{s-t}=2s$$

$$s^2+t^2+2a=2s^2-2ts$$

$$s^2-2ts-t^2-2a=0$$

의 두 근을 s_1, s_2라 할 때, 두 접선의 기울기 차인

$g(t)=2|s_1-s_2|$ 이다.

$g(t)$의 최솟값이 4이므로

$$2|s_1-s_2| \geq 4$$

$$(s_1-s_2)^2 \geq 4$$

이차방정식의 근과 계수와의 관계에서

$$s_1+s_2=2t$$

$$s_1 \times s_2=-t^2-2a$$

$$\begin{aligned}(s_1-s_2)^2 &= (s_1+s_2)^2-4s_1s_2\\ &=4t^2+4t^2+8a\\ &=8t^2+8a\end{aligned}$$

이므로

$8t^2+8a \geq 4$에서 $t=0$일 때, $a=\dfrac{1}{2}$이다.

74 정답 ③

[출제자 : 김수T]

두 곡선 $y=(x-1)f(x)$, $y=(x^2-1)f(x)$는 모두 점 $(a,2)$를 지나므로

$$(a-1)f(a)=(a^2-1)f(a)=2 \cdots \text{㉠}$$

이다. 위의 식에서 $f(a) \neq 0$임을 알 수 있으므로

$$\begin{aligned}(a-1)f(a)=(a^2-1)f(a)=2 &\Rightarrow a-1=a^2-1\\ &\Rightarrow a=0 \text{ 또는 } a=1\end{aligned}$$

이다.

(i) $a=0$ 인 경우

㉠에서 $f(0)=-2$이고,

$$\begin{cases}y=(x-1)f(x) \Rightarrow y'=f(x)+(x-1)f'(x)\\ y=(x^2-1)f(x) \Rightarrow y'=2xf(x)+(x^2-1)f'(x)\end{cases}$$

$\cdots \text{㉡}$

이므로

$$\begin{aligned}(\text{두 접선이 서로 수직}) &\Rightarrow \{-2-f'(0)\} \times \{-f'(0)\}=-1\\ &\Rightarrow \{f'(0)\}^2+2f'(0)+1=0\\ \therefore f'(0) &= -1\end{aligned}$$

(ii) $a=1$ 인 경우

㉠에서 $0=2$ 가 되어 성립하지 않는다.

따라서 최고차항의 계수가 1인 이차함수 $f(x)$는

$$f(0) = -2, f'(0) = -1 \Rightarrow f(x)=x^2-x-2$$

이다.

$$\therefore f(4)=10$$

75 정답 ②

[그림 : 최성훈T]

(가)에서 $f(0)=a$, $f'(0)=2$이므로

함수 $f(x)=x^3+kx^2+2x+a$라 할 수 있다.

(나)에서 $f'(0)=2$이므로 점 P에서의 접선에 수직인 직선의 기울기는 $-\dfrac{1}{2}$이다. 따라서 $y=-\dfrac{1}{2}x+a$가 x축과 만나는 점의 x좌표인 $x=2a$가 $y=f(x)$의 x절편이다.

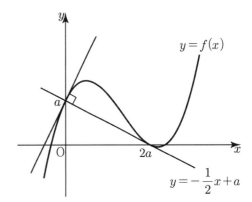

따라서 곡선 $y=f(x)$와 직선 $y=-\dfrac{1}{2}x+a$는 $x=0$과 $x=2a$에서 만난다.

$x^3+kx^2+2x+a-\left(-\dfrac{1}{2}x+a\right)=x(x-2a)^2$이다. (차함수 설정)

$$x^3+kx^2+\frac{5}{2}x=x(x-2a)^2$$

$$x^2+kx+\frac{5}{2}=x^2-4ax+4a^2$$

$4a^2=\dfrac{5}{2}$에서 $a=\dfrac{\sqrt{10}}{4}$ $(\because a>0)$이다.

그러므로 $k=-4a=-\sqrt{10}$

$$\therefore f(x)=x^3-\sqrt{10}x^2+2x+\frac{\sqrt{10}}{4}$$

따라서 $f\left(\dfrac{1}{2}\right)=\dfrac{1}{8}-\dfrac{\sqrt{10}}{4}+1+\dfrac{\sqrt{10}}{4}=\dfrac{9}{8}$이다.

76 정답 96

[그림 : 최성훈T]

$f(x)=x(x-a)(x-2a)$에서

$f'(x)=(x-a)(x-2a)+x(x-2a)+x(x-a)$이다.

원점의 x좌표는 0 이므로 $f'(0)=2a^2 \cdots \text{㉠}$

$t \neq 0$인 실수 t에 대하여 함수 $f(x)$위의 점 $(t, f(t))$에서의 접선의 방정식은

$y=f'(t)(x-t)+f(t)$이고 이 접선이 $(0, 0)$을 지나므로

$$0=-tf'(t)+f(t)$$

$$f'(t)=\frac{f(t)}{t}$$

$$(t-a)(t-2a)+t(t-2a)+t(t-a)=(t-a)(t-2a)$$

$t(2t-3a)=0$

$\therefore \ t=\dfrac{3}{2}a$

접점의 x좌표는 $\dfrac{3}{2}a$

따라서

$f'\left(\dfrac{3}{2}a\right)=\dfrac{1}{2}a\times\left(-\dfrac{1}{2}a\right)+\dfrac{3}{2}a\times\left(-\dfrac{1}{2}a\right)+\dfrac{3}{2}a\times\dfrac{1}{2}a$

$\qquad\qquad =-\dfrac{1}{4}a^2-\dfrac{3}{4}a^2+\dfrac{3}{4}a^2$

$\qquad\qquad =-\dfrac{1}{4}a^2\cdots\text{ⓛ}$

삼차함수 $f(x)$는 $(a,\,0)$에 대칭이고 삼차함수의 대칭성을
생각하면

$(2a,\,0)$에서 그은 두 접선은 기울기가 각각 ㉠, ㉡의 $2a^2$과,

$-\dfrac{1}{4}a^2$임을 알 수 있다.

따라서 네 접선으로 둘러싸인 도형의 평행사변형이다.

$y=-\dfrac{1}{4}a^2x$와 $y=2a^2(x-2a)$가 만나는 점을 구해보자.

$-\dfrac{1}{4}a^2x=2a^2x-4a^3$

$\dfrac{9}{4}a^2x=4a^3$

$x=\dfrac{16}{9}a$

따라서 교점의 좌표는 $\left(\dfrac{16}{9}a,\,-\dfrac{4}{9}a^3\right)$이다.

$y=2a^2x$와 $y=-\dfrac{1}{4}a^2(x-2a)$가 만나는 점은

$\left(\dfrac{16}{9}a,\,-\dfrac{4}{9}a^3\right)$을 $(a,\,0)$에 대칭이동한 점이므로

$\left(\dfrac{2}{9}a,\,\dfrac{4}{9}a^3\right)$이다.

다음 그림과 같이 $A(0,\,0)$, $B\left(\dfrac{16}{9}a,\,-\dfrac{4}{9}a^3\right)$, $C(2a,\,0)$,

$D\left(\dfrac{2}{9}a,\,\dfrac{4}{9}a^3\right)$라 할 때,

평행사변형 $ABCD$의 넓이는 삼각형 ABC 넓이의 2배이다.

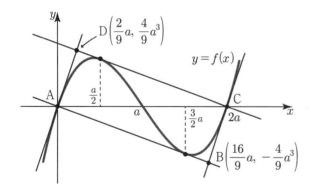

따라서 $g(a)=2\times\dfrac{1}{2}\times2a\times\dfrac{4}{9}a^3=\dfrac{8}{9}a^4$

그러므로 $g'(a)=\dfrac{32}{9}a^3$

$g'(3)=\dfrac{32}{9}\times27=96$

[랑데뷰팁] [랑데뷰세미나(90), (91) 참고]

삼차함수 비율에 의해 접점의 좌표는 $\dfrac{1}{2}a$, $\dfrac{3}{2}a$임을 알 수 있다.

77 정답 ⑤

(가)에서 $f(0)=2$, $f'(0)=2$

(나)에서

(i) $x>a$일 때,

$f'(a)\leq\dfrac{f(x)-f(a)}{x-a}$

(ii) $x<a$일 때,

$f'(a)\geq\dfrac{f(x)-f(a)}{x-a}$

따라서 함수 $f(x)$는 $x=a$을 포함한 어떤 열린구간에서 아래로
볼록이다.

(나)에서 $a\leq-2$와 $a\geq1$에서 아래로 볼록이므로

$f'(-2)=f'(1)$이다.

(사차함수 $f(x)$의 곡선 위의 점에서의 접선 중 $x=-2$와

$x=1$에서의 접선은 일치한다.)

따라서 $f'(-2)=f'(1)=m$이라 하면 최고차항의 계수가 1인
사차함수는

$f(x)=(x+2)^2(x-1)^2+mx+n$이라 할 수 있다.

(가)에서 $f(0)=f'(0)=2$이다.

$f(0)=4+n=2$

$\therefore \ n=-2$

$f'(x)=2(x+2)(x-1)^2+2(x+2)^2(x-1)+m$

$f'(0)=4-8+m=2$

$\therefore \ m=6$

그러므로

$f(x)=(x+2)^2(x-1)^2+6x-2$

$f(2)=16+12-2=26$

78 정답 13

[그림 : 이현일T]

$g(x)=(x+1)(x-2)^2$라 하자.

$g'(x)=(x-2)^2+2(x+1)(x-2)$

$\qquad =3x(x-2)$

방정식 $g'(x)=0$의 해가 $x=0$, $x=2$이므로

삼차함수 비율에 의해 함수 $g(x)$는 $(1,\,g(1))$에 대칭이다.

$g'(1)=-3$, $g(1)=2$

이므로 곡선 $g(x)$ 위의 점 $(1,\,g(1))$에서의 접선의 방정식은

$y=-3(x-1)+2=-3x+5$이다.

$(t,\,0)$을 대입하면

$0=-3t+5$에서 $t=\dfrac{5}{3}$이다.

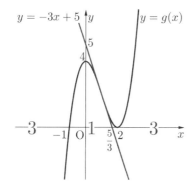

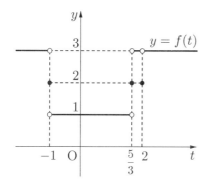

따라서 삼차함수의 대칭점을 지나는 직선에 의해 나눠지는 삼차함수의 영역의 점에서 그을 수 있는 접선의 개수는 다음과 같다.

[랑데뷰 세미나 (78)(79) 참고]

(i) $t < -1$일 때, $f(t)=3$

(ii) $t=-1$일 때, $f(t)=2$

(iii) $-1 < t < \dfrac{5}{3}$일 때, $f(t)=1$

(iv) $t=\dfrac{5}{3}$일 때, $f(t)=2$

(v) $\dfrac{5}{3} < t < 2$일 때, $f(t)=3$

(vi) $t=2$일 때, $f(t)=2$

(vii) $t > 2$일 때, $f(t)=3$

이다.

그러므로 함수 $f(t)$가 열린구간 $(-1,\, a)$에서 연속이 되도록

하는 실수 a의 최댓값은 $\alpha=\dfrac{5}{3}$

$\displaystyle \lim_{t \to \alpha -}f(t)+2\lim_{t \to \alpha +}f(t)+3f(\alpha)$

$=\displaystyle \lim_{t \to \frac{5}{3}-}f(t)+2\lim_{t \to \frac{5}{3}+}f(t)+3f\left(\dfrac{5}{3}\right)$

$=1+2\times 3+3\times 2$

$=1+6+6=13$

---

79 정답 ①

[그림 : 강민구T]

함수 $g(x)$가 실수 전체의 집합에서 미분가능하므로 $f(0)=-1$, $f'(0)=1$이다.

$f(x)-(x-1)=x^2(x-\alpha)$

$\therefore \ f(x)=x^2(x-\alpha)+x-1$

$f'(x)=2x(x-\alpha)+x^2+1=x(3x-2\alpha)+1$

함수 $g(x)$가 실수 전체의 집합에서 증가하므로 $x < 0$에서 $f'(x) \geq 0$이어야 한다.

(i) $\dfrac{2}{3}\alpha \geq 0$, 즉 $\alpha \geq 0$일 때,

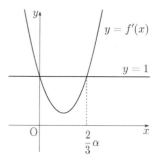

$x < 0$에서 $f'(x) \geq 1$이다.

(ii) $\dfrac{2}{3}\alpha < 0$, 즉 $\alpha < 0$일 때,

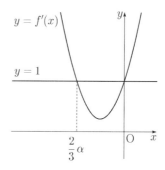

$x < 0$에서 $f'(x) \geq 0$이기 위해서는
이차방정식 $f'(x)=0$이 서로 다른 두 실근을 갖지 않아야 한다.

$3x^2-2\alpha x+1=0$에서 $\dfrac{D}{4}=\alpha^2-3 \leq 0$

$-\sqrt{3} \leq \alpha \leq \sqrt{3}$

(i), (ii)에서 $\alpha \geq -\sqrt{3}$이다.

그러므로 $f(x)=x^3-\alpha x^2+x-1 \ (\alpha \geq -\sqrt{3})$ 이다.

따라서

$g(-1)=f(-1)=-1-\alpha-1-1=-3-\alpha \leq -3+\sqrt{3}$이다.

[다른 풀이]

함수 $g(x)$가 실수 전체의 집합에서 미분가능하므로 $f(0)=-1$, $f'(0)=1$이다.

$f(x)-(x-1)=x^2(x-\alpha)$

$\therefore f(x) = x^2(x-\alpha) + x - 1 = x^3 - \alpha x^2 + x - 1$

이라 할 수 있다.

또, 함수 $g(x)$가 실수 전체의 집합에서 증가하므로

$x < 0$에서 삼차함수 $f(x)$가 극값을 가지면 안된다.

따라서 $x < 0$에서 이차방정식 $f'(x) = 0$이 서로 다른 두 실근을 가지면 안된다.

$f'(x) = 3x^2 - 2\alpha x + 1 = 0$에서

(i) (축의 방정식)$= \dfrac{\alpha}{3} < 0$일 때,

방정식 $3x^2 - 2\alpha x + 1 = 0$이 서로 다른 두 실근을 가지지 않아야 한다.

$\alpha^2 - 3 \leq 0$

$-\sqrt{3} \leq \alpha \leq \sqrt{3}$

$-\sqrt{3} \leq \alpha \leq \sqrt{3}$

$\therefore -\sqrt{3} \leq \alpha < 0$

(ii) (축의 방정식)$= \dfrac{\alpha}{3} \geq 0$일 때,

$f'(0) = 1 > 0$이므로 $x < 0$에서 해가 존재하지 않는다.

따라서 $\alpha \geq 0$이다.

(i), (ii)에서 $\alpha \geq -\sqrt{3}$

이하 동일

80 정답 ③

(i) $x \geq 3a$ 일 때, $f'(x) = 3x^2 + 12x + 15 > 0$이므로 함수 $f(x)$는 증가한다.

(ii) $x \leq 3a$ 일 때, $f'(x) = 3(x+5)(x-1)$이므로 함수 $f(x)$가 증가하려면 $3a \leq -5$, $a \leq -\dfrac{5}{3}$

따라서 실수 a의 최댓값은 $-\dfrac{5}{3}$이다.

81 정답 ①

(가)에서 $f'(x) = 3x^2 + p$라 둘 수 있다.

(나)에서 열린구간 $(-1, 2)$에서 함수 $f(x)$는 감소해야 하므로 $-1 \leq x \leq 2$에서 $f'(x) \leq 0$이다.

$f'(-1) = 3 + p \leq 0$에서 $p \leq -3$

$f'(2) = 12 + p \leq 0$에서 $p \leq -12$

따라서 $p \leq -12$이다.

한편, $f(x) = x^3 + px + q$꼴이다.

$f(1)$의 최댓값은 $p = -12$일 때 나타나므로

$f(1) = 1 - 12 + q = 10$

$\therefore q = 21$

따라서 $f(x) = x^3 - 12x + 21$일 때,

$f(2) = 2^3 - 24 + 21 = 5$

82 정답 ⑤

$f'(x) = \begin{cases} 2x + 2a & (x < 0) \\ -3x^2 + 12x + b & (x > 0) \end{cases}$

에서 함수 $f(x)$가 $x = 0$에서 미분가능하므로 $2a = b$이다.

$f(x)$가 감소함수이므로 $x < 0$에서 일대일 함수이어야 한다.

따라서 이차함수의 대칭축 $x = -a$에 대하여 $-a \geq 0$이다.

$\therefore a \leq 0$

$x > 0$에서 $f'(x) = -3x^2 + 12x + b$의 꼭짓점의 x표가 $x = 2$이므로 방정식 $f'(x) = 0$이 서로 다른 두 실근을 갖는다면 2보타 큰 근을 갖게 되고 그 근을 α라 할 때, $0 < x < \alpha$일 때 함수 $f(x)$가 증가하므로 모순이다.

따라서 방정식 $f'(x) = 0$은 중근을 갖거나 실근이 존재하지 않아야 한다.

$D/4 = 36 + 3b \leq 0$

$b \leq -12$

$f(x) = \begin{cases} x^2 + bx - 1 & (x \leq 0) \\ -x^3 + 6x^2 + bx - 1 & (x > 0) \end{cases}$ 에서

$f(-1) = -b$, $f(2) = -8 + 24 + 2b - 1 = 2b + 15$

$f(-1) + f(2) = b + 15 \leq 3$

따라서 $f(-1) + f(2)$의 최댓값은 3이다.

83 정답 ②

$f'(x) = 3x^2 + a$이고 $-2 < x < 2$에서 $f(x)$가 증가해야 하므로 $-2 < x < 2$에서 $f'(x) \geq 0$이어야 한다. 그런데 $a < 0$이면 $f'(0) < 0$으로 조건을 만족하지 못한다. 따라서 $a \geq 0$이다.

$f(2) = 8 + 2a + 5 \geq 13$ 이므로 최솟값은 13이다.

유형 6 함수의 극대와 극소

84 정답 195

[출제자 : 이호진T]

[검토자 : 강동희T]

$g(x)$가 연속이므로 삼차방정식 $f'(x)f(x) = 0$은 $x = -2$, 2를 두 근으로 갖는다.

1) $f(x) = 3(x-2)(x+2)$인 경우

$f'(x)f(x) = 18x(x-2)(x+2)$이므로 $g(x)$는 $x = -2$에서 극솟값을 가지므로 적합하지 않다.

2) $f'(2) = 0$인 경우

$f'(x)f(x) = 18(x+2)(x-2)(x-6)$이므로 $g(x)$가 $x = 2$, $x = -2$에서 극솟값을 갖는다.

3) $f'(-2) = 0$인 경우

$f'(x)f(x) = 18(x+6)(x+2)(x-2)$에서 조건을 만족시킨다.

따라서 $f(x) = 3(x+6)(x-2)$이므로

$f(7) = 3 \times 13 \times 5 = 195$

85 정답 ③

[그림 : 이정배T]

$f(x)=x^3-3x^2+2$에서 $f'(x)=3x^2-6x=3x(x-2)$

$f'(x)=0$의 해는 $x=0$과 $x=2$이고 증감표를 작성해보면

$x=0$에서 극댓값 $f(0)=2$, $x=2$에서 극솟값 $f(2)=-2$를 갖는다.

따라서 곡선 $y=f(x)$와 곡선 $y=-f(x)$의 그래프는 다음과 같다.

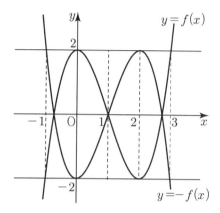

x에 대한 방정식 $\{x-f(t)\}\{x+f(t)\}=0$에서

$x=f(t)$, $x=-f(t)$ ······ ㉠

이고

두 실근 중 크거나 같은 값이 $g(t)$이므로 ㉠의 그래프에서 함수 $x=g(t)$의 그래프는 그림과 같다.

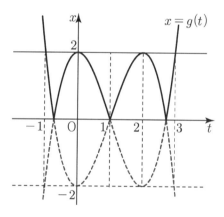

두 실근 중 작거나 같은 값이 $h(t)$이므로 ㉠의 그래프에서 함수 $x=h(t)$의 그래프는 그림과 같다.

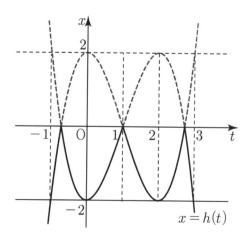

따라서

방정식 $g(t)-h(t)=4$의 해는

$t=-1$, $t=0$, $t=2$, $t=3$이다.

따라서 모든 실근의 합은 4이다.

86 정답 ①

(가)에서 $f(x)=x^3(x-\alpha)$이다.

(나)에서 $f(x)g(x)=x^4(x-\alpha)^2$이다.

$h(x)=f(x)g(x)$라 할 때, 함수 $h(x)$는 $x=\dfrac{4\alpha+0}{4+2}=\dfrac{2}{3}\alpha$에서 극댓값을 갖는다. [세미나 (93) 참고]

따라서 $\beta=\dfrac{2}{3}\alpha$이고

$h(\beta)=h\left(\dfrac{2}{3}\alpha\right)=\dfrac{16}{81}\alpha^4\times\dfrac{1}{9}\alpha^2=\dfrac{16}{729}\alpha^6=16$

$\alpha^6=3^6$에서 $\alpha=3$이다.

그러므로 $\beta=2$이다.

$\alpha\times\beta=6$이다.

87 정답 ②

(가)에서 $f(x)=x^3+ax^2$라 할 수 있다.

(나)에서 $|f(x)+k|$의 극댓값이 2개가 되기 위해서는 함수 $f(x)+k$의 극솟값이 음수이면 된다.

또한 동일한 극댓값이 되기 위해서는 함수 $f(x)+k$의 극댓값과 극솟값의 절댓값이 같아야 한다. ···㉠

따라서 함수 $f(x)+k$의 극솟값이 $x=k$에서 생기므로 $f'(k)=0$이다.

$f'(x)=3x^2+2ax=x(3x+2a)$

$-\dfrac{2}{3}a=k$

$\therefore\ a=-\dfrac{3}{2}k$

따라서 $f(x)=x^3-\dfrac{3}{2}kx^2$

㉠에서 $f(0)+k=-\{f(k)+k\}$

$k=-\left(-\dfrac{1}{2}k^3+k\right)$

$k^3=4k$

$\therefore\ k=2$

$f(x)=x^3-3x^2$

$f(2k)=f(4)=64-48=16$

88 정답 ①

등차수열은 1차식으로 나타나므로

$f(x)=(x+2)x(x-2)+ax+b$

　　$=x^3+(a-4)x+b$

라 둘 수 있다.

또한 $f(-2)$, $f(0)$, $f(2)$가 이 순서대로 공차가 2인

등차수열이므로

$-2a+b$, b, $2a+b$에서 $2a=2$

$\therefore$ $a=1$이다.

따라서 $f(x)=x^3-3x+b$

$f'(x)=3x^2-3x=3(x+1)(x-1)$에서

$x=-1$에서 극댓값 3을, $x=1$에서 극솟값을

가진다.

$f(-1)=-1+3+b=3$

따라서 $b=1$

$\therefore$ $f(x)=x^3-3x+1$

$f(1)=1-3+1=-1$

> **[랑데뷰팁]**
>
> $f(-2)=k$라면 공차가 2인 등차수열이므로
>
> $f(0)=k+2$이다. $(-2, k)$와 $(0, k+2)$을 지나는 직선의
>
> 기울기는 $\dfrac{(k+2)-k}{2}=1$이므로 $a=1$임을 알 수 있다.

89 정답 ②

[그림 : 이정배T]

방정식 $f(x)=1$은

$k(x-1)(x-2)(x-a)(x-a-1)=0$ 에서 해가

$x=1$, $x=2$, $x=a$, $x=a+1$이다.

$f(x)=1$이 서로 다른 두 실근을 가지기 위해서는 $a=1$이다.

$a=1$일 때, $f(x)=k(x-1)^2(x-2)^2+1$은

$y=k(x-1)^2(x-2)^2$의 그래프를 y축으로 1만큼 평행이동한

그래프이다.

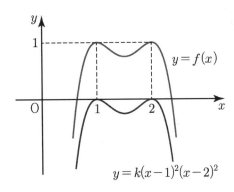

따라서 $y=k(x-1)^2(x-2)^2$의 극솟값이 -1이면 $y=f(x)$는

x축과 $x=\dfrac{3}{2}$에서 접하게 되어 사차방정식 $f(x)=0$은 서로

다른 세 실근을 가지게 된다.

극솟값은 $x=1$과 $x=2$의 중점인 $x=\dfrac{3}{2}$인 점의 y값이므로

$f\left(\dfrac{3}{2}\right)=k\left(\dfrac{1}{2}\right)^2\left(-\dfrac{1}{2}\right)^2=\dfrac{k}{16}=-1$

$\therefore$ $k=-16$

$f(x)=-16(x-1)^2(x-2)^2+1$

$f(0)=-63$

90 정답 3

[랑데뷰팁]- 세미나 (92), (93) 참고

(i) $f(x)=k(x-a)^2(x-b)^2$인 경우

함수 $f(x)$는 극솟값 0만 가지므로 모순이다.

(ii) $f(x)=k(x-a)^3(x-b)$인 경우

사차함수 비율에서

함수 $f(x)$는 $x=\dfrac{3\times b+1\times a}{3+1}=\dfrac{a+3b}{4}$에서 극솟값을 갖고

$\dfrac{a+3b}{4}=a+3$이므로 $b=a+4$이지만 $b>a+4$이므로 모순

(iii) $f(x)=k(x-a)(x-b)^3$인 경우

사차함수 비율에서

함수 $f(x)$는 $x=\dfrac{1\times b+3\times a}{1+3}=\dfrac{3a+b}{4}$에서 극솟값을 갖고

$\dfrac{3a+b}{4}=a+3$이므로 $b=a+12$이다.

따라서 $f(x)=k(x-a)(x-a-12)^3$이고

$f(a+3)=3k\times(-9)^3=-27$

$k=\dfrac{1}{81}$이다.

그러므로 $g(x)=\dfrac{1}{81}(x-a)^3(x-a-12)$이다.

$g(a+3)=\dfrac{1}{81}\times 3^3\times(-9)=-3$이다.

따라서 $|g(a+3)|=3$

91 정답 ①

최고차항의 계수가 1인 다항함수 $g(x)$, $h(x)$가

$h(x)=\dfrac{f(x)}{g(x)}$에서 $f(x)=h(x)g(x)$이므로

$g(x)=0$인 실근이 존재하지 않아야 한다.

존재한다면 $h(x)=\dfrac{f(x)}{g(x)}$에서 $h(x)$는 정의역이 실수 전체가

되지 않으므로

다항함수가 될 수 없다. 그러므로 $g(x)$는 이차함수이다.

또한, $h(1)=0$이므로 $h(x)=x-1$이고

$g(x)=x^2+mx+n$라 놓을 수 있다.

$g(x)=0$인 실근이 존재하지 않으므로

$D=m^2-4n<0$ $\cdots\bigcirc$

$f(x)=(x-1)(x^2+mx+n)$는 (다)조건에서 $f(x)$는

극솟값이 양수이려면

$f'(x)=0$의 서로 다른 두 실근이 모두 1보다 큰 경우이다.

따라서, $y=f'(x)$의 대칭축>1, $D>0$

$f'(x)=x^2+mx+n+(x-1)(2x+m)$

$$= 3x^2 + 2(m-1)x + n - m$$

$f'(x) = 0$이 서로 다른 두 실근을 갖는다.

$D/4 = (m-1)^2 - 3(n-m) > 0 \cdots \text{ⓛ}$

축 $\dfrac{1-m}{3} > 1$에서 $m < -2 \cdots \text{ⓒ}$

ⓐ, ⓛ에서 $\dfrac{m^2}{4} < n < \dfrac{m^2+m+1}{3} \cdots \text{ⓔ}$

문제의 조건을 만족하는 다항함수 $g(x)$가 오직 한 개뿐인 경우는

ⓔ을 만족하는 정수 m, n의 순서쌍 (m, n)이 한 개이어야 한다.

$\dfrac{m^2+m+1}{3} - \dfrac{m^2}{4} = \dfrac{(m+2)^2}{12} > 2$이면 만족하는 정수 n은

적어도 2개 이상 존재하고,

(다)를 만족하는 정수 m은 존재하므로 적합하지 않다.

따라서, $\dfrac{m^2+m+1}{3} - \dfrac{m^2}{4} \le 2$이다.

즉, $(m+2)^2 \le 24$에서 $m = -3, -4, -5, -6$이고

각 경우에 대하여 ⓔ를 만족하는 n을 조사하면

$m = -3$일 때, $\dfrac{9}{4} < n < \dfrac{7}{3}$이므로 정수 n은 존재하지 않는다.

$m = -4$일 때, $4 < n < \dfrac{13}{3}$이므로 정수 n은 존재하지 않는다.

$m = -5$일 때, $\dfrac{25}{4} < n < 7$이므로 정수 n은 존재하지 않는다.

$m = -6$일 때, $9 < n < \dfrac{31}{3}$이므로 정수 $n = 10$이다.

$f(x) = (x-1)(x^2 - 6x + 10)$이고

$f'(x) = 3x^2 - 14x + 16 = (x-2)(3x-8) = 0$에서

$x = 2, \dfrac{8}{3}$

$f(x)$의 극솟값은 $f\left(\dfrac{8}{3}\right) = \dfrac{50}{27}$이므로 만족한다.

따라서, $f(x) = (x-1)(x^2 - 6x + 10)$에서

$\therefore f(4) = 6$

[다른 풀이]

(나)에서 $f(1) = 0$이므로 정수 m, n에 대하여

$f(x) = (x-1)(x^2 + mx + n)$이다.

(다)에서 극솟값이 양수이므로 $f(x)$의 그래프 개형은 다음 그림과 같다.

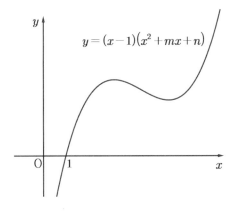

$f'(x) = x^2 + mx + n + (x-1)(2x+m)$

$= 3x^2 + 2(m-1)x + n - m$에서

방정식 $f'(x) = 0$은 1보다 큰 서로 다른 두 실근을 갖는다.

(i) $D/4 = (m-1)^2 - 3(n-m) > 0 \rightarrow$

$n < \dfrac{1}{3}(m^2+m+1) \cdots \text{ⓐ}$

(ii) 대칭축 $> 1 \rightarrow \dfrac{1-m}{3} > 1$에서 $m < -2 \cdots \text{ⓛ}$

또한 $f(x) = (x-1)(x^2 + mx + n)$의 $x^2 + mx + n = 0$의 해가 존재하지 않아야 한다.

(iii) $D = m^2 - 4n < 0 \rightarrow n > \dfrac{1}{4}m^2 \cdots \text{ⓒ}$

ⓐ, ⓛ, ⓒ에서

$\dfrac{1}{4}m^2 < n < \dfrac{1}{3}(m^2+m+1)$, $m < -2$

한편, $f(x) = (x-1)(x^2 + mx + n)$의

이차식 $x^2 + mx + n$가 인수분해가 되지 않으므로

$g(x) = x^2 + mx + n$이어야 한다.

$\therefore h(x) = \dfrac{(x-1)(x^2 + mx + n)}{x^2 + mx + n} = x - 1$이다.

이하 동일

유형 7 함수의 그래프와 최대, 최소

92 정답 ④

[그림 : 도정영T]

함수 $g(x)$가 실수 전체의 집합에서 연속이므로

$\lim\limits_{x \to 0-} f(x) = \lim\limits_{x \to 0+} \{-f(-x)\}$이어야 한다.

$f(0) = -f(0)$에서 $f(0) = 0$이다.

따라서 최고차항의 계수가 1인 이차함수 $f(x)$를

$f(x) = x(x-a)$라 할 수 있다.

$a \ge 0$이면 함수 $g(x)$와 함수 $h(t)$의 그래프 개형은 그림과 같다.

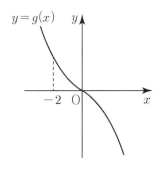

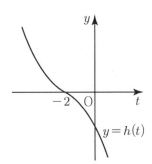

함수 $h(t)$가 $t=0$에서 미분가능하므로 모순이다.
따라서 $a<0$이고 함수 $h(t)$가 $t=0$에서 미분가능하지 않기
위해서는 $a=-2$이다.

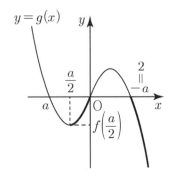

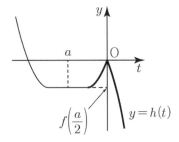

$\therefore f(x)=x(x+2)$

방정식 $h(t)+1=0$에서 $h(t)=-1$을 만족시키는 t의 값은 함수
$y=h(t)$의 그래프와 $y=-1$의 그래프의 교점의 t좌표이다.
이때 함수 $h(t)$는 함수 $y=g(x)$의 그래프의 일부이므로
$g(x)=-1$인 x을 구한 뒤 -2를 더하면 가장 큰 t가 된다. ……
㉠
따라서
$x\geq 0$일 때, $g(x)=-f(-x)$이므로
$-f(-x)=-1 \rightarrow f(-x)=1 \rightarrow -x(-x+2)=1$
$x^2-2x-1=0$
$x=1+\sqrt{2}$
따라서 ㉠에서 $t=1+\sqrt{2}-2=-1+\sqrt{2}$

93 정답 ②

[그림 : 최성훈T]

$f'(x)=3x^2-6x-24=3(x^2-2x-8)=3(x+2)(x-4)$
이므로 $f'(x)=0$의 해는 $x=-2$ 또는 $x=4$이다.
삼차함수 $f(x)$는

$x=-2$에서 극댓값 $f(-2)=28+a$
$x=4$에서 극솟값 $f(4)=-80+a$
를 갖는다.
$f(-5)=-80+a$, $f(7)=28+a$이므로 곡선 $y=f(x)$의
그래프는 다음 그림과 같다.

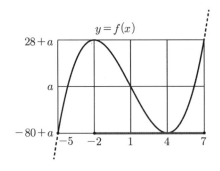

[세미나(90) - 삼차함수 비율 참고]

그러므로 실수 a의 값에 관계없이 $-2\leq k\leq 7$일 때, 닫힌구간
$[-5, k]$에서 함수 $f(x)$의 최댓값과 최솟값의 차는 108이다.
따라서 $M=7$, $m=-2$이므로 $M+m=5$이다.

94 정답 ⑤

[그림 : 이정배T]

$g(x)=f'(p)(x-p)+f(p)$이므로
$h(x)=f(x)-f'(p)(x-p)-f(p)$이다.
양변 미분하면
$h'(x)=f'(x)-f'(p)$
$h'(x)+f'(p)=f'(x)$이므로 방정식 $h'(x)+f'(p)=0$의 두
근은 방정식 $f'(x)=0$의 두 근이다.
따라서 $f'(-1)=f'(1)=0$에서 삼차함수 $f(x)$는 $x=-1$과
$x=1$에서 극값을 갖는다.
그러므로 삼차함수 $f(x)$는 $(0, f(0))$에 대칭이다.
$h(3)=0$이므로 $y=f(x)$와 $y=g(x)$가 만나는 점의 접점이
아닌 점의 x좌표가 $x=3$이다.
다음 그림에서 삼차함수 비율에 의해 $x=p$와 $x=3$의 $1:2$로
내분하는 점이 $x=0$이다.

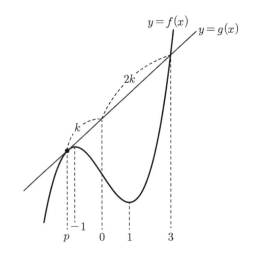

$$\frac{3+2p}{3}=0$$

$$\therefore \ p=-\frac{3}{2}$$

95 정답 ⑤

[그림 : 이호진T]

함수 $g(x)$의 최댓값이 3이므로

최고차항의 계수가 음수인 사차함수 $f(x)$는 $f'(0)=0$,

$f'(2)=0$

이어야 한다.

또, $g(-1)+g(3)=6$이므로 $g(-1)=g(3)=3$이다.

즉, $f(0)=f(2)=3$이다.

따라서 다음 그림과 같다.

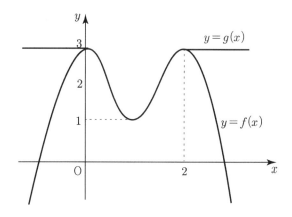

$f(x)=ax^2(x-2)^2+3 \ (a<0)$

사차함수 $f(x)$는 $x=1$에 대칭이므로 $x=1$에서 극솟값 1을

갖는다.

그러므로 $f(1)=a+3=1$

$\therefore \ a=-2$

$f(x)=-2x^2(x-2)^2+3$이다.

$f(-1)=f(3)=-15$

따라서 $f(-1)+f(3)=-30$

96 정답 ④

[그림 : 최성훈T]

삼각형 OAP의 넓이가 최대가 되려면 점 P에서 직선

$y=bx$까지의 거리가 최대이어야 한다.

이때, 점 P에서 접선은 직선 $y=bx$와 평행이므로

$f'(x)=b$에서

$4x^3-6ax^2+2a^2x+b=b$

$2x(2x^2-3ax+a^2)=0$

$2x(2x-a)(x-a)=0$

의 해는 $x=0$, $x=\dfrac{a}{2}$, $x=a$이다.

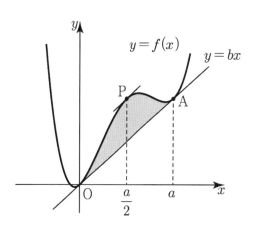

$\dfrac{a}{2}=1$이므로 $a=2$이다.

따라서 $f(x)=x^4-4x^3+4x^2+bx$이고

$O(0,0)$, $P(1,1+b)$, $A(2,2b)$이다.

이때, 삼각형 OAP의 넓이는

$\dfrac{1}{2}\begin{vmatrix} 0 & 1 & 2 & 0 \\ 0 & 1+b & 2b & 0 \end{vmatrix} = \dfrac{1}{2}|2b-2(1+b)|=1$

따라서 $M=1$

$a+M=2+1=3$

97 정답 81

[그림 : 이정배T]

최고차항의 계수가 1인 삼차함수 $f(x)$가 모든 실수 x에 대하여

$f(x)=x^3-t^2x$ 를 만족시키므로 $f(x)=x(x-t)(x+t)$

$(t>0)$

으로 x축과 만나는 점의 개수가 3개이다.

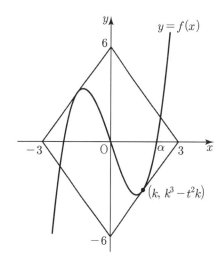

직선 $y=2x-6$과 곡선 $y=f(x)$와 접하는 점의 좌표를 k라

하면

k가 $-3<k<3$이어야 한다.

$f'(x)=3x^2-t^2$에서

$f'(k)=3k^2-t^2=2$ ⋯ ㉠

$f(k)=k^3-t^2k=2k-6$ ⋯ ㉡

위 두 식을 연립하면 $k^3=3$

이때의 함수 $f(x)$의 x절편 중 양수가 α이므로 $3k^2 - \alpha^2 = 2$

$$k^2 = \frac{\alpha^2 + 2}{3}$$

$(\alpha^2 + 2)^3 = 27k^6 = 243$ 이다.

또한 $t = 3$일 때 불연속이 된다. $\beta = 3$

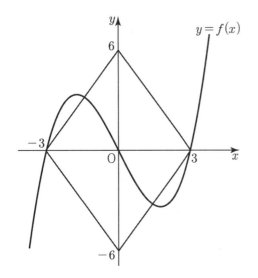

함수 $g(t)$를 살펴보면 다음과 같다.

$$g(t) = \begin{cases} 2 & (0 < t < \alpha \ \text{또는} \ t > \beta) \\ 4 & (t = \alpha \ \text{또는} \ t = \beta) \\ 6 & (\alpha < t < \beta) \end{cases}$$

$$\therefore \ \frac{(\alpha^2 + 2)^3}{9} \times \beta = \frac{243}{9} \times 3 = 81 \ \text{이다.}$$

98 정답 ④

[그림 : 이호진T]

$f(x) = \dfrac{1}{4}x^4 - x^2 + k$에서

$f'(x) = x^3 - 2x = x(x^2 - \sqrt{2})$이므로

함수 $f(x)$는 $x = \pm\sqrt{2}$에서 극솟값, $x = 0$에서 극댓값을 갖는 그래프이다.

원점과 점 $A(a, f(a))$ $(a > 0)$를 지나는 직선의 기울기의 최솟값이 양수 4이므로 함수 $f(x)$의 극솟값은 양수이어야 하고, 함수 $y = f(x)$의 그래프 개형은 다음과 같다.

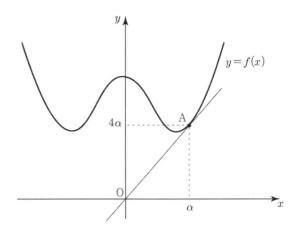

이때 직선 OA의 기울기가 최소일 때는 원점에서 곡선 $y = f(x)$에 그은 접선의 접점이 점 A일 때이다. 접점의 x좌표를 α라 하면 $g(\alpha)$의 최솟값이 4이므로

$f'(\alpha) = 4$이고 $\dfrac{f(\alpha)}{\alpha} = 4$이다.

$f'(\alpha) = \alpha^3 - 2\alpha = 4$에서 $\alpha = 2$

$$\frac{f(2)}{2} = \frac{4 - 4 + k}{2} = 4$$

$$\therefore \ k = 8$$

99 정답 ③

[그림 : 이정배T]

$f'(x) = 2x(x-2)^2 + 2x^2(x-2)$
$\qquad = 2x(x-2)(2x-2)$

$f'(x) = 0$의 해는 $x = 0$, $x = 1$, $x = 2$이고
$f(0) = f(2) = 0$, $f(1) = 1$이다.

한편, 방정식 $f(t) = f(t+1)$을 구하면

$t^2(t-2)^2 = (t+1)^2(t-1)^2$

$(2t-1)(2t^2 - 2t - 1) = 0$

에서 해는 $t = \dfrac{1 - \sqrt{3}}{2}$, $t = \dfrac{1}{2}$, $t = \dfrac{1 + \sqrt{3}}{2}$이다.

따라서

$t < \dfrac{1 - \sqrt{3}}{2}$일 때, $g(t) = f(t) = t^2(t-2)^2$

$\dfrac{1 - \sqrt{3}}{2} \le t < 0$일 때,

$g(t) = f(t+1) = (t+1)^2(t-1)^2$

$0 \le t < 1$일 때, $g(t) = 1$

$1 \le t < \dfrac{1 + \sqrt{3}}{2}$일 때, $g(t) = f(t) = t^2(t-2)^2$

$t \ge \dfrac{1 + \sqrt{3}}{2}$, $g(t) = f(t+1) = (t+1)^2(t-1)^2$

따라서 함수 $g(t)$의 그래프는 다음 그림과 같다.

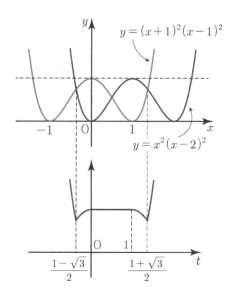

함수 $g(t)$는 $t=0$과 $t=1$에서는 미분가능하고

$t=\dfrac{1-\sqrt{3}}{2}$과 $t=\dfrac{1+\sqrt{3}}{2}$에서는 미분 가능하지 않다.

따라서 함수 $g(t)$가 미분가능하지 않은 모든 t의 값의 합은

$\dfrac{1-\sqrt{3}}{2}+\dfrac{1+\sqrt{3}}{2}=1$

100 정답 33

[그림 : 이현일T]

최고차항의 계수가 -1인 삼차함수 그래프 개형에서

$x\geq a$에서 극대인 점이 나오기 위해서는 함수 $f(x)$는 극값을 갖는 삼차함수이다.

$f'(x)=0$의 근 중 큰 값을 $x=\beta$라 하고

$y=f(x)$와 $y=f(\beta)$의 교점 중 x좌표가 β가 아닌 점의 x 값을 α라 하자.

따라서 다음 그림과 같다.

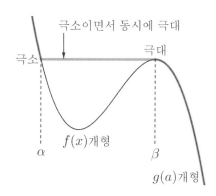

함수 $g(a)$는 $a=\alpha$일 때 극소이고

$\alpha<a<\beta$일 때 극대이면서 동시에 극소

$a=\beta$일 때 극대이다.

$f(0)=1$이고 $g(0)=1$이므로 함수 $f(x)$는 $x=0$에서 극댓값 1을 갖는 함수이다.

따라서 $\beta=0$이다.

삼차함수 $f(x)$는 $f(x)=-(x-\alpha)x^2+1$ 꼴이다.

또한 극대인 a가 -1을 포함하므로 $a=\alpha$에서 $g(a)$가 극댓값이므로 $-2\leq\alpha<-1$이어야 한다.

그러므로

$f(-4)=-(-4-\alpha)(-4)^2+1=65+16\alpha$

$-32\leq 16\alpha<-16$에서 $33\leq 65+16\alpha<49$이므로

$f(-4)$의 최솟값은 33이다.

101 정답 8

$g(x)=(x^2-2x+3)f(x)$라 할 때,

$g(1)=6$, $g'(1)=0$이므로

$g(1)=2f(1)=6\rightarrow f(1)=3$

$g'(x)=(2x-2)f(x)+(x^2-2x+3)f'(x)$에서

$g'(1)=2f'(1)=0\rightarrow f'(1)=0$

따라서 $f(x)=(x-1)^2(ax+b)+3$꼴이다.

$f'(x)=2(x-1)(ax+b)+a(x-1)^2$

$\quad\ =(x-1)(3ax-a+2b)$

(나)에서 $f(x)$의 도함수 $f'(x)$가 $x=2$에 대칭이므로

$f'(3)=0$에서

$f'(3)=2(8a+2b)=0$에서 $b=-4a$

따라서 $f(x)=a(x-1)^2(x-4)+3$,

$f'(x)=3a(x-1)(x-3)$이다.

(다)에서 $-10<f'(0)=9a<10$이므로

가능한 정수 a는 -1, 1이다.

따라서 가능한 $f(x)$는

$f(x)=-(x-1)^2(x-4)+3$, $f(x)=(x-1)^2(x-4)+3$

$f(3)=7$ 또는 $f(3)=-1$

따라서 $M=7$, $m=-1$이므로 $M-m=8$

102 정답 5

(가)에서 삼차함수 $f(x)$가 원점 대칭이므로 함수

$f(x)=x^3+px$라 할 수 있다.

(나)에서 $x-k\leq f(x)\leq(x-k)(x+k)$에서

$\displaystyle\lim_{x\to k}(x-k)\leq\lim_{x\to k}f(x)\leq\lim_{x\to k}(x-k)(x+k)$

따라서 $\displaystyle\lim_{x\to k}f(x)=0$

삼차함수 $f(x)$는 실수 전체의 집합에서 연속이므로

$f(k)=0$이다.

즉, $f(k)=k^3+pk=0$

$\therefore\ p=-k^2$

$f(x)=x^3-k^2x\cdots\text{㉠}$

$x-k\leq x^3-k^2x\leq x^2-k^2$에서

$1\leq 3x^2-k^2\leq 2x$

$1\leq 3k^2-k^2\leq 2k$

$1\leq 2k^2\leq 2k$

$2k^2 - 1 \geq 0$에서 $k \leq -\dfrac{\sqrt{2}}{2}$ 또는 $k \geq \dfrac{\sqrt{2}}{2}$

$2k^2 - 2k \leq 0$에서 $0 \leq k \leq 1$

따라서 $\dfrac{\sqrt{2}}{2} \leq k \leq 1$이다.

㉠에서 $f(-1) = -1 + k^2$이므로

$f(-1)$의 최댓값은 $k = 1$일 때, 0이다.

$f(-1)$의 최솟값은 $k = \dfrac{\sqrt{2}}{2}$일 때, $-\dfrac{1}{2}$이다.

그러므로

$M - m = 0 - \left(-\dfrac{1}{2}\right) = \dfrac{1}{2}$

$10(M - m) = 5$

[랑데뷰팁]

$k = 1$일 때, $x - 1 \leq x^3 - x \leq x^2 - 1$의 해는

$x = 1$뿐이다.

유형 8 방정식에의 활용

103 정답 ③

[출제자 : 김진성T]

[검토자 : 이덕훈T]

조건 (나)는 $y = g(x)$가 $x = k$에서 연속인 경우 $g(k) = 2k$를
만족하는 k이고, $y = g(x)$가 $x = k$에서 불연속이면
$3g(k^-) + 2g(k^+) = 10k$를 만족하는 k이다.

$y = g(x)$가 $x = 0$에서 연속이면 $g(k) = 2k$를 만족하는 k값의
개수가 최대 3이 나오므로 모순이다. …… ㉠

따라서 $x = 0$에서 불연속이고

$k = 0$일 때,

$3\lim\limits_{x \to 0-} g(x) + 2\lim\limits_{x \to 0+} g(x) = 0$이므로 $\lim\limits_{x \to 0+} g(x) = -3$이므로

$\lim\limits_{x \to 0-} g(x) = 2$이어야 한다.

따라서 $\lim\limits_{x \to 0-} g(x) = f(0) = 2$이다.

$x \geq 0$에서 $g(x) = 2x$의 해를 $x = k_1 \ (k_1 > 0)$이라 하면 조건
(나)를 만족시키는 k의 값은 $k = 0$, $k = k_1$로 개수는 2이다.

따라서 $x < 0$에서 $g(k) = 2k$를 만족하는 k가 서로 다른 2개가
더 나와야 한다.

이것은 $x < 0$에서 $y = f(x)$와 $y = 2x$가 접하면서 교점이 한 개
더 생길 때 가능하므로 $f(x) = 2(x-a)^2(x-b) + 2x$라 할 수
있다.

$f(0) = 2$를 만족하도록 a, b를 정하면 된다.

$f(0) = 2$ 에서 $b = -\dfrac{1}{a^2}$

$f(x) = 2(x-a)^2\left(x + \dfrac{1}{a^2}\right) + 2x$이므로 $f(1) = \dfrac{49}{2}$를
이용하면

$a + \dfrac{1}{a} = \dfrac{9}{2}$ 또는 $a + \dfrac{1}{a} = -\dfrac{5}{2}$가 나온다.

그런데 $a < 0$ 이어야 하므로 $a + \dfrac{1}{a} = -\dfrac{5}{2}$의 두 근을 구하면

$a = -\dfrac{1}{2}$, $a = -2$이다.

$f(x) = 2\left(x + \dfrac{1}{2}\right)^2(x + 4) + 2x$ 또는

$f(x) = 2(x+2)^2\left(x + \dfrac{1}{4}\right)$에서 $f(2) = 79$ 또는

$f(2) = 76$이다.

따라서 $a = -\dfrac{1}{2}$일 때 최댓값 $f(2) = 79$ 가 된다.

[랑데뷰팁] $-$ ㉠설명

곡선 $y = g(x)$와 직선 $y = 2x$가 만나는 점의 x좌표가 k이다.
함수 $g(x)$가 $x = 0$에서 연속이면 $g(0) = -3$이고 $x > 0$에서
교점이 한 개 존재하고 $x < 0$에서 교점의 개수는 3이 될 수
없다. $(\because g(0) < 0)$

따라서 함수 $g(x)$가 $x = 0$에서 연속이면 $g(k) = 2k$의 개수는
3이하다.

---

104 정답 ⑤

[출제자 : 김종렬T]

[그림 : 이정배T]

[검토자 : 김영식T]

조건 (나)에서 $f(x) = (x-b)^2(x-c)$라 놓을 수 있고, 조건
(가)에서 $f(x)f'(x) > 0$이기 위해
서는 $f(x) > 0$이면서 $f'(x) > 0$이거나 $f(x) < 0$이면서
$f'(x) < 0$이어야 한다.

(i) $b > c$인 경우 $f(x)f'(x) > 0$인 구간이
$(a, -1)$, $(1, \infty)$이면 그래프가 다음과 같아야
한다.

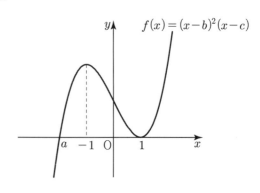

$f(x) > 0$이면서 $f'(x) > 0$인 구간은 $(a, -1)$, $(1, \infty)$이고,
$f(x) < 0$이면서 $f'(x) < 0$인 구간은 존재하지 않는다.

따라서 $f(1) = 0$, $f'(1) = 0$, $f'(-1) = 0$, $a = c$이므로
$b = 1$이다.

$f(x) = (x-1)^2(x-a)$에서

$f'(x)=2(x-1)(x-a)+(x-1)^2$이므로
$f'(-1)=4a+8=0$에서 $a=-2$이다.
따라서 $f(x)=(x-1)^2(x+2)$이므로 $f(2)=4$

(ii) $b<c$인 경우 $f(x)f'(x)>0$인 구간이
$(a,\ -1)$, $(1,\ \infty)$이면 그래프가 다음과 같아야 한다.

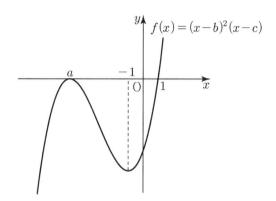

$f(x)>0$이면서 $f'(x)>0$인 구간은 $(1,\ \infty)$이고,
$f(x)<0$이면서 $f'(x)<0$인 구간은 $(a,\ -1)$이다.
따라서
$f(1)=0$, $f'(-1)=0$, $f(a)=0$, $f'(a)=0$, $a=b$이므로
$c=1$이다.
$f(x)=(x-a)^2(x-1)$에서
$f'(x)=2(x-a)(x-1)+(x-a)^2$이므로
$f'(-1)=a^2+6a+5=(a+1)(a+5)=0$이다.
그런데 $a<-1$이므로 $a=-5$이다.
따라서 $f(x)=(x+5)^2(x-1)$이므로 $f(2)=49$

(ⅰ), (ⅱ)에 의하여 $f(2)$의 최댓값은 49이다.

105 정답 ③

함수 $h(x)$를 $h(x)=f(x)-g(x)$라 하면
사차함수 $h(x)$가 최솟값이 0일 때, 두 함수 $f(x)$와 $g(x)$가
오직 한 점에서 만난다.
$h(x)=3x^4-16ax^3+18a^2x^2+27$
$h'(x)=12x^3-48ax^2+36a^2x$
$\quad\quad=12x(x^2-4ax+3a^2)$
$\quad\quad=12x(x-a)(x-3a)$
(i) $a>0$일 때,
사차함수 $h(x)$는 $x=a$에서 극댓값을 갖고 $x=0$과 $x=3a$에서
극솟값을 갖는다.
최솟값은 $h(3a)$이다.
(ii) $a<0$일 때,
사차함수 $h(x)$는 $x=a$에서 극댓값을 갖고 $x=0$과 $x=3a$에서
극솟값을 갖는다.
최솟값은 $h(3a)$이다.
(i), (ii)에서 사차함수 $h(x)$의 최솟값은 $h(3a)$이다.
$h(3a)=243a^4-432a^4+162a^4+27$
$\quad\quad=-27a^4+27=0$

$a^4=1$
$\therefore\ a=-1$, $a=1$이다.
따라서 모든 a의 합은 0이다.

106 정답 21

[출제자 : 정일권T]

[그림 : 이정배T]

방정식을 변형해서 $f(x)+x+|f(x)+x|=(k-1)x$라 두자.
좌변을 $g(x)=f(x)+x+|f(x)+x|$,
우변을 $h(x)=(k-1)x$라 하자.

$f(x)+x=\dfrac{1}{2}x^3-x^2+5x=\dfrac{1}{2}x(x^2-2x+10)$

$x^2-2x+10=(x-1)^2+9>0$이므로
$x\geq0$이면 $f(x)+x\geq0$이고, $x<0$이면 $f(x)+x<0$이다.

따라서 $g(x)=\begin{cases}x(x^2-2x+10) & (x\geq0)\\ 0 & (x<0)\end{cases}$

조건을 만족하는 그래프를 그려보면 다음과 같은 경우이다.

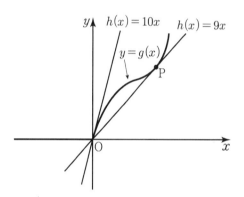

원점에서 $g(x)$에 그은 접선의 접점을 P라 하자.
$P(t,\ t^3-2t^2+10t)$일 때, OP의 기울기와 점 P에서의 접선의
기울기가 같으므로

$\dfrac{t^3-2t^2+10t}{t}=3t^2-4t+10$ $(t>0)$

$\Rightarrow 2t^2(t-1)=0$, $t=1$

따라서 OP의 기울기는 9이고, 원점 O에서 $g(x)$의 우미분
계수는 10이다.
$\alpha=9$일 때, $3=\displaystyle\lim_{k\to9+}N(k)\neq\lim_{k\to9-}N(k)=1$
$\alpha=10$일 때, $2=\displaystyle\lim_{k\to10+}N(k)\neq\lim_{k\to10-}N(k)=3$
이므로 조건을 만족한다.
따라서 만족하는 $\alpha=9, 10$이므로
$k-1=9$ 또는 $k-1=10$이다.
$k=10$ 또는 $k=11$
따라서 k의 합은 21이다.

107 정답 ③

(가)에서

$f(0) = \lim_{x \to 3^-} f(x)$이므로 $-16 = 27a + 9b - 16$

$\therefore b = -3a$

$f(x) = ax^3 - 3ax^2 - 16$

$f'(x) = 3ax^2 - 6ax = 3ax(x - 2)$

$f'(x) = 0$의 해가 $x = 0$ 또는 $x = 2$이다.

$f(0) = -16$이고 함수 $f(x)$가 x축과 만나는 점이 존재해야

하므로 $a < 0$이고

$x = 0$에서 극솟값 -16, $x = 2$에서 극댓값 $-4a - 16$을 갖는다.

$1 < x < 10$에서 방정식 $f(x) = 0$의 서로 다른 실근의 개수가

6이기 위해서는

$f(1) < 0$, $f(2) > 0$이거나 $f(1) > 0$이어야 한다.

(i) $f(1) < 0$, $f(2) > 0$일 때,

$f(1) = -2a - 16 < 0$

$-2a < 16$

$\therefore a > -8$

$f(2) = -4a - 16 > 0$

$-4a > 16$

$\therefore a < -4$

그러므로 $-8 < a < -4$에서 가능한 정수 a의 값은

$a = -7$, $a = -6$, $a = -5$이다.

$a + b = -2a$이므로

가능한 $a + b$의 값은 10, 12, 14이다. …㉠

(ii) $f(1) > 0$일 때,

$f(1) = -2a - 16 > 0$

$-2a > 16$

$\therefore a < -8$

$-10 < a < 10$이므로 가능한 a의 값은 -9이다.

$a + b = -2a = 18$…㉡

㉠, ㉡에서

$M = 18$, $m = 10$이다.

$M + m = 28$

108 정답 ②

[그림: 최성훈T]

$x^3 - (2f(t) + 1)x^2 + f(t)x + f(t) = 0$

1	1	$-2f(t) - 1$	$f(t)$	$f(t)$
		1	$-2f(t)$	$-f(t)$
	1	$-2f(t)$	$-f(t)$	0

$(x - 1)\{x^2 - 2f(t)x - f(t)\} = 0$

주어진 방정식이 중근을 가지는 경우는

$x^2 - 2f(t)x - f(t) = 0$이 $x = 1$를 근으로 갖는 경우 또는

$x^2 - 2f(t)x - f(t) = 0$이 중근을 갖는 경우이다.

(i) $x^2 - 2f(t)x - f(t) = 0$이 $x = 1$를 근으로 갖는 경우

$1 - 2f(t) - f(t) = 0$이므로 $f(t) = \dfrac{1}{3}$일 때 중근을 갖는다.

(ii) $x^2 - 2f(t)x - f(t) = 0$이 중근을 갖는 경우

$D/4 = \{f(t)\}^2 + f(t) = f(t)\{f(t) + 1\} = 0$이므로

$f(t) = 0$ 또는 $f(t) = -1$이다.

실수 전체의 집합에서 $f(t) \geq 0$이므로 $f(t) = -1$의 해는

존재하지 않는다.

따라서 $y = f(x)$와 $y = 0$, $y = \dfrac{1}{3}$의 교점의 개수가 5이어야

한다.

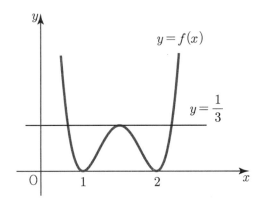

$y = f(x)$는 $y = 0$과 두 점에서 만나므로

$y = f(x)$와 $y = \dfrac{1}{3}$이 3개의 교점을 가져야 한다.

즉, $y = f(x)$의 극댓값이 $\dfrac{1}{3}$이어야 한다.

사차함수 $f(x)$는 $x = \dfrac{3}{2}$에서 극댓값을 가지므로

$f\left(\dfrac{3}{2}\right) = k\left(\dfrac{1}{2}\right)^2\left(-\dfrac{1}{2}\right)^2 = \dfrac{k}{16} = \dfrac{1}{3}$

$\therefore k = \dfrac{16}{3}$

유형 9 부등식에의 활용

109 정답 15

[그림 : 최성훈T]

함수 $f(x)$가 최고차항의 계수가 1인 삼차함수이므로

$g(x) = \dfrac{f(x+1) - f(x)}{3}$라 하면 함수 $g(x)$는 최고차항의 계수가

1인 이차함수이다.

부등식의 양 끝값이 같은 경우는

$k = 1$, $k = 2$, $k = 3$이므로

직선 $y = |x - 2|$와 곡선 $y = (x - 2)^4$은 그림과 같은 상황이다.

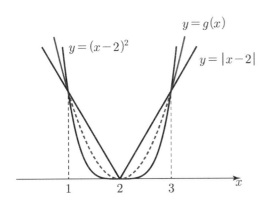

따라서 $g(x)=(x-2)^2$이다.

$$\frac{f(x+1)-f(x)}{3}=(x-2)^2$$

$$f(x+1)-f(x)=3(x-2)^2 \cdots\cdots \text{㉠}$$

$$f'(x+1)-f'(x)=6(x-2) \cdots\cdots \text{㉡}$$

$f(x)=x^3+ax^2+bx+c$라 하면 $f'(x)=3x^2+2ax+b$이다.

㉡의 양변에 $x=0$을 대입하면

$$f'(1)-f'(0)=-12 \rightarrow 3+2a=-12 \text{에서 } a=-\frac{15}{2}$$

㉠의 양변에 $x=0$을 대입하면

$$f(1)-f(0)=12 \rightarrow 1-\frac{15}{2}+b=12 \text{에서 } b=\frac{37}{2} \text{이다.}$$

그러므로

$$f(x)=x^3-\frac{15}{2}x^2+\frac{37}{2}x+c$$

$$f'(x)=3x^2-15x+\frac{37}{2}$$

$$f'(1)=3-15+\frac{37}{2}=\frac{13}{2}$$

$p=2$, $q=13$이므로 $p+q=15$이다.

110 정답 ④

[그림 : 이호진T]

$g(x)=f(x)-x^2+1$이라 하면

함수 $g(x)$는 최고차항의 계수가 1인 사차함수이다.

$g(-1)=f(-1)-1+1=0$이고

$g'(x)=f'(x)-2x$에서

$g'(-1)=-6+2=-4$

$g(x) \leq 0$을 만족시키는 음이 아닌 실수 x의 개수가 2이기 위해서는 양수 α에 대하여

$g(x)=(x+1)x(x-\alpha)^2$꼴이어야 한다.

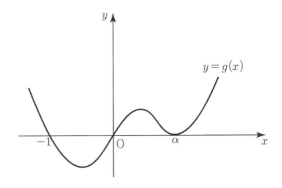

$$g'(x)=x(x-\alpha)^2+(x+1)(x-\alpha)^2+2(x+1)x(x-\alpha)$$

$$g'(-1)=-(1+\alpha)^2=-4$$

$$(1+\alpha)^2=4$$

$$1+\alpha=\pm 2$$

$\alpha>0$이므로 $\alpha=1$이다.

따라서

$$f(x)-x^2+1=(x+1)x(x-\alpha)^2$$

$$f(x)=(x+1)x(x-1)^2+x^2-1$$

$$f(2)=3\times2\times1^2+2^2-1=9$$

111 정답 14

(가)에서 $f(0)=-1$이고 $f'(0)=0$이다.

따라서 $f(x)=x^2(x-a)-1$꼴이다.

(나), (다)에서

$x \geq 0$일 때, $f(x) \geq -x-1$

$x < 0$일 때, $f(x) \leq -x-1$

이므로 모든 실수 x에 대하여 $xf(x) \geq -x^2-x$가 성립한다.

$$x\{x^2(x-a)-1\} \geq -x^2-x$$

$$x^4-ax^3-x+x^2+x \geq 0$$

$$x^2(x^2-ax+1) \geq 0$$

$x^2 \geq 0$이므로 $x^2-ax+1 \geq 0$이면 된다.

따라서 $D=a^2-4 \leq 0$

$$-2 \leq a \leq 2$$

$f(2)=4(2-a)-1=7-4a$에서

$$-8 \leq -4a \leq 8$$

$$-7 \leq -4a \leq 15$$이므로

$$-1 \leq f(2) \leq 15$$

따라서 $f(2)$의 최댓값과 최솟값의 합은 14이다.

112 정답 1

[그림 : 이현일T]

모든 실수 t에 대하여 $x \geq t$에서 함수 $f(x)$의 최댓값이 $f(t)$가 되기 위해서는 $f(x)$가 실수 전체의 집합에서 감소함수가 되어야 한다.

한편,

$$f'(x)=\begin{cases} 2x-2a & (x<b) \\ -3x^2+3a^2 & (x>b) \end{cases}$$
$$=\begin{cases} 2(x-a) & (x<b) \\ -3(x+a)(x-a) & (x>b) \end{cases}$$
에서 그래프 개형상 실수 전체의 집합에서 감소하기 위해서는 $b=a$이어 한다.

다음 그림과 같다.

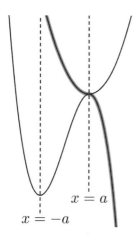

함수 $f(x)$가 모든 실수에서 연속이므로 $f(a)=\lim\limits_{x\to a+}f(x)$가 성립한다.

따라서 $a^2-2a^2+a=-a^3+3a^3-3a^2+a$

$2a^3-2a^2=0$

$2a^2(a-1)=0$

따라서 $a=b=1$이다. $(\because a>0)$

$$f(x)=\begin{cases} x^2-2x+1 & (x\le 1) \\ -x^3+3x-2 & (x>1) \end{cases}$$

$f(a-b)=f(0)=1$

유형 10 속도와 가속도

113 정답 ③

$f(t)$, $g(t)$의 속도를 각각 $v_1(t)$, $v_2(t)$라 하면

$v_1(t)=3t^2+kt$, $v_2(t)=6t+2$

이다.

$t\ge 0$에서 $v_2(t)\ge 2$이므로 두 점 P, Q의 운동 방향이 같아지는 순간은 $v_1(t)$의 부호가 $-$에서 $+$으로 변하는 순간이다.

즉, $v_2(t)=0$에서 $t=-\dfrac{k}{3}$일 때다.

따라서

$$f\left(-\frac{k}{3}\right)=-\frac{k^3}{27}+\frac{k^3}{18}=\frac{-2k^3+3k^3}{54}=\frac{1}{54}k^3$$

$$g\left(-\frac{k}{3}\right)=\frac{k^2}{3}-\frac{2k}{3}$$

$k<0$이므로 $f\left(-\dfrac{k}{3}\right)<0<g\left(-\dfrac{k}{3}\right)$에서 두 점 P, Q사이의 거리는

$$g\left(-\frac{k}{3}\right)-f\left(-\frac{k}{3}\right)=\frac{k^2}{3}-\frac{2k}{3}-\frac{k^3}{54}=\frac{-k^3+18k^2-36k}{54}=\frac{11}{2}$$

$2k^3-36k^2+72k+594=0$

조립제법을 이용하면

$2(k+3)(k^2-21k+99)=0$

$k=-3$ 또는 $k=\dfrac{21\pm 3\sqrt{5}}{2}$

$k<0$이므로 $k=-3$

114 정답 ①

$x=f(t)$라 하자.

$f(t)=\dfrac{1}{3}(t-1)^3+a(t-1)^2+b(t-1)+1$이고 (가)에서 점 P가 운동 방향을 바꿀 때는 속도가 0이므로 $f'(t)=0$의 해가 t_1, t_1+2이다.

$f'(t)=(t-1)^2+2a(t-1)+b=0$의 두 근이 t_1, t_1+2이다.

$t^2+2(a-1)t-2a+b+1=0$에서

$t_1+t_1+2=-2a+2$, $t_1(t_1+2)=-2a+b+1$이다.

$t_1=-a$이므로 $(-a)(-a+2)=-2a+b+1$이다.

$a^2-1=b$

따라서

$$f(t)=\frac{1}{3}(t-1)^3+a(t-1)^2+(a^2-1)(t-1)+1$$

$t=2$일 때 위치는

$$f(2)=\frac{1}{3}+a+a^2-1+1$$
$$=a^2+a+\frac{1}{3}$$
$$=\left(a+\frac{1}{2}\right)^2+\frac{1}{12}$$

$f(2)$는 $a=-\dfrac{1}{2}$일 때 최솟값 $\dfrac{1}{12}$을 가지므로

$a=-\dfrac{1}{2}$, $b=-\dfrac{3}{4}$이다.

그러므로

$$x=\frac{1}{3}(t-1)^3-\frac{1}{2}(t-1)^2-\frac{3}{4}(t-1)+1$$이다.

$t=3$일 때

$$x=\frac{8}{3}-2-\frac{3}{2}+1=\frac{1}{6}$$

115 정답 ④

(가)에서 $f(-2)=1$이므로 최고차항의 계수가 1인 삼차식
$g(x)$에 대하여 $f(x)-1=(x+2)g(x)$라 할 수 있다.

양변 미분하면

$f'(x)=g(x)+(x+2)g'(x)$

(가)에 대입하면

$$\lim_{x\to -2}\frac{(x+2)f'(x)}{f(x)-1}=\lim_{x\to -2}\frac{g(x)+(x+2)g'(x)}{g(x)}$$
$$=1+\lim_{x\to -2}\frac{(x+2)g'(x)}{g(x)}=3$$

따라서

$$\lim_{x\to -2}\frac{(x+2)g'(x)}{g(x)}=2\cdots\text{㉠}$$

같은 방법으로 최고차항의 계수가 1인 이차식 $h(x)$에 대하여
$g(x)=(x+2)h(x)$라 할 수 있다.

양변 미분하면

$g'(x)=h(x)+(x+2)h'(x)$

㉠에 대입하면

$$\lim_{x\to -2}\frac{(x+2)g'(x)}{g(x)}=\lim_{x\to -2}\frac{h(x)+(x+2)h'(x)}{h(x)}=2$$
$$=1+\lim_{x\to -2}\frac{(x+2)h'(x)}{h(x)}=2$$

따라서

$$\lim_{x\to -2}\frac{(x+2)h'(x)}{h(x)}=1$$

따라서 $h(x)=(x+2)(x+k)$꼴이다.

따라서 $f(x)-1=(x+2)^3(x+k)$

(나)에서 $f(a)=1$이므로 $k=-a$이다. $(\because a\neq -2)$

$f(x)=(x+2)^3(x-a)+1$

$f'(x)=3(x+2)^2(x-a)+(x+2)^3$

(나)에서 $f'(a)=-1$이므로

$f'(a)=(a+2)^3=-1$에서 $a=-3$

따라서 $f(x)=(x+2)^3(x+3)+1$

$f(-1)=(1)^3(2)+1=3$

116 정답 3

$f(x)$가 $x=1$에서 연속이므로 $\lim_{x\to 1}f(x)=f(1)$

따라서 (가)에서 $\lim_{x\to 0}f(1+x)f(1-x)=\{f(1)\}^2=36$

따라서 $f(1)=\pm 6$

$\lim_{x\to 1+}g(x)=\alpha$, $\lim_{x\to 1-}g(x)=\beta$라 하면

(나)에서 $\lim_{x\to 0}\{g(1+x)+g(1-x)\}=\alpha+\beta=-4\cdots\text{㉠}$

이다.

$\left|\dfrac{f(x)}{g(x)}\right|$가 $x=1$에서 연속이므로

$$\lim_{x\to 1+}\left|\frac{f(x)}{g(x)}\right|=\lim_{x\to 1-}\left|\frac{f(x)}{g(x)}\right|\text{이 성립한다.}$$

따라서 $\left|\dfrac{f(1)}{\alpha}\right|=\left|\dfrac{f(1)}{\beta}\right|\ \Rightarrow\ \alpha=\beta$ 또는 $\alpha=-\beta$이다.

그런데 $\alpha=-\beta$이면 ㉠에서 모순이다.

$\alpha=\beta$이면 $\alpha=\beta=-2$이므로

따라서 $\left|\dfrac{f(1)}{g(1)}\right|=\lim_{x\to 1}\left|\dfrac{f(x)}{g(x)}\right|=\left|\dfrac{\pm 6}{-2}\right|=3$

117 정답 4

[그림 : 이정배T]

삼차함수 $f(x)=x^2(x-3a)+2$는 $x=0$에서 극댓값 2,
$x=2a$에서 극솟값 $-4a^3+2$을 갖는다.

$x<2a$일 때, 함수 $g(x)=b-f(x-2a)$는
함수 $f(x)$를 x축의 방향으로 $2a$만큼 평행이동한 후 x축
대칭이동하고 다시 y축의 방향으로 b만큼 평행이동한
그래프이다.

함수 $g(x)$가 실수 전체의 집합에서 미분 가능하므로 $x=a$에서
연속이며 미분가능하다.

따라서

$g(a)=b-f(0)=f(2a)$에서

$b-2=-4a^3+2$

$\therefore\ b=-4a^3+4\cdots\text{㉠}$

함수 $f(x)$와 $g(x)$의 그래프는 다음 그림과 같다.

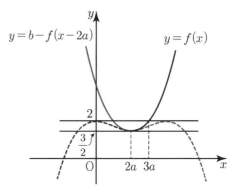

따라서 함수 $g(x)$의 최솟값이 $\dfrac{3}{2}$이므로

$f(x)$의 극솟값 $-4a^3+2=\dfrac{3}{2}$이면 된다.

$-4a^3=-\dfrac{1}{2}$

$a^3=\dfrac{1}{8}$

$\therefore\ a=\dfrac{1}{2}$

㉠에서 $b=-\dfrac{1}{2}+4=\dfrac{7}{2}$

그러므로 $a+b=\dfrac{1}{2}+\dfrac{7}{2}=4$

118 정답 24

[그림 : 최성훈T]

$f(x) = x(x-a)^2$에서 $a > 0$이므로 $x \leq t$에서의 $f(x)$의 최댓값은

(i) $t \leq \dfrac{a}{3}$일 때, $M(t) = f(t)$

(ii) $\dfrac{a}{3} \leq t \leq \dfrac{4}{3}a$일 때, $M(t) = f\left(\dfrac{a}{3}\right)$

(iii) $t > \dfrac{4}{3}a$일 때, $M(t) = f(t)$

이다.

따라서 함수 $y = M(t)$의 그래프는 다음 그림과 같다.

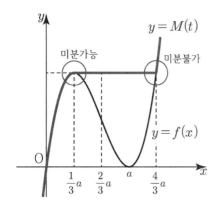

따라서 $t > \dfrac{4}{3}a$일 때, 함수 $y = M(t)$는 $t = \dfrac{4}{3}a$에서 미분가능하지 않다.

그러므로 $\dfrac{4}{3}a = 4$에서 $a = 3$이다.

따라서 $f(x) = x(x-3)^2$이다.

$M(2) = f(1) = 4$

$M(5) = f(5) = 20$

따라서 $M(2) + M(5) = 24$

119 정답 21

함수 $g(x)$가 실수 전체의 집합에서 미분가능하다.

따라서

$\displaystyle\lim_{x \to 1-} \frac{g_1(x) - 1}{x - 1} = 4$에서 $\displaystyle\lim_{x \to 1+} \frac{f(x) - 1}{x - 1} = 4$ 이므로

$f(1) = 1$이다.

$\displaystyle\lim_{x \to 2+} \frac{g_2(x) - 8}{x - 2} = 11$에서 $\displaystyle\lim_{x \to 2-} \frac{f(x) - 8}{x - 2} = 11$ 이므로

$f(2) = 8$이다.

삼차함수 $f(x)$를 일차함수 $h(x)$에 대하여

$f(x) = (x-1)(x-2)(px+q) + h(x)$라 할 수 있다.

$h(x) = ax + b$라 하고, $h(1) = 1$, $h(2) = 8$을 만족하는 a, b를 구해보자.

$a + b = 1$, $2a + b = 8$

두 식을 연립해서 풀면

$a = 7$, $b = -6$

따라서 $h(x) = 7x - 6$

삼차함수 $f(x)$는 $f(1) = 1$, $f(2) = 8$을 만족하므로

$f(x) = (x-1)(x-2)(px+q) + 7x - 6$이다.

$\displaystyle\lim_{x \to 1} \frac{f(x) - 1}{x - 1} = 4$에서

$\displaystyle\lim_{x \to 1} \frac{(x-1)\{(x-2)(px+q) + 7\}}{x - 1} = 4$

$(-1) \times (p+q) + 7 = 4$

$\therefore \ p + q = 3 \cdots \ㄱ$

$\displaystyle\lim_{x \to 2} \frac{f(x) - 8}{x - 2} = 11$에서

$\displaystyle\lim_{x \to 2} \frac{(x-2)\{(x-1)(px+q) + 7\}}{x - 2} = 11$

$1 \times (2p + q) + 7 = 11$

$\therefore \ 2p + q = 4 \cdots \ㄴ$

$p = 1$, $q = 2$

$f(x) = (x-1)(x-2)(px+q) + 7x - 6$에서

$f(x) = (x-1)(x-2)(x+2) + 7x - 6$

$\therefore \ f(1) = 7 - 6 = 1$

$\therefore \ f(-2) = -14 - 6 = -20$

$f(1) - f(-2) = 1 - (-20) = 21$

120 정답 17

x, y에 각각 0을 대입하면 $f(0) = f(0) + f(0) - 1$이므로 $f(0) = 1$이다.

$\begin{aligned} f'(x) &= \lim_{h \to 0} \frac{f(x+h) - f(x)}{h} \\ &= \lim_{h \to 0} \frac{f(x) + f(h) + 2xh - 1 - f(x)}{h} \\ &= \lim_{h \to 0} \frac{f(h) - f(0)}{h - 0} + 2x \ (\because f(0) = 1) \\ &= f'(0) + 2x \text{이다.} \end{aligned}$

$f'(0) = C$라 하자.

$f'(x) = 2x + C$이다.

$\displaystyle\lim_{x \to 1} \frac{f(x) - f'(x)}{x^2 - 1} = \lim_{x \to 1} \frac{f(x) - 2x - C}{x^2 - 1}$

주어진 식이 $\dfrac{0}{0}$ 꼴을 만족해야 하므로,

$f(1) - f'(1) = 0$

$f(1) - (2 + C) = 0$

$C = f(1) - 2$

$\begin{aligned} 3 &= \lim_{x \to 1} \frac{f(x) - f'(x)}{x^2 - 1} = \lim_{x \to 1} \frac{f(x) - 2x - C}{x^2 - 1} \\ &= \lim_{x \to 1} \frac{f(x) - 2x - f(1) + 2}{x^2 - 1} \\ &= \lim_{x \to 1} \frac{f(x) - f(1) - 2(x-1)}{x^2 - 1} \\ &= \lim_{x \to 1} \frac{1}{x+1} \times \frac{f(x) - f(1) - 2(x-1)}{x - 1} \end{aligned}$

$$=\lim_{x\to 1}\frac{1}{x+1}\times\left\{\frac{f(x)-f(1)}{x-1}-2\right\}=\frac{1}{2}\{f'(1)-2\}$$

$f'(1)=8$

$8=f'(1)=C+2$이므로 $C=6$이다.

$f'(x)=2x+6$

$f(x)=x^2+6x+C'$

$f(0)=1$이므로 $f(x)=x^2+6x+1$

따라서 $f(2)=4+12+1=17$

121 정답 16

[풀이 : 이정배T]

(다)에서 $f(x)=(x-1)^2g(x)$라 하면

$$\lim_{x\to 1}\frac{(x-1)^2g(x)}{(x-1)^2}=\lim_{x\to 1}g(x)=0$$

$\therefore\ g(1)=0$

이때, $f(x)=(x-1)^3(ax+b)$라 할 수 있고 (나)에서

$f(0)=1$이므로

$b=-1$ 즉, $f(x)=(x-1)^3(ax-1)$

$f'(x)=3(x-1)^2(ax-1)+(x-1)^3\cdot a$

$=(x-1)^2(4ax-a-3)$

(가)에서 $f'(x)$가 $f(x)$의 인수이므로 $4ax-a-3$이 인수이고

$f\left(\dfrac{a+3}{4a}\right)=0$

$\left(\dfrac{a+3}{4a}-1\right)^3\left(a\cdot\dfrac{a+3}{4a}-1\right)=0$

$\therefore\ a=1$

따라서 $f(x)=(x-1)^4$이므로 $f(3)=16$

122 정답 17

$f(x)=-x^2+2x$

$\quad\ =-(x^2-2x+1-1)$

$\quad\ =-(x-1)^2+1$ 이고, 주어진 식을 이용하여 그래프를 그려보면 다음과 같다.

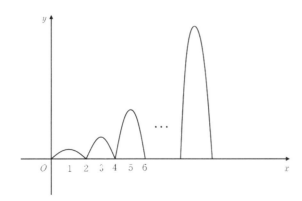

한편,

$$g(x)=\lim_{h\to 0}\frac{f(x+h)-f(x-h)}{h}$$

$$=\lim_{h\to 0}\frac{f(x+h)-f(x)-\{f(x-h)-f(x)\}}{h}$$

$$=\lim_{h\to 0}\frac{f(x+h)-f(x)}{h}-\lim_{h\to 0}\frac{f(x-h)-f(x)}{h}$$

$$=\lim_{h\to 0}\frac{f(x+h)-f(x)}{h}+\lim_{h\to 0}\frac{f(x-h)-f(x)}{-h}\ \text{이다}$$

$h>0$이면 $g(x)=f'(x+)+f'(x-)$

$h<0$이면 $g(x)=f'(x-)+f'(x+)$

따라서

$g(x)=f'(x+)+f'(x-)\ \cdots ©$

이다.

$0<x<2$에서 $f'(x)=-2x+2$

$f'(1)=f'(3)=f'(5)=\cdots=0$이므로

$g(1)=g(3)=g(5)=\cdots=0$임을 알 수 있다.

$f'(0+)=2,\ f'(2-)=-2,\ f'(2+)=2\times 3,$

$f'(4-)=-2\times 3,\ f'(4+)=2\times 3^2,$

$f'(6-)=-2\times 3^2,\ f'(6+)=2\times 3^3,\ \cdots$ 이므로

$1,\ 2,\ 3,\cdots,n$중 가장 큰 짝수를 $2l$이라 하면,

$$160=\sum_{k=1}^{n}g(k)=\sum_{k=1}^{n}\{f'(k+)+f'(k-)\}$$

$$=\{f'(2+)+f'(2-)\}+\{f'(4+)+f'(4-)\}$$

$$+\{f'(6+)+f'(6-)\}+\cdots+\{f'(2l+)+f'(2l-)\}$$

$$=\{f'(2-)+f'(2+)\}+\{f'(4-)+f'(4+)\}$$

$$+\{f'(6-)+f'(6+)\}+\cdots+\{f'(2l-)+f'(2l+)\}$$

m이 자연수일 때,

$f'((2m)+)+f'((2m+2)-)=0$을 만족하므로

$$160=\sum_{k=1}^{n}g(k)=\sum_{k=1}^{n}\{f'(k+)+f'(k-)\}$$

$$=f'(2-)+f'(2l+)=-2+2\times 3^l$$

따라서 $l=4$이고, $1,\ 2,\ 3,\cdots,n$중 가장 큰 짝수가 8이므로

$n=8$ 또는 $n=9$이다.

모든 n의 합은 $8+9=17$이다.

[다른 풀이]–유승희T

음이 아닌 정수 n에 대하여 $g(2n)$의 값을 구하면

$2n-2\le x<2n$에서

$f(x)=-3^{n-1}(x-2n+2)(x-2n)$

$2n\le x<2n+2$에서

$f(x)=-3^n(x-2n)(x-2n-2)$

$$\lim_{h\to 0+}\frac{f(2n+h)-f(2n-h)}{h}$$

$$=\lim_{h\to 0+}\frac{-3^n(h)(h-2)+3^{n-1}(-h+2)(-h)}{h}$$

$$= \lim_{h \to 0+} \{-3^n(h-2) + 3^{n-1}(-h+2)(-1)\}$$
$$= 4 \times 3^{n-1}$$

$$\lim_{h \to 0-} \frac{f(2n+h) - f(2n-h)}{h}$$
$$= \lim_{h \to 0-} \frac{-3^{n-1}(h+2)(h) + 3^n(-h)(-h-2)}{h}$$
$$= \lim_{h \to 0+} \{-3^{n-1}(h+2) + 3^n(-1)(-h-2)\}$$
$$= 4 \times 3^{n-1}$$

따라서,
$$g(2n) = \lim_{h \to 0} \frac{f(2n+h) - f(2n-h)}{h} = 4 \times 3^{n-1}$$

123 정답 ④

다항함수 $f(x)$의 최고차수를 n이라 하면
$$f'(x) = nx^{n-1} + \cdots$$
$$x^2 f'(x) = nx^{n+1} + \cdots$$
$$(2x+1)f(x) = 2x^{n+1} + \cdots$$
따라서
$$x^2 f'(x) - (2x+1)f(x) = (n-2)x^{n+1} + \cdots$$
따라서 $n = 2$이다.
$f(x) = x^2 + ax + b$라 하면 $f'(x) = 2x + a$이다.
$$x^2 f'(x) = x^2(2x+a) = 2x^3 + ax^2$$
$$(2x+1)f(x) = (2x+1)(x^2 + ax + b)$$
$$= 2x^3 + (2a+1)x^2 + (a+2b)x + b$$
$$x^2 f'(x) - (2x+1)f(x)$$
$$= -(a+1)x^2 - (a+2b)x - b$$
$$= x^2 + kx + 1$$
에서 $-a-1 = 1$, $-a-2b = k$, $-b = 1$
그러므로 $a = -2$, $b = -1$
$k = -(a+2b) = 4$이다.

124 정답 8

함수 $g(x)$가 $x = 0$에서 미분가능하므로 $x = 0$에서 연속이다.
즉, $\lim_{x \to 0-} g(x) = \lim_{x \to 0+} g(x) = g(0) \cdots$ ㉠
함수 $f(x)$가 실수 전체의 집합에서 미분가능하므로
$$\lim_{x \to 0-} g(x) = \lim_{x \to 0-} \frac{f(x)}{x} = f'(0)$$이고,
$f'(x) = 3x^2 + 2ax + a$에서 $f'(0) = a$이므로
$$\lim_{x \to 0-} g(x) = a, \quad \lim_{x \to 0+} g(x) = \lim_{x \to 0+} (2x+b) = b,$$
$$g(0) = b$$
따라서 ㉠에 의하여 $a = b \cdots$ ㉡
따라서 $x < 0$일 때,
$$\frac{f(x)}{x} = \frac{x^3 + ax^2 + ax}{x} = x^2 + ax + a$$

이므로
$$g(x) = \begin{cases} x^2 + ax + a & (x < 0) \\ 2x + a & (x \geq 0) \end{cases}$$
함수 $g(x)$가 $x = 0$에서 미분가능하므로
$$\lim_{x \to 0-} \frac{g(x) - g(0)}{x} = \lim_{x \to 0+} \frac{g(x) - g(0)}{x}$$
이때 $\lim_{x \to 0-} \frac{g(x) - g(0)}{x} = \lim_{x \to 0-} \frac{(x^2 + ax + a) - (a)}{x}$
$$= \lim_{x \to 0-} \frac{x(x+a)}{x}$$
$$= \lim_{x \to 0-} (x + a) = a,$$

$$\lim_{x \to 0+} \frac{g(x) - g(0)}{x} = \lim_{x \to 0+} \frac{(2x+a) - (a)}{x}$$
$$= \lim_{x \to 0+} 2 = 2$$
이므로 $a = 2$
㉡에서 $b = 2$
따라서 $a^2 + b^2 = 8$

125 정답 ①

함수 $f(x)$가 최고차항의 계수가 1인 사차함수이므로 함수 $f(x)$의 도함수 $f'(x)$는 최고차항의 계수가 4인 삼차함수이다.
조건 (나), (다)에 의하여
$f'(0) = 0$, $f'(\alpha) = 0$, $f'(\beta) = 0$이고 $\alpha < 0 < \beta$이다.
그러므로 $f'(x) = 4x(x-\alpha)(x-\beta)$로 놓을 수 있다.
조건 (가)에서 $f'(1) = -4$이므로
$4(\alpha-1)(\beta-1) = -4 \Rightarrow \alpha\beta - \alpha - \beta + 1 = -1$
$\alpha + \beta = 2 + \alpha\beta \cdots$ ㉠
$(\beta-\alpha)^2 = (\alpha+\beta)^2 - 4\alpha\beta$이고, 조건 (다)와 ㉠에 의하여
$8 = (2 + \alpha\beta)^2 - 4\alpha\beta$
$(\alpha\beta)^2 = 4$
그런데 $\alpha < 0 < \beta$이므로 $\alpha\beta < 0$이므로
$\alpha\beta = -2$
이것을 ㉠에 대입하면 $\alpha + \beta = 0$
따라서
$f'(-1) = 4(-1)(-1-\alpha)(-1-\beta)$
$= -4\{\alpha\beta + 2(\alpha+\beta) + 1\} = 4$

126 정답 ②

조건에서 두 접선이 지나는 x절편을 $(\gamma, 0)$이라 하자.
곡선 $y = f(x)$의 y절편 점 $(0, \alpha)$에서의 접선의 방정식은
$y - \alpha = f'(0)x$이고 $(\gamma, 0)$을 지나므로 $f'(0) = -\dfrac{\alpha}{\gamma}$
곡선 $y = g(x)$의 y절편 점 $(0, \beta)$에서의 접선의 방정식은
$y - \beta = g'(0)x$이고 $(\gamma, 0)$을 지나므로 $g'(0) = -\dfrac{\beta}{\gamma}$

따라서 $\dfrac{f'(0)}{g'(0)}=\dfrac{-\dfrac{\alpha}{\gamma}}{-\dfrac{\beta}{\gamma}}=\dfrac{\alpha}{\beta}=\pm\dfrac{2}{3}$

$\therefore \left\{\dfrac{f'(0)}{g'(0)}\right\}^2=\dfrac{4}{9}$

127 정답 2

$y=f(x)$는 다음 그림과 같다.

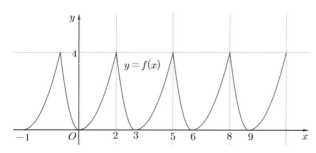

$x=0,\ x=1$에서는 미분 가능하다.

따라서 $f(x)$가 $x=k$에서 미분 가능하면

$\displaystyle\lim_{h\to0}\dfrac{f(k+h)-f(k-h)}{2h}=f'(k)$이므로

$f'(0)=0,\ f'(1)=2$이다.

$f(x)=f(x+3)$이므로 $f'(3)=0$

따라서

$\displaystyle\lim_{h\to0}\dfrac{f(1+h)-f(1-h)}{2h}=2,\ \lim_{h\to0}\dfrac{f(3+h)-f(3-h)}{2h}=0$

$k=2$일 때는 미분 가능하지 않으므로 다음과 같이 계산한다.

$\displaystyle\lim_{h\to0}\dfrac{f(2+h)-f(2-h)}{2h}$

$=\begin{cases}\displaystyle\lim_{h\to0+}\dfrac{4(-1+h)^2-(2-h)^2}{2h}\\[3mm]\displaystyle\lim_{h\to0-}\dfrac{(2+h)^2-4(-1-h)^2}{2h}\end{cases}$

$=\begin{cases}\displaystyle\lim_{h\to0+}\dfrac{3h^2-4h}{2h}=-2\\[3mm]\displaystyle\lim_{h\to0-}\dfrac{-3h^2-4h}{2h}=-2\end{cases}$

따라서 $\displaystyle\lim_{h\to0}\dfrac{f(2+h)-f(2-h)}{2h}=-2$이다.

따라서 $g(k)=\displaystyle\lim_{h\to0}\dfrac{f(k+h)-f(k-h)}{2h}$라 할 때

$g(1)+g(2)+g(3)=2+(-2)+0=0$

$g(4)+g(5)+g(6)=2+(-2)+0=0$

$g(7)+g(8)+g(9)=2+(-2)+0=0$

이고 $g(10)=g(1)=2$이다.

따라서

$\displaystyle\sum_{k=1}^{10}\lim_{h\to0}\dfrac{f(k+h)-f(k-h)}{2h}=2$

[랑데뷰팁]

모든 실수에서 연속인 함수 $f(x)$가

$f(x)=\begin{cases}p(x)\ (x\geq k)\\ q(x)\ (x<k)\end{cases}$일 때

$\displaystyle\lim_{h\to0}\dfrac{f(k+h)-f(k-h)}{h}=p'(k)+q'(k)$이다.

128 정답 ③

함수 $f(x)$가 다항함수이므로 $x=0$에서 연속이다.

즉, $\displaystyle\lim_{x\to0}f(x)=f(0)$이므로 $f(0)=\dfrac{1}{3}$

따라서

$\displaystyle\lim_{h\to0}\dfrac{f(3h)f\left(\dfrac{h}{3}\right)-\dfrac{f(3h)}{3}}{h}$

$=\displaystyle\lim_{h\to0}\left\{\dfrac{f\left(\dfrac{h}{3}\right)-\dfrac{1}{3}}{h}\times f(3h)\right\}$

$=\displaystyle\lim_{h\to0}\left\{\dfrac{f\left(\dfrac{h}{3}\right)-f(0)}{h}\times f(3h)\right\}$

$=\dfrac{1}{3}f'(0)\times f(0)$

$=\dfrac{1}{3}f'(0)\times\dfrac{1}{3}=\dfrac{1}{9}f'(0)=3$

에서 $f'(0)=27$

129 정답 ①

$f(x)=f(2x-1)+x^2+kx$에서 $x=2x-1$의

해는 $x=1$이므로 양변에 $x=1$을 대입하면

$f(1)=f(1)+1+k\to\therefore\ k=-1$

$f(x)=f(2x-1)+x^2-x$의 양변에

(i) $x=2$을 대입하면

　$f(2)=f(3)+4-2=f(3)+2$

(ii) $x=3$을 대입하면

　$f(3)=f(5)+9-3=f(5)+6$

(iii) $x=5$을 대입하면

　$f(5)=f(9)+25-5=f(9)+20$

(i), (ii), (iii)에서 $f(2)=f(9)+28$이므로

$f(9)-f(2)=-28$이다.

함수 $f(x)$에서 x의 값이 2에서 9까지 변할 때의 평균 변화율은

$\dfrac{f(9)-f(2)}{9-2}=\dfrac{-28}{7}=-4$ 이다.

따라서 $a=-4,\ k=-1$

$\therefore\ a+k=-5$

130 정답 ⑤

$xg(x) = f(x)$의 양변을 미분하면

$g(x) + xg'(x) = f'(x) \cdots \bigcirc$이고 양변에 $x = 0$을 대입하면

$g(0) + 0 \times g'(0) = f'(0) = 0$

따라서 $g(0) = 0$ (ㄱ. 참)

$\bigcirc$의 양변에 x을 곱하면

$xg(x) + x^2 g'(x) = xf'(x)$이고 $xg(x) = f(x)$이므로

$x^2 g'(x) = xf'(x) - f(x)$

양변에 $x = 2$을 대입하면

$4g'(2) = 2f'(2) - f(2) = 0$

따라서 $g'(2) = 0$ (ㄴ. 참)

함수 $g(x)$가 모든 실수 x에 대하여 연속이므로

$g(0) = \lim_{x \to 0} g(x) = 0$이다.

$g(x) = \dfrac{f(x)}{x}$에서 $g(0) = \lim_{x \to 0} g(x) = \lim_{x \to 0} \dfrac{f(x)}{x} = f'(0)$

따라서 다항함수 $f(x)$는 $f(0) = f'(0) = 0$이므로 x^2을 인수로

갖는다. (ㄷ. 참)

131 정답 ③

A$(2, 12)$이므로 직선 OA의 기울기는 $\dfrac{12 - 0}{2 - 0} = 6$

$f'(x) = 3x^2 + 2x + 1$이고 곡선 $y = f(x)$위의

점 B$(b, f(b))$ $(0 < b < 2)$에서의 접선의 기울가 6이므로

$f'(b) = 3b^2 + 2b + 1 = 6$

$3b^2 + 2b - 5 = 0$

$(b - 1)(3b + 5) = 0$

따라서 $b = 1$

$f(1) = 1$이므로

직선 l의 방정식은

$y = 6(x - 1) + 1 = 6x - 5$이다.

직선 l이 곡선 $y = x^2 + k$와 서로 다른 두 점 C, D에서

만나므로

$x^2 + k = 6x - 5$

$x^2 - 6x + k + 5 = 0$

이 이차방정식의 판별식을 D라 하면

$D/4 = 9 - k - 5 > 0$에서 $k < 4$이고

이차방정식의 두 실근을 α, β라 하면

$\alpha + \beta = 6$, $\alpha\beta = k + 5$이다.

직선 OA와 직선 CD가 서로 평행하고 $\overline{\text{OA}} = \overline{\text{CD}}$이므로

$|\beta - \alpha| = 2 - 0 = 2$이다.

따라서

$(\beta - \alpha)^2 = (\alpha + \beta)^2 - 4\alpha\beta$

$4 = 6^2 - 4(k + 5)$

$4 = 36 - 4k - 20$

$4k = 12$

$k = 3$

132 정답 5

최고차항의 계수가 1인 삼차함수 $f(x)$는 (가)에서 $\dfrac{1}{f'(a)} \leq \dfrac{1}{2}$

을 알 수 있다.

만약 $f'(x) = 0$인 x가 존재한다면 (가)를 만족하지 않는다.

따라서 이차함수 $y = f'(x)$는 $f'(x) > 0$이 된다.

그러므로 $f'(a) \geq 2$이다.

(나)에서 $f'(2) = 2$이므로 최고차항의 계수가 3인 이차함수

$f'(x)$는 $x = 2$에서 최솟값 2을 갖는다.

즉, $f'(x) = 3(x - 2)^2 + 2$이다.

$f'(3) = 5$

133 정답 ②

곡선 $y = x^4 - 4x^3 + ax$에 대하여 $y' = 4x^3 - 12x^2 + a$이고

$(0, 0)$은 곡선 $y = x^4 - 4x^3 + ax$위의 점이므로 원점에서 접선의

기울기는 a이다.

원점에서 곡선위의 다른 한 점으로의 접선의 기울기를 구해보자.

접점의 x좌표를 t라고 두자.

원점과 접점의 평균변화율과 순간변화율이 같다.

$\Rightarrow \dfrac{t^4 - 4t^3 + at}{t} = 4t^3 - 12t^2 + a$

$\Rightarrow t^3 - 4t^2 + a = 4t^3 - 12t^2 + a \ (\because t \neq 0)$

$\Rightarrow 3t^3 - 8t^2 = 3t^2\left(t - \dfrac{8}{3}\right) = 0$

$\Rightarrow t = \dfrac{8}{3}$

따라서 다른 한 접점의 x좌표는 $x = \dfrac{8}{3}$이고 그때 접선의

기울기는 $a - \dfrac{256}{27}$이다.

두 접선의 기울기의 곱은 $a\left(a - \dfrac{256}{27}\right)$이고 최소가 되도록 하는

a값은 $\dfrac{128}{27}$이다.

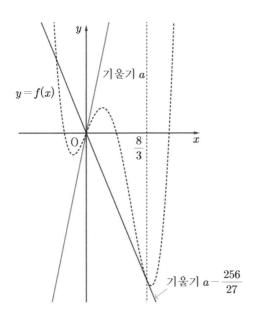

기울기 a

$y = f(x)$

$\frac{8}{3}$

기울기 $a - \frac{256}{27}$

134 정답 32

$f(x-y) = f(x) - f(y) - 3xy(x-y)$ 에

$x = 0$, $y = 0$을 대입하면

$f(0) = f(0) - f(0)$

$\therefore f(0) = 0$ $\cdots \bigcirc$

$f'(0) = -12$이므로

$f'(0) = \lim_{h \to 0} \dfrac{f(h) - f(0)}{h} = \lim_{h \to 0} \dfrac{f(h)}{h} (\because \bigcirc) = -12$ $\cdots \bigcirc$

$\therefore f'(x) = \lim_{h \to 0} \dfrac{f(x+h) - f(x)}{h}$

$= \lim_{h \to 0} \dfrac{f(x) - f(-h) - 3x(-h)(x+h) - f(x)}{h}$

$(\because \text{(가)})$

$= \lim_{h \to 0} \left\{ \dfrac{f(-h)}{-h} + 3x(x+h) + 3xh \right\}$

$= -12 + 3x^2 (\because \bigcirc)$

$f'(x) = 3(x+2)(x-2) = 0$

의 해가 $x = -2$, $x = 2$이므로 함수 $f(x)$가 $x = -2$에서

극댓값을 갖고 $x = 2$에서 극솟값을 가진다.

$f(0) = 0$이므로 $f(x) = x^3 - 12x$이다.

$f(-2) = -8 + 24 = 16$

$f(2) = 8 - 24 = -16$

따라서 극댓값과 극솟값의 차는 $16 - (-16) = 32$

135 정답 3

$y = f(x)$가 오직 한 개의 x값에서만 미분가능하지 않기 위해서

$b < c$이므로

$y = (x-a)(x-b)^2(x-c)$ 그래프는 아래와 같은 꼴의 그래프를

가져야 한다.

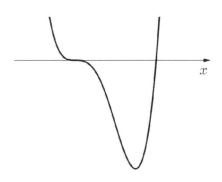

위 그림과 같이 한 점에서 삼중근을 가져야 하며,

$b < c$이고 $a \neq c$이므로, $a = b < c$인

$f(x) = \left| (x-a)^3(x-c) \right|$는 아래 그림과 같다.

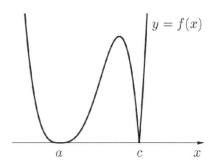

$y = f(x)$

a c x

$y = (x-a)^3(x-c)$를 미분하면,

$y' = 3(x-a)^2(x-c) + (x-a)^3 = (x-a)^2(4x - 3c - a)$ 이므로,

$x = \dfrac{a + 3c}{4}$ 에서 극솟값

$y = \left(\dfrac{3c - 3a}{4} \right)^3 \left(\dfrac{a-c}{4} \right) = -3^3 \left(\dfrac{a-c}{4} \right)^4$ 을 가진다.

따라서 $f(x) = \left| (x-a)^3(x-c) \right|$의 극댓값은

$3^3 \left(\dfrac{a-c}{4} \right)^4$ 이다. $|a - c| = \dfrac{4}{\sqrt{3}}$ 이므로,

극댓값은 $3^3 \times \left(\dfrac{1}{4} \times \dfrac{4}{\sqrt{3}} \right)^2 = 3$이다.

[다른 풀이]

$a = b$이므로 $c = a + \dfrac{4}{\sqrt{3}}$

$f(x) = \left| (x-a)^3 \left(x - a - \dfrac{4}{\sqrt{3}} \right) \right|$

극댓값은 $x = a + \sqrt{3}$ 일 때이므로

$f(a + \sqrt{3}) = \left| 3\sqrt{3} \times \left(-\dfrac{1}{\sqrt{3}} \right) \right| = 3$

[랑데뷰팁] – 세미나 (92), (93) 참고

사차함수 $f(x)$가 $x = a$에서 삼중근, $x = c$에서 하나의 근을

가지므로 $x = a$와 $x = c$를 $3 : 1$로 내분하는 점 $x = \dfrac{a + 3c}{4}$ 에서

극값을 가진다.

136 정답 9

$y = x^3 - 3x^2$의 그래프를 그려보자.

$y' = 3x^2 - 6x = 3x(x-2)$

$y' = 0$의 해는 $x = 0$ 또는 $x = 2$이다.

$x = 0$에서 극대 0

$x = 2$에서 극소 -4

따라서 다음 그림과 같이 $y = ax - 27$의 그래프가 $x \geq 0$에서
$y = x^3 - 3x^2$의 그래프에 접할 때 a의 값이 최대이다.

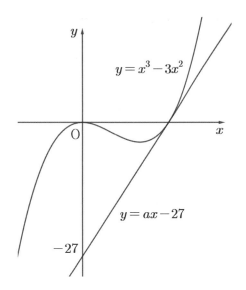

$f(x) = x^3 - 3x^2$이라 할 때, 접점의 좌표를
$(t, t^3 - 3t^2)$이라 두면 접점과 점 $(0, -27)$을 지나는 직선의
기울기와 $x = t$에서의 접선의 기울기가 같으므로

$$\frac{t^3 - 3t^2 + 27}{t} = 3t^2 - 6t$$ 이 성립한다.

$t^3 - 3t^2 + 27 = 3t^3 - 6t^2$

$2t^3 - 3t^2 - 27 = 0$

$(t-3)(2t^2 + 3t + 9) = 0$에서 $t = 3$이다.

그러므로

$a \leq f'(3) = 27 - 18 = 9$

양수 a의 최댓값은 9이다.

137 정답 2

$f(x)$는 $x = 1$에서만 미분가능하지 않으므로 $h(x)f(x)$는
$x = 1$에서만 미분가능하면 실수 전체의 집합에서 미분가능하다.

$\{h(x)f(x)\}' = h'(x)f(x) + h(x)f'(x)$에서

$\{h(1)f(1)\}' = h'(1)\lim_{x \to 1}f(x) + h(1)\,f'(1)$이다.

$f(x)$는 $\lim_{x \to 1}f(x)$은 존재하고 $f'(1)$의 값이 존재하지 않으므로

$h(1) = 0$이면 $h(x)f(x)$는 $x = 1$에서 미분가능하다.

따라서 다항식 $h(x)$는 $(x-1)$을 인수로 갖는다.

$g(x)$는 $x = 2$에서 불연속이고 미분가능하지 않으므로

$h(x)g(x)$는 $x = 2$에서만 미분가능하면 실수 전체의 집합에서
미분가능하다.

$\{h(x)g(x)\}' = h'(x)g(x) + h(x)g'(x)$에서

$\{h(2)g(2)\}' = h'(2)\lim_{x \to 2}g(x) + h(2)\,g'(2)$이다.

$g(x)$는 $\lim_{x \to 2}g(x)$와 $g'(2)$의 값이 존재하지 않으므로

$h'(2) = 0$, $h(2) = 0$이면 $h(x)g(x)$는 $x = 2$에서 미분가능하다.

따라서 다항식 $h(x)$는 $(x-2)^2$을 인수로 갖는다.

$n \geq 3$이고 $h(x)$는 최고차항의 계수가 1이므로

$h(x) = (x-1)(x-2)^2 Q(x)$이다.

$n = 3$일 때, $h(x) = (x-1)(x-2)^2$이므로

$h(3) = 2 \times 1 = 2$이다.

[다른 풀이]– 유승희T

$f(x)$는 $x = 1$에서만 미분가능하지 않으므로 $h(x)f(x)$는
$x = 1$에서만 미분가능하면 실수 전체의 집합에서 미분가능하다.

$P(x) = h(x)f(x)$라 하면

$P(x)$가 $x = 1$에서 미분가능하려면

$\lim_{x \to 1}\dfrac{P(x) - P(1)}{x - 1}$이 존재하여야 한다.

$$\lim_{x \to 1+}\frac{P(x) - P(1)}{x - 1} = \lim_{x \to 1+}\frac{h(x) \times x(x-1) - h(1) \times 0}{x - 1}$$

$$= \lim_{x \to 1+} x\,h(x) = h(1)$$

$$\lim_{x \to 1-}\frac{P(x) - P(1)}{x - 1} = \lim_{x \to 1+}\frac{h(x) \times x(-x+1) - h(1) \times 0}{x - 1}$$

$$= \lim_{x \to 1+}\{-x\,h(x)\} = -h(1)$$

에서 $h(1) = -h(1)$이므로 $h(1) = 0$

따라서 다항식 $h(x)$는 $x - 1$을 인수로 갖는다.

$g(x)$는 $x = 2$에서 불연속이고 미분가능하지 않으므로

$h(x)g(x)$는 $x = 2$에서만 미분가능하면 실수 전체의 집합에서
미분가능하다.

$Q(x) = h(x)g(x)$라 하면

$Q(x)$가 $x = 2$에서 미분가능하려면

$\lim_{x \to 2}\dfrac{Q(x) - Q(2)}{x - 2}$이 존재하여야 한다.

$$\lim_{x \to 2+}\frac{Q(x) - Q(2)}{x - 2} = \lim_{x \to 2+}\frac{h(x) \times (-x) - h(2) \times 1}{x - 2}$$

에서 분모의 극한값이 0이므로

분자의 극한값 $-3h(2) = 0$이다.

따라서, $h(2) = 0$

우미분계수는

$$\lim_{x \to 2+}\frac{Q(x) - Q(2)}{x - 2} = \lim_{x \to 2+}\frac{h(x) \times (-x) - h(2) \times 1}{x - 2}$$

$$= \lim_{x \to 2+}\frac{\{h(x) - h(2)\} \times (-x)}{x - 2}$$

$$= -2h'(2)$$

$$\lim_{x \to 2-}\frac{Q(x) - Q(2)}{x - 2} = \lim_{x \to 2-}\frac{h(x) \times 1 - h(2) \times 1}{x - 2}$$

$$= h'(2)$$

에서 $-2h'(2) = h'(2)$이므로 $h'(2) = 0$이다.

$h'(2)=0,\ h(2)=0$이면 $h(x)g(x)$는 $x=2$에서 미분가능하다. 따라서 다항식 $h(x)$는 $(x-2)^2$을 인수로 갖는다.

138 정답 2

함수 $f(x)$는 다항함수이므로 조건 (가)에서

$f(x)-kx^4=-4kx^3+ax^2+bx+c$ $(a,\ b,\ c$는 상수)로 놓을 수 있다.

$f(x)=kx^4-4kx^3+ax^2+bx+c$

$f'(x)=4kx^3-12kx^2+2ax+b$이므로

(나) $f'(0)=0 \Rightarrow b=0$이다.

따라서 $f'(x)=4kx^3-12kx^2+2ax$

$$\lim_{x\to 0}\frac{f'(x)}{x^2+2x}=\lim_{x\to 0}\frac{x(4kx^2-12kx+2a)}{x(x+2)}=\frac{2a}{2}=4k$$

$\therefore\ a=4k$

따라서 $f(x)=kx^4-4kx^3+4kx^2+c$이고

$f(0)=f(2)=c,\ f(1)=k+c$

$f(x)$의 극댓값이 양수이므로 그래프 개형은 다음 그림과 같다.

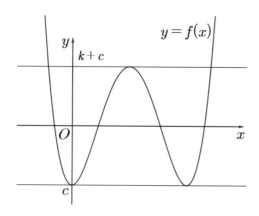

따라서 $|f(x)|=1$의 서로 다른 실근의 개수가 5개이기 위해서는 $y=f(x)$와 $y=1$ 또는 $y=-1$의 교점이 개수의 합이 5개이면 된다.

따라서 $c=-1$이다.

$c+k=1$에서 $k=2$

139 정답 ②

곡선 위의 점 P를 고정한 채 직선 위의 점 Q의 움직임에 따라 P, Q의 중점 M의 자취를 그려보면 고정 점 P에서 직선에 내린 수선의 발을 Q'라 할 때 $\overline{PQ'}$의 수직이등분선이 됨을 알 수 있다. 즉 직선과 평행한 직선이 점 M의 자취이다.

그럼 점 P가 직선에 가장 가까울 때 구하려는 거리의 최소가 되겠다.

곡선 위의 점 P가 직선에 가장 가까울 때는 곡선위의 점에서의 접선의 기울기가 직선과 같을 때이다.

따라서

$f(x)=\dfrac{1}{2}x^2+1$일 때, 함수 $f(x)$위의 점 P를 $(a,\ f(a))$라 하고

$f'(a)=1$을 만족하는 a를 구한 뒤 그 점을 P로 고정한 채 중점 M을 표현하면 되겠다.

따라서 $f'(x)=x$에서 $a=1$이다.

따라서 $P\left(1,\ \dfrac{3}{2}\right)$

점 Q는 $y=x-2$위의 점이므로 $Q(t,\ t-2)$이고 P, Q의 중점 $M\left(\dfrac{t+1}{2},\ \dfrac{2t-1}{4}\right)$이다.

$A(3,\ 0)$이므로

$$\overline{AM}=\sqrt{\left(\frac{t-5}{2}\right)^2+\left(\frac{2t-1}{4}\right)^2}$$

$$=\sqrt{\frac{8t^2-44t+101}{16}}$$

$$=\frac{\sqrt{8\left(t-\frac{11}{4}\right)^2+\frac{81}{4}}}{4}\geq\frac{9\sqrt{2}}{8}$$

따라서 $t=\dfrac{11}{4}$일 때 최솟값 $\dfrac{9\sqrt{2}}{8}$

140 정답 13

[출제자 : 정일권T]

방정식 $x^3-x-k=0$의 근을 알아보기 위해 식을 $x^3-x=k$라 하면 $y=x^3-x$와 $y=k$와 교점의 x좌표가 근이 된다.

$y=x^3-x$의 그래프를 알아보기 위해 미분하면,

$y'=3x^2-1$에서

$x=-\dfrac{\sqrt{3}}{3}$에서 극댓값 $\dfrac{2\sqrt{3}}{9}$, $x=\dfrac{\sqrt{3}}{3}$에서 극솟값 $-\dfrac{2\sqrt{3}}{9}$을 가진다.

따라서, k값에 따른 α값의 범위, $g_k(\alpha)$를 알아보면

k 값의 범위	α 값의 범위	$g_k(\alpha)$
$k<-\dfrac{2\sqrt{3}}{9}$	$\alpha_1<-1$	0
$k=-\dfrac{2\sqrt{3}}{9}$	$\alpha_1<-1,\ 0<\alpha_2=\dfrac{\sqrt{3}}{3}<1$	π
$-\dfrac{2\sqrt{3}}{9}<k<0$	$\alpha_1<-1,\ 0<\alpha_2<\alpha_3<1$	2π
$k=0$	$\alpha_1=-1,\ \alpha_2=0,\ \alpha_3=1$	5π
$0<k<\dfrac{2\sqrt{3}}{9}$	$-1<\alpha_1<\alpha_2<0,\ \alpha_3>1,$	6π
$k=\dfrac{2\sqrt{3}}{9}$	$-1<\alpha_1=-\dfrac{\sqrt{3}}{3}<0,\ \alpha_2>1$	3π
$k>\dfrac{2\sqrt{3}}{9}$	$\alpha_1>1$	0

$$\lim_{k\to\frac{2\sqrt{3}}{9}-}g_k(\alpha)+\lim_{k\to 0-}g_k(\alpha)+g_0(\alpha)=6\pi+2\pi+5\pi=13\pi$$

$\therefore\ p=13$

141 정답 ③

(가)에서 $f'(x)$의 계수를 양수 a라 하면
$$f'(x)=a(x-1)(x-3)(x-n)$$
$$=a\{x^3-(n+4)x^2+(4n+3)x-3n\}$$
(나)에서 $f(x)=0$은 적어도 두 실근을 갖는다.
$x<1$인 근이 반드시 존재하므로 그 근은 (다)에서
$x=0$이므로 $f(0)=0$
$$f(x)=a\left\{\frac{1}{4}x^4-\frac{n+4}{3}x^3+\frac{4n+3}{2}x^2-3nx\right\}\cdots\bigcirc$$
이다.

$\bigcirc$에서 극댓값 $f(3)$을 구해보면
$$f(3)=a\left(\frac{81}{4}-9n-36+18n+\frac{27}{2}-9n\right)$$
$$=-\frac{9}{4}a<0$$
따라서 사차방정식 $f(x)=0$은 서로 다른 두 실근을 갖는다.

이므로 $\displaystyle\lim_{x\to p}\frac{x(x-3)(x-k)}{f(x)}$ 의 값이 항상 존재하기 위해서는

$x=0$과 $x=k$가 $f(x)=0$의 두 근이다.
그런데 $k\geq 6$이므로 $f(6)\leq 0$이다.
따라서
$\bigcirc$에서
$$f(6)=a(324-72n-288+72n+52-18n)\leq 0$$
따라서 $-18n+90\leq 0\Rightarrow n\geq 5$

142 정답 22

$f(x)$는 극솟값이 2개이고 그 값이 모두 0이다.
따라서 t값에 따른 $g(t)$그래프는 다음과 같다.

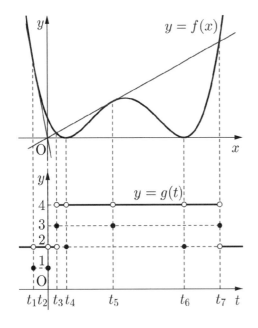

$n=7$이며 $\displaystyle\sum_{k=1}^{n}g(t_k)=1+1+3+2+3+2+3=15$

따라서 $7+15=22$

143 정답 ①

$$f'(x)=-x^3+4x^2-3x$$
$$=-x(x^2-4x+3)$$
$$=-x(x-1)(x-3)$$
증감표에서 사차함수 $f(x)$는 $x=0$에서 극대, $x=1$에서 극소,
$x=3$에서 극대이다.
따라서 a의 값으로 가능한 값은 0과 3이다.
$a=0$일 때, $f(0)=0$
$a=3$일 때,
$$f(3)=-\frac{81}{4}+36-\frac{27}{2}+3$$
$$=\frac{-81+144-54+12}{4}=\frac{21}{4}$$
이므로 함수 $f(x)$의 최댓값은 $\frac{21}{4}$이다.
따라서 조건(나)를 만족하는 $a=0$이다.
그러므로 $f(x)=-\frac{1}{4}x^4+\frac{4}{3}x^3-\frac{3}{2}x^2$이고 함수 $f(x)$의
극솟값은
$$f(1)=-\frac{1}{4}+\frac{4}{3}-\frac{3}{2}=\frac{-3+16-18}{12}=-\frac{5}{12}$$

144 정답 ④

이차함수 $f(x)$는 (가) 조건에 의해 $x=1$에 대칭이므로
$f(x)=a(x-1)^2+q$꼴이다.
따라서 $f'(x)=2a(x-1)$ $(a>0)$
$y=-x^2+6x-6=-(x-3)^2+3$
(나) 조건을 만족하기 위해서는 다음 그림과 같이
$y=2a(x-1)$의 기울기 $2a$가 $(1,\,0)$에서
$y=-(x-3)^2+3$에 그은 접선의 기울기($\bigcirc$) 보다 크거나
같아야 한다.

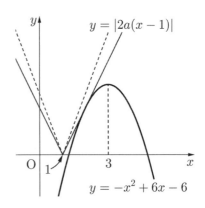

$\bigcirc$을 구해보자.
접점의 좌표를 $(t,\,-t^2+6t-6)$이라 하면
$$\frac{-t^2+6t-6}{t-1}=-2t+6$$
$$-t^2+6t-6=-2t^2+8t-6$$
$$t^2-2t=0$$

$t(t-2)=0$

$t=2$ ($\because t>1$)

따라서 접선의 기울기는 2이다.

그러므로 $2a \geq 2$에서 $a \geq 1$

145 정답 ②

$f'(x)=x^2-5x+6=(x-2)(x-3)=0$ 의 해는

$x=2$ 또는 $x=3$이므로

삼차함수 $f(x)$는 $x<2$, $x>3$ 에서 증가

$2<x<3$에서 감소한다.

$$g(x)=\begin{cases} f(x) & (x \leq k \text{ 또는 } x \geq 2k) \\ \dfrac{f(2k)-f(k)}{k}(x-k)+f(k) & (k<x<2k) \end{cases}$$

$k<x<2k$에서 $g(x)=\dfrac{f(2k)-f(k)}{2k-k}(x-k)+f(k)$는

두 점 $(k, f(k))$와 $(2k, f(2k))$을 지나는 직선을 의미한다.

함수 $g(x)$가 역함수가 존재하기 위해서는 $g(x)$가 증가함수가

되어야 한다.

$k \leq 2$이고 $2k \geq 3$이어야 한다.

따라서 $\dfrac{3}{2} \leq k \leq 2 \cdots\text{㉠}$이고 $f(k)<f(2k)$가 성립하면 된다.

$f'(x)=x^2-5x+6$에서 $f(x)=\dfrac{1}{3}x^3-\dfrac{5}{2}x^2+6x+C$이고

$f(2k)=\dfrac{8}{3}k^3-10k^2+12k+C$

$f(k)=\dfrac{1}{3}k^3-\dfrac{5}{2}k^2+6k+C$

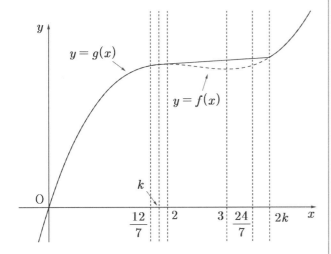

$f(2k)-f(k)$

$=\dfrac{7}{3}k^3-\dfrac{15}{2}k^2+6k>0$

$k>0$이므로 양변에 $\times\dfrac{6}{k}$

$14k^2-45k+36>0$

$(7k-12)(2k-3)>0$

$k<\dfrac{3}{2}$ 또는 $k>\dfrac{12}{7} \cdots\text{㉡}$

따라서 ㉠, ㉡에서

$\dfrac{12}{7}<k \leq 2$

따라서 $\alpha=\dfrac{12}{7}$, $\beta=2$이므로

$\beta-\alpha=\dfrac{2}{7}$

146 정답 ④

[그림 : 이호진T]

[검토자 : 백상민T]

(가)에서 최고차항의 계수가 1인 사차함수 $f(x)$의 그래프는

$(0, 0)$, $(a, 0)$을 지난다.

(나)에서 $f(k)$, $g(k)$는 실수이고 실수의 제곱이 합이 0이기

위해서는 각각의 값이 0이어야 한다.

따라서 $f(k)=g(k)=0$이다.

사차함수 $f(x)$는 $(k, 0)$에서 그은 접선의 y절편이 0이므로

접선이 x축이다.

$f'(0)=8>0$이므로 함수 $f(x)$의 그래프 개형은 다음과 같다.

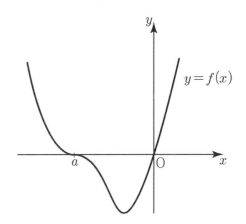

따라서 $f(x)=x(x-a)^3$ $(a<0)$

$f'(x)=(x-a)^3+3x(x-a)^2$

$f'(0)=-a^3=8$

$\therefore a=-2$

그러므로 $f(x)=x(x+2)^3$이다.

$f(2a)=f(-4)=32$이다.

147 정답 ③

[그림 : 이호진T]

(가)에서 $f(x)=2x^4-8x^3+\cdots$이다. ㉠

따라서 함수 $f'(x)$는 최고차항의 계수가 8인 삼차함수이고

(나)에서 $x=0$을 대입하면 $f'(k)\times f'(k) \leq 0$에서

$f'(k)=0$이다.

모든 실수 x에 대하여 $f'(k+x)\times f'(k-x) \leq 0$을

만족시키기 위해서는 다음과 같이 두 가지 경우를 생각할 수

있다.

(i) 함수 $f'(x)$가 $(k, 0)$에 대칭인 경우

즉, $f'(k+x)=-f'(k-x)$이므로
$f'(k+x) \times f'(k-x)=-\{f'(k-x)\}^2 \leq 0$이 항상 성립한다.
따라서 $f'(0)=f'(k)=f'(2k)=0$이므로
$f'(x)=8x(x-k)(x-2k)$
$\qquad =8x^3-24kx^2+16k^2x$
$f(x)=2x^4-8kx^3+8k^2x^2+C$이다.
㉠에서 $k=1$이므로
$f(x)=2x^4-8x^3+8x^2+C$
따라서 $f(k)-f(0)=2+C-C=2$이다.
(ii) 함수 $f'(x)$가 $(k, 0)$에 대칭이 아닌 경우
$\lim\limits_{x \to \infty}f'(x)=\infty$이므로 다음 그림과 같이
$x>k$일 때, $f'(x) \geq 0$이고 $x<k$일 때, $f'(x) \leq 0$이어야
한다.

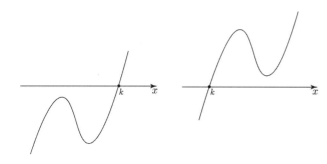

$f'(0)=0$이므로 삼차함수 $f'(x)$는 $x=0$에서 x축에 접해야
한다.
따라서
$f'(x)=8x^2(x-k)=8x^3-8kx^2$
따라서
$f(x)=2x^4-\dfrac{8}{3}kx^3+C$
㉠에서 $-\dfrac{8}{3}k=-8$
$\therefore\ k=3$
그러므로 $f(x)=2x^4-8x^3+C$
$\therefore\ f(k)=f(3)=-54+C$
$f(0)=C$이므로 $f(k)-f(0)=-54$이다.
(i), (ii)에서 $f(k)-f(0)$의 최댓값은 2, 최솟값은 -54이므로
합은 -52이다.

148 정답 ④

$f(x)=x^3-\dfrac{3}{2}ax^2+x+\dfrac{1}{2}a^3$, $f'(x)=3x^2-3ax+1$에서
$f(a)=a$이고 $f'(a)=1$이므로 곡선 $y=f(x)$위의 $x=a$에서의
접선의 방정식은 $y=x$이다.
또한
$f(2a)=8a^3-6a^3+2a+\dfrac{1}{2}a^3=\dfrac{5}{2}a^3+2a$
$f'(2a)=12a^2-6a^2+1=6a^2+1$
에서 곡선 $y=f(x)$위의 $x=2a$에서의 접선의 방정식은

$y=(6a^2+1)(x-2a)+\dfrac{5}{2}a^3+2a$
$\quad =(6a^2+1)x-\dfrac{19}{2}a^3$
이다.
두 접선이 만나는 점 A의 x좌표는
$(6a^2+1)x-\dfrac{19}{2}a^3=x$
$6a^2x=\dfrac{19}{2}a^3$
$x=\dfrac{19}{12}a$
이다. 점 A가 $y=x$ 위의 점이므로 $\overline{OA}=2\sqrt{2}$ 에서
$\dfrac{19}{12}a=2$이다.
따라서 $a=\dfrac{24}{19}$이다.

149 정답 ④

[출제자 : 이소영T]
[그림 : 서태욱T]
$y=g(x)$가 실수 전체에서 연속이 되기 위해서는 아래 그림과
같이 $y=f(x)$와 $y=-2f(x)+6x-15$의 교점의 x좌표가 a,
$a+2$가 되어야 한다.

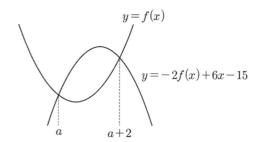

따라서 $f(x)=-2f(x)+6x-15$의 해가 $x=a$ 또는
$x=a+2$이고, $f(x)$의 최고차항의 계수가 1이므로
$3f(x)-6x+15=3(x-a)(x-a-2)$
$f(x)-2x+5=x^2-(2a+2)x+a^2+2a$
$f(x)=x^2-2ax+a^2+2a-5$ $\cdots\cdots$ ㉠
$y=f(x)$의 대칭축은 $x=a$
$y=-2f(x)+6x-15$의 대칭축은 $x=a+\dfrac{3}{2}$이므로 $g(x)$를
그리면 아래와 같다.

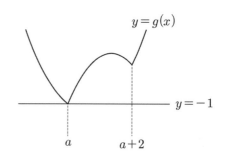

방정식 $g(x)=-1$의 실근의 개수가 1개이므로 $(a,-1)$을
$y=g(x)$가 지난다.

$g(a)=f(a)=-1$이므로 ㉠에 대입하면

$a^2-2a^2+a^2+2a-5=-1$이고 $a=2$이다.

따라서

$$g(x)=\begin{cases} f(x) & (x\le 2 \text{또는 } x\ge 4) \\ -2f(x)+6x-15 & (2\le x\le 4) \end{cases}$$이고,

$f(x)=x^2-4x+3$임을 알 수 있다.

$g\left(\dfrac{5}{2}\right)$의 값을 구하면

$-2f\left(\dfrac{5}{2}\right)+15-15=-2f\left(\dfrac{5}{2}\right)=\dfrac{3}{2}$이다.

150 정답 ④

[그림 : 강민구T]

[검토자 : 정일권T]

α의 값이 0, 1, 2이므로 $f(0)=f(1)=f(2)=5$이다.

양수 k에 대하여 삼차함수 $g(x)$는

$g(x)=kx(x-1)(x-2)+5$라 할 수 있다. …… ㉠

$g'(0)\ge \displaystyle\lim_{x\to 0-}f'(x)$이어야 삼차함수 $g(x)$의 그래프와 함수
$f(x)$의 그래프는 $x<0$에서 만나지 않는다.

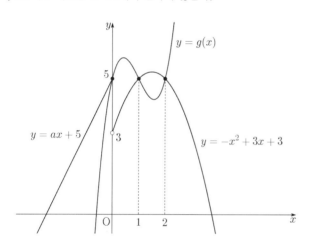

$g'(x)=k(x-1)(x-2)+kx(x-2)+kx(x-1)$

$g'(0)=2k$

$x<0$일 때, $f'(x)=a$에서 $\displaystyle\lim_{x\to 0-}f'(x)=a$이므로 $2k\ge a$이다.

$\therefore\ k\ge\dfrac{a}{2}$

$g(3)=6k+5\ge 11$

$\therefore\ k\ge 1$

그러므로 $a\ge 2$이다.

151 정답 16

함수 $g(t)$가 (가), (나) 조건을 만족하기 위해서는
$g(0)=3$이어야 한다.

즉, $y=-\dfrac{9}{4}x$가 함수 $f(x)$의 $x>0$인 부분과 $x<0$인
부분에서 동시에 접하는 직선이어야 한다.

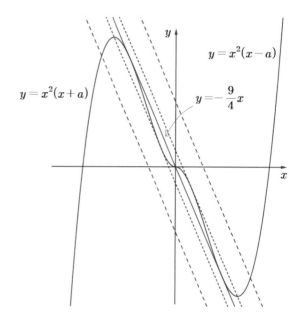

$x>0$에서 $y=x^2(x-a)=x^3-ax^2$위의

점 $(p,\ p^3-ap^2)$의 접선이 원점을 지나고 기울기가 $-\dfrac{9}{4}$이다.

$\dfrac{f(p)-f(0)}{p-0}=f'(p)$

$\dfrac{p^3-ap^2}{p}=3p^2-2ap$

$p^2-ap=3p^2-2ap$

$p(2p-a)=0$

$p=\dfrac{a}{2}$

$f'(p)=-\dfrac{9}{4}$이므로

$3\times\left(\dfrac{a}{2}\right)^2-2a\left(\dfrac{a}{2}\right)=-\dfrac{9}{4}$

$\dfrac{3a^2-4a^2}{4}=-\dfrac{9}{4}$

$a=3\ (\because a>0)$

따라서

$$f(x)=\begin{cases} x^2(x+3) & (x<0) \\ x^2(x-3) & (x\ge 0) \end{cases}$$

$f(a+1)=f(4)=16$이다.

152 정답 36

$f(x)=x^3+ax^2-ax+a+2$라 두고

$f'(x)=3x^2+2ax-a$에서

곡선 위의 점 $(t,f(t))$에서의 접선의 방정식을 구하자.

$y=(3t^2+2at-a)(x-t)+t^3+at^2-at+a+2$

$= (3t^2 + 2at - a)x - 2t^3 - at^2 + a + 2$

이 직선이 $(0, 0)$을 지나므로

$2t^3 + at^2 - a - 2 = 0$이 성립한다.

조립제법으로 인수분해 하면

$(t-1)(2t^2 + (a+2)t + a + 2) = 0$

접선의 개수가 2이므로 접점의 개수도 2이다.

즉, $2t^2 + (a+2)t + a + 2 = 0$은

1이 아닌 중근을 갖거나 $t = 1$과 $t = \alpha$ $(\alpha \neq 0)$인 해를 가져야 한다.

(i) $2t^2 + (a+2)t + a + 2 = 0$이 1이 아닌 중근을 가질 때,

$D = (a+2)^2 - 8(a+2) = (a+2)(a-6) = 0$

$a = -2$이면 중근 0을 갖고

$a = 6$이면 중근 -2을 갖는다.

따라서 $a = -2$, $a = 6$ 모두 만족한다.

(ii) $2t^2 + (a+2)t + a + 2 = 0$이 $t = 1$을 근을 가질 때

$2 + a + 2 + a + 2 = 0$에서 $a = -3$

$a = -3$이면 $2t^2 - t - 1 = 0$이고 $(2t+1)(t-1)$에서

1이 아닌 근 $\alpha = -\dfrac{1}{2}$이다.

따라서 $a = -3$이면 조건을 만족한다.

(i), (ii)에서 $a = -2$, $a = 6$, $a = -3$

이므로 모든 a의 값의 곱은 36이다.

153 정답 18

$f(x) = x^3 + \dfrac{3}{2}(1-a)x^2 - 3ax$

$f'(x) = 3x^2 + 3(1-a)x - 3a = 3(x+1)(x-a)$

함수 $f(x)$는 $x = -1$ 또는 $x = a$에서 극값을 갖는다.

방정식 $f(x) = 0$이 서로 다른 세 실근을 가지기 위해서는

$y = f(x)$가 극대와 극소를 모두 갖는 삼차함수여야 하고

극댓값과 극솟값의 곱이 음수여야 한다.

$f(-1) = -1 + \dfrac{3}{2} - \dfrac{3}{2}a + 3a = \dfrac{3}{2}a + \dfrac{1}{2}$

$f(a) = a^3 + \dfrac{3}{2}a^2 - \dfrac{3}{2}a^3 - 3a^2 = -\dfrac{1}{2}a^3 - \dfrac{3}{2}a^2 = -\dfrac{1}{2}a^2(a+3)$

$f(-1) \times f(a) = \dfrac{1}{2}(3a+1) \times \left\{ -\dfrac{1}{2}a^2(a+3) \right\}$

$= -\dfrac{1}{4}a^2(3a+1)(a+3) < 0$

$a \neq 0$이어야 하고 $(3a+1)(a+3) > 0$이어야 하므로

$a < -3$ 또는 $-\dfrac{1}{3} < a < 0$ 또는 $a > 0$

함수 $f(x)$는

(i) $a > -\dfrac{1}{3}$ $(a \neq 0)$ 일 때,

$x = -1$에서 극댓값을 가지고, $x = a$에서 극솟값을 갖는다.

따라서 극솟값은 $f(a) = -\dfrac{1}{2}a^2(a+3)$

함수 $y = -\dfrac{1}{2}a^2(a+3)$의 그래프는 다음 그림과 같다.

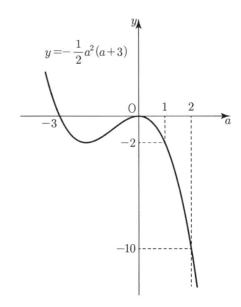

$a = 1, 2, 3, \cdots$이므로

극솟값의 최댓값은 $f(1) = -2$이다.

(ii) $a < -3$일 때,

$x = a$에서 극대, $x = -1$에서 극솟값을 갖는다.

따라서 극솟값은 $f(-1) = \dfrac{3}{2}a + \dfrac{1}{2}$

함수 $y = \dfrac{3}{2}a + \dfrac{1}{2}$의 그래프는 다음 그림과 같다.

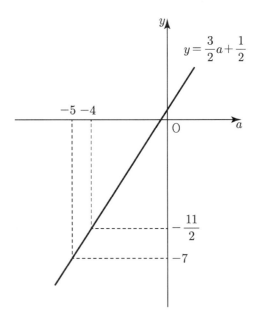

$a = -4, -5, -6, \cdots$이므로

극솟값의 최댓값은 $f(-1) = \dfrac{3}{2} \times (-4) + \dfrac{1}{2} = -\dfrac{11}{2}$이다.

(i), (ii)에서 함수 $f(x)$의 극솟값이 최대인 경우는 $a = 1$일 때이다.

따라서 $f(x)=x^3-3x$이고

$f(3)=27-9=18$

154 정답 36

최고차항의 계수가 1인 삼차방정식 $f(x)-g(x)=0$은 적어도 하나의 실근을 가지므로

방정식 $f(x)-g(x)=0$의 한 실근을 k라 하면 (가)에서 함수 $|f(x)-g(x)|$이 실수 전체의 집합에서 미분가능하려면

$f(x)-g(x)=(x-k)^3$이어야 한다.

따라서

$f(x)=(x-k)^3+3x-1\cdots\text{㉠}$

조건 (나)에서

모든 실수 x에 대하여 $f(x)(3x-1)\geq0$이 성립하기 위해서는

방정식 $f(x)=0$이 $x=\dfrac{1}{3}$이외의 해를 가지면

$y=f(x)(3x-1)$의 그래프 개형상 $y\leq0$인 부분이 생기므로

방정식 $f(x)=0$의 실근이 $x=\dfrac{1}{3}$이어야 한다.

따라서 $f\left(\dfrac{1}{3}\right)=0$

㉠에서 $f\left(\dfrac{1}{3}\right)=\left(\dfrac{1}{3}-k\right)^3+3\times\dfrac{1}{3}-1=0$에서

$k=\dfrac{1}{3}$이다.

따라서

$f(x)=\left(x-\dfrac{1}{3}\right)^3+3x-1$이다.

그러므로 $f\left(\dfrac{10}{3}\right)=27+9=36$

155 정답 44

(가)에 의하여

$f(x)=x^3+ax^2+bx+c$ (a,b,c는 상수)라 하면

$f(0)=c$ 이므로 $f'(0)=c$ ($\because$(나))이다

$f'(x)=3x^2+2ax+b$ 이므로

$f'(0)=b=c$

$\therefore f(x)=x^3+ax^2+bx+b$

조건 (다)에서 $f(x)-f'(x)\leq0$ ($x\leq2$) 이므로

$f(x)-f'(x)=x^3+(a-3)x^2+(b-2a)x\leq0$ ($x\leq2$)

$g(x)=f(x)-f'(x)$ 라 하면

$g(x)=x\{x^2+(a-3)x+(b-2a)\}$이고

$x\leq2$에서 $g(x)\leq0$이려면

함수 $y=g(x)$ 의 그래프가 그림과 같아야 한다.

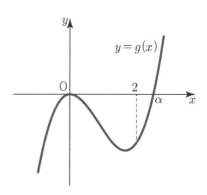

따라서 $g(x)=x^2(x-\alpha)$ $(\alpha\geq2)$

따라서 $b=2a$이면 $g(x)=x^2(x+a-3)$이므로

$\alpha=-a+3$이다. $\alpha\geq2$이므로 $-a+3\geq2$에서

$a\leq1$

$f(x)=x^3+ax^2+bx+b$ 에서

$f(x)=x^3+ax^2+2ax+2a$ $(a\leq1)$

$f(3)=27+9a+6a+2a=17a+27$

이므로 $f(3)\leq44$

이므로 $f(3)$의 최댓값은 44이다.

156 정답 22

$h(x)=kf(x)-g(x)+\dfrac{3}{k}+\dfrac{65}{k^2}$라 하면

$h(x)=2kx^3-3kx^2-3x^2+3+\dfrac{3}{k}+\dfrac{65}{k^2}$

$h'(x)=6kx^2-6kx-6x=6x(kx-k-1)$

$h'(x)=0$의 해는 $x=0$, $x=\dfrac{k+1}{k}=1+\dfrac{1}{k}$

k는 자연수이므로 삼차함수 $h(x)$는 $x=0$일 때 극댓값

$3+\dfrac{3}{k}+\dfrac{65}{k^2}>0$

$x=1+\dfrac{1}{k}$일 때, 극솟값 $h\left(1+\dfrac{1}{k}\right)$을 갖는다.

$h(x)=x^2(2kx-3k-3)+3+\dfrac{3}{k}+\dfrac{65}{k^2}$에서

$h\left(1+\dfrac{1}{k}\right)=\left(1+\dfrac{1}{k}\right)^2(2k+2-3k-3)+3+\dfrac{3}{k}+\dfrac{65}{k^2}$

$\qquad=\dfrac{(k+1)^2}{k^2}\times(-k-1)+3+\dfrac{3}{k}+\dfrac{65}{k^2}$

$\qquad=-\dfrac{(k+1)^3}{k^2}+3+\dfrac{3}{k}+\dfrac{65}{k^2}$

$h\left(1+\dfrac{1}{k}\right)<0$인 k 범위를 구해보자.

$-\dfrac{(k+1)^3}{k^2}+3+\dfrac{3}{k}+\dfrac{65}{k^2}<0$

$3+\dfrac{3}{k}+\dfrac{65}{k^2}<\dfrac{(k+1)^3}{k^2}$

$3k^2+3k+65<k^3+3k^2+3k+1$

$k^3>64\rightarrow k>4$

즉, 삼차함수 $h(x)$는

$1 \le k < 4$ 일 때, x축과 교점 1개 → a의 개수 1 (3개)

$k = 4$ 일 때, x축과 교점 2개, 1개는 x축과 접하므로 → a의 개수 1 (1개)

$k > 4$ 일 때, x축과 교점 3개 → a의 개수 3 (6개)

따라서 $1 \times 4 + 3 \times 6 = 4 + 18 = 22$

[랑데뷰팁]

삼차함수 $f(x)$의 그래프에서 극댓값과 극솟값의 부호가 다를 때 함수 $|f(x)|$의 그래프는 3개의 첨점을 가지며 그 점에서 미분 가능하지 않다.

---

157 정답 23

함수 $f(x)$, $-f(x)$를 그리면 다음과 같다.

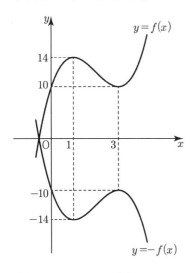

이 때, $y = -f(x) + t$의 의미는 $-f(x)$를 t만큼 평행이동 시킨 함수로 해석할 수 있다. 따라서 $t = 0$인 상황에서 $g(x)$는 다음과 같다.

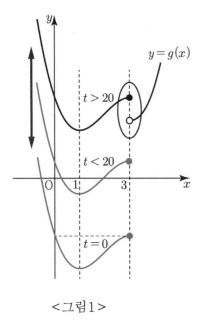

<그림1>

<그림1>과 같이 $t = 0$일 때의 $g(x)$의 상황은 극값이 한 개이므로 $h(0) = 1$이다.

한편, <그림1>은 $g(x)$가 $t > 20$, $0 < t < 20$, $t = 0$인 상황을 고려하여 그린 것이다.

이때, $h(t)$ $(t > 20)$인상황이면, $g(x)$의 극값이 $x = 1$, $x = 3$에서 극값이므로, $h(t) = 2$가 됨을 알 수 있다.

따라서, $t = 0$, $t > 20$인 상황을 고려하여 $h(t)$는 다음과 같다.

$$h(t) = \begin{cases} 1 & (t \le 20) \\ 2 & (t > 20) \end{cases} \text{이므로, } h(t)\text{의 치역의 집합의 모든}$$

원소의 합은 3이며, $t = 20$에서 불연속을 가지므로, $\alpha = 20$이다.

따라서 $m + \alpha = 23$임을 알 수 있다.

---

158 정답 ④

$f'(x) = 3x^2 + k > 0$ 이므로 $f(x)$는 증가함수이다.

$f'(x) = 3x^2 + k = 4k$

$3x^2 = 3k$에서 점 A, B의 x좌표는 $-\sqrt{k}$, $\sqrt{k}$이다.

따라서 $f(0) = k$,

$\therefore f(-\sqrt{k}) = -2k\sqrt{k} + k$

$\therefore f(\sqrt{k}) = 2k\sqrt{k} + k$ 이다.

따라서 접점의 좌표는

점 $A(-\sqrt{k}, -2k\sqrt{k} + k)$, $B(\sqrt{k}, 2k\sqrt{k} + k)$이다.

따라서 접선 l, m은 다음과 같다.

$l : y = 4kx + 2k\sqrt{k} + k$

$m : y = 4kx - 2k\sqrt{k} + k$

l, m의 x절편을 A', B'라 하면

$A'\left(-\dfrac{\sqrt{k}}{2} - \dfrac{1}{4}, 0\right)$, $B'\left(\dfrac{\sqrt{k}}{2} - \dfrac{1}{4}, 0\right)$

사각형은 다음 그림과 같이 평행사변형이다.

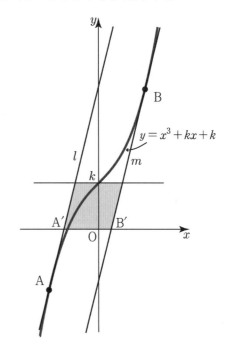

따라서 넓이는 $\overline{A'B'} \times k = 8$이다.

$\overline{A'B'} = \sqrt{k}$ 이므로 $k^{\frac{3}{2}} = 8$에서 $k = 4$

적분법

유형 1 부정적분의 정의와 성질

159 정답 ④

함수 $f(x)$가 실수 전체의 집합에서 미분가능하므로

$\lim\limits_{x \to b-} f'(x) = \lim\limits_{x \to b+} f'(x)$이다.

$\therefore a = b^2 - 2b$ ······ ㉠

함수 $f(x)$가 일대일 대응이므로 모든 실수 x에 대하여

$f'(x) \geq 0$이거나 $f'(x) \leq 0$이어야 한다.

$\lim\limits_{x \to \infty} f'(x) = \infty$이므로 $f'(x) \geq 0$이어야 하므로 $a > 0$,

$b > 2$이다.

$$f(x) = \begin{cases} ax + C_1 & (x < b) \\ \dfrac{1}{3}x^3 - x^2 + C_2 & (x \geq b) \end{cases}$$

함수 $f(x)$가 $x = b$에서 연속이므로

$ab + C_1 = \dfrac{1}{3}b^3 - b^2 + C_2$이다.

$f(3) - f(0) = C_2 - C_1 = 9$이므로

$(b^2 - 2b)b + C_1 = \dfrac{1}{3}b^3 - b^2 + C_2$에서

$b^3 - 2b^2 = \dfrac{1}{3}b^3 - b^2 + 9$

$\dfrac{2}{3}b^3 - b^2 - 9 = 0$

$2b^3 - 3b^2 - 27 = 0$

$(b - 3)(2b^2 + 3b + 9) = 0$

$\therefore b = 3$

㉠에서 $a = 3$이다.

따라서 $a + b = 6$이다.

160 정답 ①

(다)에서 양변 적분하면

$f(x)g(x) = x^4 - x^3 - x^2 - x + C \cdots ㉠$ 이고

$\lim\limits_{x \to \infty} \dfrac{f(x)}{g(x)}$의 값이 존재하므로 (나)조건에 의해 함수 $f(x)$는

일차함수이고 $g(x)$는 삼차함수이다.

$f(0) = -1$이므로 $f(x) = ax - 1$ $(a \neq 0)$라 두면

$f'(0) = a$이므로 $g'(0) = \dfrac{1}{a}$에서

$g(x) = \dfrac{1}{a}x^3 + bx^2 + \dfrac{1}{a}x + c$라 할 수 있다.

따라서

$f(x)g(x) = (ax - 1)\left(\dfrac{1}{a}x^3 + bx^2 + \dfrac{1}{a}x + c\right)$

$= x^4 + \left(ab - \dfrac{1}{a}\right)x^3 + (1 - b)x^2 + \left(ac - \dfrac{1}{a}\right)x - c \cdots ㉡$

㉠, ㉡에서

$1 - b = -1$이므로 $b = 2$

$ab - \dfrac{1}{a} = -1$에서 $b = 2$이므로 $2a - \dfrac{1}{a} = -1$

$2a^2 + a - 1 = 0$

$(2a - 1)(a + 1) = 0$

$\therefore a = \dfrac{1}{2}$ 또는 $a = -1$

$a = -1$이면 $f(x)$의 계수와 $g(x)$의 계수가 모두 -1이므로 모순이다.

따라서 $a = \dfrac{1}{2}$

$ac - \dfrac{1}{a} = -1$에서 $a = \dfrac{1}{2}$이므로 $\dfrac{1}{2}c - 2 = -1$

$\dfrac{1}{2}c = 1$

$\therefore c = 2$

따라서

$f(x) = \dfrac{1}{2}x - 1$, $g(x) = 2x^3 + 2x^2 + 2x + 2$

그러므로 $f(2) + g(1) = 0 + 8 = 8$

161 정답 ⑤

조건 (가)에서 $h \to 0$일 때 (분모)$\to 0$이고 극한값이 존재하므로 (분자)$\to 0$이어야 한다.

즉, $4f(1) - 1 = 0$에서 $f(1) = \dfrac{1}{4}$

$\lim\limits_{h \to 0} \dfrac{4f(1 + h) - 1}{h}$

$= \lim\limits_{h \to 0} \dfrac{4\left\{f(1 + h) - \dfrac{1}{4}\right\}}{h}$

$= \lim\limits_{h \to 0} \dfrac{4\{f(1 + h) - f(1)\}}{h}$

$= 4f'(1) = 4$ 에서 $f'(1) = 1$이다.

조건 (나)에서 $f'(1) = 2 + a = 1$이므로 $a = -1$

$f(x) = \displaystyle\int (4x^3 - 2x - 1)dx$

$= x^4 - x^2 - x + C$ (C는 적분상수)

이때 $f(1) = \dfrac{1}{4}$이므로 $C = \dfrac{5}{4}$

따라서 $f(x)=x^4-x^2-x+\dfrac{5}{4}$이므로

$f(a)=f(-1)=1-1+1+\dfrac{5}{4}=\dfrac{9}{4}$

162 정답 27

곡선 $y=f(x)$ 위의 점 $(t,\,f(t))$에서의 접선의 방정식은

$y=f'(t)(x-t)+f(t)$

이므로 이 접선의 x절편은 $t-\dfrac{f(t)}{f'(t)}$이다.

즉, $t-\dfrac{f(t)}{f'(t)}=\dfrac{t^2-2f(t)}{f'(t)}\rightarrow t+\dfrac{f(t)}{f'(t)}=\dfrac{t^2}{f'(t)}$

양변을 $f'(t)$을 곱하면

$tf'(t)+f(t)=t^2$

양변 적분하면

$\displaystyle\int\{tf'(t)+f(t)\}dt=\int t^2 dt$

$\displaystyle\int\{tf(t)\}'dt=\dfrac{1}{3}t^3+C$ (C는 적분상수이다.)

$tf(t)=\dfrac{1}{3}t^3+C$

$f(x)$가 다항함수이므로 $C=0$이다.

따라서 $f(x)=\dfrac{1}{3}x^2$이다.

$\therefore f(9)=27$

유형 2 정적분의 성질과 계산

163 정답 ②

[검토자 : 김경민T]

집합 A에서 방정식 $(x-2)\displaystyle\int_0^x f(t)\,dt=0$의 해는

$x=2$, $x=0$이고 $\displaystyle\int_{-2}^0 f(x)\,dx=0$에서 $x=-2$이다.

따라서 집합 A의 원소는 $f(2)$, $f(0)$, $f(-2)$이다.
그런데 $n(A)=2$이므로 셋 중 같은 값이 있어야 한다.
$f(x)$는 최고차항의 계수가 양수인 이차함수이고
$f(-2)>0$이므로 $f(-2)=f(2)>0$, $f(0)<0$이다. …… ㉠
따라서 $f(x)=ax^2+q$ $(a>0,\;q<0)$꼴이다.

$\displaystyle\int_{-2}^0 f(x)\,dx=0$에서

$\displaystyle\int_{-2}^0 (ax^2+q)\,dx=\left[\dfrac{1}{3}ax^3+qx\right]_{-2}^0=\dfrac{8}{3}a+2q=0$

$q=-\dfrac{4}{3}a$

따라서 $f(x)=ax^2-\dfrac{4}{3}a$이다.

그러므로 이차함수 $f(x)$의 최솟값은 $-\dfrac{4}{3}a$이다.

[랑데뷰팁] - ㉠ 추가 설명

(i) $f(-2)=f(0)$인 경우 $f(-2)>0$이므로 $0<x<2$에서

$f(x)>0$이므로 $\displaystyle\int_0^2 f(x)\,dx>0\neq0$으로 모순이다.

(ii) $f(0)=f(2)$인 경우도 마찬가지로 $\displaystyle\int_0^2 f(x)\,dx\neq0$으로

모순이다.

164 정답 ①

$F'(x)=G'(x)=f(x)$이므로

$F(x)+G(x)=2x^3+ax^2+2x+1$의 양변을 x에 관하여

미분하면

$2f(x)=6x^2+2ax+2$

$\therefore f(x)=3x^2+ax+1$

그러므로 $f(-1)=-a+4$

$F(x)=x^3+\dfrac{1}{2}ax^2+x+C_1$, $G(x)=x^3+\dfrac{1}{2}ax^2+x+C_2$라

하면

$C_1+C_2=1\cdots$㉠

$\displaystyle\int_{-1}^1\{F(t)+xG(t)\}dt$

$=\displaystyle\int_{-1}^1 F(t)dt+x\int_{-1}^1 G(t)dt$

$=2\left[\dfrac{1}{6}at^3+C_1 t\right]_0^1+2x\left[\dfrac{1}{6}at^3+C_2 t\right]_0^1$

$=2\left(\dfrac{1}{6}a+C_1\right)+2x\left(\dfrac{1}{6}a+C_2\right)$

$=\dfrac{1}{3}a+2C_1+x\left(\dfrac{1}{3}a+2C_2\right)=-a+4$

이 식이 x에 대한 항등식이므로

$\dfrac{1}{3}a+2C_1=-a+4$, $\dfrac{1}{3}a+2C_2=0$

두 식을 변변 더하면

$\dfrac{2}{3}a+2=-a+4$ ($\because$ ㉠)

$\dfrac{5}{3}a=2$

$\therefore a=\dfrac{6}{5}$

165 정답 9

[그림 : 서태욱T]

$h(x)=\dfrac{f(x)-g(x)+|k(x)|}{2}$이다.

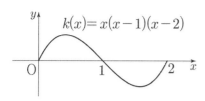

$0 \leq x < 1$일 때, $k(x) \geq 0$이므로 $h(x)=f(x)$
$1 \leq x < 2$일 때, $k(x) \leq 0$이므로 $h(x)=-g(x)$이다.
(나)에서 함수 $k(x)$는 주기가 2인 함수이므로
정수 n에 대하여
$2n \leq x < 2n+1$일 때, $k(x) \geq 0$이므로 $h(x)=f(x)$
$2n+1 \leq x < 2n+2$일 때, $k(x) \leq 0$이므로 $h(x)=-g(x)$

$\int_0^9 h(x)dx$

$= \int_0^1 f(x)dx + \int_1^2 \{-g(x)\}dx + \cdots + \int_7^8 \{-g(x)\}dx + \int_8^9 f(x)dx$

$= \int_0^1 f(x)dx + \int_2^3 f(x)dx + \int_4^5 f(x)dx + \int_6^7 f(x)dx + \int_8^9 f(x)dx$

$+ \left\{ \int_1^2 \{-g(x)\}dx + \int_3^4 \{-g(x)\}dx + \int_5^6 \{-g(x)\}dx + \int_7^8 \{-g(x)\}dx \right\}$

$= \int_0^1 f(x)dx + \int_2^3 f(x)dx + \int_4^5 f(x)dx + \int_6^7 f(x)dx + \int_8^9 f(x)dx$

$+ \left\{ \int_1^2 \{f(x)-k(x)\}dx + \int_3^4 \{f(x)-k(x)\}dx \right.$

$\left. + \int_5^6 \{f(x)-k(x)\}dx + \int_7^8 \{f(x)-k(x)\}dx \right\}$

$= \int_0^9 f(x)dx$

$- \int_1^2 k(x)dx - \int_3^4 k(x)dx - \int_5^6 k(x)dx - \int_7^8 k(x)dx$

$= \int_0^9 f(x)dx - 4\int_1^2 k(x)dx$

$= 8 - 4\int_1^2 \{x(x-1)(x-2)\}dx$

$= 8 - 4 \times \left(-\frac{1}{4}\right) = 9$

166 정답 ②

(가)에서 함수 $f(x)$는 $(a, 0)$에 대칭이다.

$\int_{-a}^a f(x)dx + \int_a^{3a} f(x)dx = 0$

$\int_{-3a}^{-a} f(x)dx = 4$, $\int_{-a}^{4a} f(x)dx = -2$에서

$\int_{-3a}^{4a} f(x)dx = 2$이므로 $\int_{-3a}^{-2a} f(x)dx = 2$

$\int_{4a}^{5a} f(x)dx = -2$이다.

따라서

$\int_{-2a}^{5a} f(x)dx = \int_{-2a}^{4a} f(x)dx + \int_{4a}^{5a} f(x)dx$

$= 0 + (-2) = -2$

167 정답 ②

[그림 : 배용제T]

닫힌구간 $[0, 2]$에서 함수 $g(x)=x+f(x)$는

$g(x) = \begin{cases} 1 & (0 \leq x < 1) \\ 2x-1 & (1 \leq x \leq 2) \end{cases}$

이고, 모든 실수 x에 대하여

$g(x+2) = (x+2) + f(x+2) = x+2+f(x)$

$= g(x)+2$

이므로 제1사분면에서 함수 $g(x)$의 그래프는 다음과 같다.

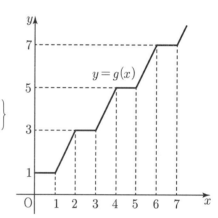

$a_n = \int_n^{n+1} g(x)dx$에서

$a_1 = \int_1^2 g(x)dx = \frac{1}{2} \times (1+3) \times 1 = 2$

$a_2 = \int_2^3 g(x)dx = 3 \times 1 = 3$

$a_3 = \int_3^4 g(x)dx = \frac{1}{2} \times (3+5) \times 1 = 4$

$a_4 = \int_4^5 g(x)dx = 5 \times 1 = 5$

$\vdots \qquad \vdots$

따라서

$a_n = n+1$이다.

$\sum_{n=1}^{10} a_n = \sum_{n=1}^{10} (n+1) = 55 + 10 = 65$

168 정답 31

조건 (가)에서 $\sum_{k=1}^n k(k-a) \geq 0$이므로

$\frac{n(n+1)(2n+1)}{6} - \frac{an(n+1)}{2} \geq 0$, $\frac{2n+1}{6} \geq \frac{a}{2}$

$$\therefore n \geq \frac{3a-1}{2} \quad \cdots \text{㉠}$$

$45 \leq a \leq 50$인 모든 실수 a에 대하여 ㉠이 성립하려면

$a=50$일 때, $n \geq \dfrac{3 \times 50 - 1}{2} = 74.5$

$\therefore n \geq 75$

조건 (나)에서 $30 \leq b \leq 35$인 어떤 실수 b에 대하여

$$\int_0^n x(x-2b)\,dx$$

$$=\int_0^n (x^2 - 2bx)dx$$

$$=\left[\frac{1}{3}x^3 - bx^2\right]_0^n = \frac{1}{3}n^3 - bn^2$$

$$=\frac{1}{3}n^2(n-3b) \leq 0$$

$30 \leq b \leq 35$이고 $f(n) = \dfrac{1}{3}n^2(n-3b)$ 라 두면 그래프에서

$f(n) \leq 0$을 만족하는 범위는

$0 \leq n \leq 3b \cdots$㉡이다.

$30 \leq b \leq 35$인 어떤 실수 b에 대하여 ㉡이 성립하므로 b 범위의 어떤 한 수라도 성립하면 되므로

$0 \leq n \leq 3 \times 35$ 즉, $0 \leq n \leq 105$이다.

따라서 조건을 만족시키는 자연수 n의 값의 범위는

$75 \leq n \leq 105$이다.

따라서 자연수 n의 개수는 $105 - 75 + 1 = 31$

169 정답 5

[그림 : 이정배T]

(가)에서 $F(x) = a(x+\alpha)^2(x-\alpha)^2 + m \ (a < 0)$꼴임을 알 수 있다.

따라서 함수 $F(x)$의 그래프 개형은 다음과 같다.

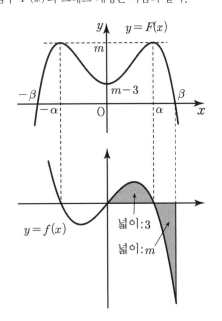

$F(-\alpha) = F(\alpha) = m$, $F(0) = m - 3$, $F(\beta) = 0$이므로

$$\int_{-\alpha}^0 f(x)dx = \big[F(x)\big]_{-\alpha}^0 = F(0) - F(-\alpha) =$$

$$(m-3) - m = -3$$

$$\int_0^\alpha f(x)dx = \big[F(x)\big]_0^\alpha = F(\alpha) - F(0) = m - (m-3) = 3$$

$$\int_\alpha^\beta f(x)dx = \big[F(x)\big]_\alpha^\beta = F(\beta) - F(\alpha) = 0 - m = -m$$

$$\int_{-\beta}^\beta |f(x)|\,dx$$

$$=2\left\{\int_0^\alpha f(x)dx - \int_\alpha^\beta f(x)dx\right\}$$

$$=2(3+m) = 16$$

$$\therefore \ m = 5$$

유형 3 함수의 성질을 이용한 정적분

170 정답 60

[출제자 : 정일권T]

[그림 : 도정영T]

함수 $g(t)$는 함수 $y=f(x)$와 직선 $y=t$ 및 두 직선 $x=-1$, $x=2$로 둘러싸인 부분의 넓이이다. 그림에서 색칠된 넓이를 S_1, S_2, S_3라 하면 $g(t) = S_1 + S_2 + S_3$이다.

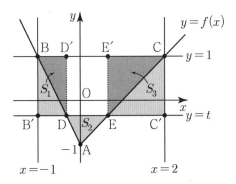

$A(0, -1)$이라 하고, $y=1$과 $y=-2x-1$과 만나는 점 $B(-1, 1)$, $y=1$과 $y=x-1$과 만나는 점 $C(2, 1)$라 하자.

또한 $y=t$과 $y=-2x-1$과 만나는 점 $D\left(\dfrac{-t-1}{2}, t\right)$, $y=t$과 $y=x-1$과 만나는 점 $E(t+1, t)$라 하자.

점 B, C에서 $y=t$에 내린 수선의 발을 각각 B', C', 점 D, E에서 $y=1$에 내린 수선의 발을 각각 D', E'이라 하면, S_1은 삼각형 BDD'의 넓이와 같고, S_3은 삼각형 CEE'의 넓이와 같다.

따라서 함수 $g(t)$는 삼각형 ABC의 넓이에서 사각형 $DEE'D'$의 넓이를 뺀 것과 같다.

$$g(t) = \int_{-1}^2 |t - f(x)|\,dx$$

=(삼각형 ABC의 넓이)−(사각형 DEE′D′의 넓이)

$$= \frac{1}{2} \times 3 \times 2 - \frac{3t+3}{2} \times (1-t)$$

$$= \frac{3}{2}t^2 + \frac{3}{2}$$

$$g'(t) = 3t,\ g'\left(\frac{1}{2}\right) = \frac{3}{2}$$

$$\therefore\ 40 \times g'\left(\frac{1}{2}\right) = 40 \times \frac{3}{2} = 60$$

171 정답 ④

최고차항의 계수가 1인 삼차함수 $f(x)$가 (가)조건에 의해
$f(-x) = -f(x)$을 만족한다.

따라서 $f(x) = x^3 + kx$꼴이다.

$f'(x) = 3x^2 + k$

$f'(x) = 0$의 두 실근이 α, β이므로

$\alpha + \beta = 0$이다. $\cdots$ ㉠

$\alpha < \beta$라 하면

$$f(\beta) - f(\alpha) = \int_\alpha^\beta f'(x)dx = -\frac{3}{6}(\beta - \alpha)^3$$

$|f(\beta) - f(\alpha)| = \dfrac{27}{16}$에서

$$(\beta - \alpha)^3 = \frac{27}{8}$$

$$\therefore\ \beta - \alpha = \frac{3}{2} \cdots ㉡$$

㉠, ㉡에서

$\alpha = -\dfrac{3}{4}$, $\beta = \dfrac{3}{4}$이다.

따라서 $\alpha \times \beta = -\dfrac{9}{16} = \dfrac{k}{3}$

$$\therefore\ k = -\frac{27}{16}$$

$$f'(x) = 3x^2 - \frac{27}{16}$$

$$f(x) = x^3 - \frac{27}{16}x$$

$$f(2) = 8 - \frac{27}{8} = \frac{37}{8}$$

172 정답 12

$f(0) = 0$이고 (가)에서 사차함수 $f(x) = ax^4 + bx^2$이라 할 수 있다.

$f'(x) = 4ax^3 + 2bx$이므로

$g(x) = ax^4 + 4ax^3 + bx^2 + 2bx$이다.

$$\int_{-1}^1 g(x)dx$$

$$= 2\int_0^1 (ax^4 + bx^2)dx$$

$$= 2\left[\frac{1}{5}ax^5 + \frac{1}{3}bx^3\right]_0^1$$

$$= \frac{2}{5}a + \frac{2}{3}b = 4$$

$$\Rightarrow 3a + 5b = 30 \cdots ㉠$$

$\dfrac{g(x)}{x} = ax^3 + 4ax^2 + bx + 2b$이므로

$$\int_{-1}^1 \frac{g(x)}{x}dx$$

$$= 2\int_0^1 (4ax^2 + 2b)dx$$

$$= 2\left[\frac{4}{3}ax^3 + 2bx\right]_0^1$$

$$= \frac{8}{3}a + 4b = 28$$

$$\Rightarrow 2a + 3b = 21 \cdots ㉡$$

㉠, ㉡에서

$6a + 10b = 60$

$6a + 9b = 63$

$b = -3,\ a = 15$

$f(x) = ax^4 + bx^2 = 15x^4 - 3x^2$이다.

따라서 $f(1) = 12$

173 정답 ①

$f(x) = 3x^2 - 2x$이므로

$$\int_{-1}^1 \{f(x)\}^2 dx = \int_{-1}^1 (9x^4 - 12x^3 + 4x^2)dx$$

$$= 2\int_0^1 (9x^4 + 4x^2)dx$$

$$= 2\left[\frac{9}{5}x^5 + \frac{4}{3}x^3\right]_0^1 = \frac{94}{15}$$

$$k\left(\int_{-1}^1 f(x)dx\right)^2 = k\left(\int_{-1}^1 (3x^2 - 2x)dx\right)^2$$

$$= k\left(2\int_0^1 3x^2 dx\right)^2 = 4k\left(\left[x^3\right]_0^1\right)^2 = 4k$$

따라서 $\dfrac{94}{15} = 4k$ $\therefore\ k = \dfrac{47}{30}$

174 정답 ②

실수 전체에서 정의된 연속함수 $f(x)$가
$f(x) = f(x+4)$를 만족하고

$$f(x) = \begin{cases} -ax + 2 & (0 \le x < 2) \\ \dfrac{1}{2}x^2 - 2x + b & (2 \le x \le 4) \end{cases}$$

실수 전체에서 연속이므로 $x = 2$에서 연속이다.

따라서 $\displaystyle\lim_{x \to 2^-} f(x) = f(2) \to -2a + 2 = -2 + b \cdots ㉠$

$f(x) = f(x+4)$이므로 $f(0) = f(4)$이다.

$2 = 8 - 8 + b \to b = 2$

⊙에서 $a=1$

따라서

$$f(x)=\begin{cases}-x+2 & (0\le x<2)\\ \frac{1}{2}x^2-2x+2 & (2\le x\le 4)\end{cases}$$

$$\int_9^{11}f(x)\,dx=\int_1^3 f(x)\,dx$$

$$=\int_1^2(-x+2)\,dx+\int_2^3\left(\frac{1}{2}x^2-2x+2\right)dx$$

$$=\left[-\frac{1}{2}x^2+2x\right]_1^2+\left[\frac{1}{6}x^3-x^2+2x\right]_2^3$$

$$=-\frac{3}{2}+2+\frac{19}{6}-5+2=\frac{19}{6}-\frac{15}{6}=\frac{2}{3}$$

175 정답 ①

[그림 : 이정배T]

정적분 $\int_0^3\{f(x)-x^2+2x\}^2dx$ 의 값이 최소가 되기 위해서는

$0\le x\le 3$ 에서

$f(x)-x^2+2x=0$ 이면 된다.

즉, $f(x)=x^2-2x$ 이다.

그런데 $2<x\le 3$ 일 때 함수 $x^2-2x>0$ 이므로

모든 실수 x 에 대하여 $f(x)\le 0$ 이라는 조건에 모순이다.

따라서 $0\le x\le 3$ 의 함수 $f(x)$ 는

$$f(x)=\begin{cases}x^2-2x & (0\le x\le 2)\\ 0 & (2<x\le 3)\end{cases}\text{이고}$$

$f(x)=f(x+3)$ 에서 구간의 길이가 3인 함수가 반복되므로 함수 $f(x)$ 의 그래프는 다음 그림과 같다.

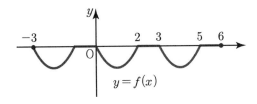

따라서

$$\int_{-3}^6 f(x)\,dx$$

$$=3\int_0^3 f(x)\,dx$$

$$=3\left\{\int_0^2(x^2-2x)\,dx+\int_2^3 0\,dx\right\}$$

$$=3\left[\frac{1}{3}x^3-x^2\right]_0^2$$

$$=3\left(\frac{8}{3}-4\right)=-4$$

176 정답 ②

$f'(x)=(x-3)^2+2x(x-3)$ 에서

$f'(0)=9$, $f'(1)=0$ 이다.

$\int_{-2}^2 f(x)\,dx$ 의 값이 최소가 되기 위해서는 정적분값이 양수일 때는 넓이가 최소가 되어야 하고 정적분값이 음수일 때는 최대 넓이가 되어야 한다.

$x\ge 1$ 일 때는 $f'(x)=0$ 이고 $x\le 0$ 일 때는 $f'(x)=9$ 이면

$\int_{-2}^2 f(x)\,dx$ 의 값이 최소이다.

$f(1)=4$ 이므로

$x\ge 1$ 일 때, $f(x)=4$

$x\le 0$ 일 때, $f(x)=9x$

일 때, 정적분 값이 최소가 된다.

따라서

$$\int_{-2}^2 f(x)\,dx\ge\int_{-2}^0 9x\,dx+\int_0^1 x(x-3)^2\,dx+\int_1^2 4\,dx$$

$$=-18+\frac{11}{4}+4$$

$$=-\frac{45}{4}$$

유형 4   정적분으로 표현된 함수

177 정답 6

[그림 : 최성훈T]

$$\int_0^x g(t)\,dt=|x^2-a^2|f(x)\quad(a>0)\ \cdots\cdots\ ⊙$$

⊙의 양변에 $x=0$ 을 대입하면 $0=a^2f(0)$ 에서 $f(0)=0$ 이다.

함수 $\int_0^x g(t)\,dt$ 는 실수 전체의 집합에서 미분가능한 함수이므로

⊙의 우변이 미분가능하기 위해서는 삼차함수 $f(x)$ 가 x^2-a^2 을 인수로 가져야 한다.

따라서 $f(x)=x(x^2-a^2)$

$$\int_0^x g(t)\,dt=|x^2-a^2|x(x^2-a^2)$$

$$=\begin{cases}x(x+a)^2(x-a)^2 & (x<-a,\,x>a)\\ -x(x+a)^2(x-a)^2 & (-a\le x\le a)\end{cases}$$

$h(x)=\int_0^x g(t)\,dt$ 라 하면

$g(x)=h'(x)$ 에서 그래프 개형으로 파악하면 함수 $h'(x)$ 는 $x=0$ 에서 최솟값을 갖는다.

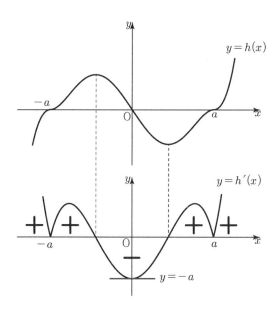

따라서 $g(0)=-a$

$h'(x)=\{-x(x^2-a^2)^2\}'$ $(-a\le x\le a)$

$\quad=-(x^2-a^2)^2-x\{(x^2-a^2)^2\}'$

$g(0)=h'(0)=-a^4=-a$

$a^3=1$에서 $a=1$이다.

따라서 $f(x)=x(x^2-1)$이고 $f(2a)=f(2)$이므로

$f(2)=2\times3=6$

이다.

178 정답 15

[그림 : 이정배T]

함수 $g(x)$는

$$g(x)=\begin{cases}-x\displaystyle\int_a^x f(t)dt\ (x<0)\\[3mm]x\displaystyle\int_a^x f(t)dt\quad (x\ge0)\end{cases}\text{이므로}$$

$$g'(x)=\begin{cases}-\displaystyle\int_a^x f(t)dt-xf(x)\ (x<0)\\[3mm]\displaystyle\int_a^x f(t)dt+xf(x)\quad (x>0)\end{cases}$$

이다.

함수 $g(x)$가 $x=0$에서 미분가능하므로

$\displaystyle\lim_{x\to0-}g'(x)=\lim_{x\to0+}g'(x)$이어야 한다.

$-\displaystyle\int_a^0 f(t)dt=\int_a^0 f(t)dt$

이므로 $\displaystyle\int_a^0 f(t)dt=0$이다.

$\therefore \displaystyle\int_0^a f(x)dx=0$

(i) $a<0$일 때,

그림과 같이 $\displaystyle\int_{-4}^{-2}f(x)dx=-\int_{-2}^0 f(x)dx$이므로

$a=-4$이다.

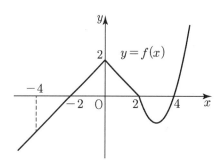

(ii) $a=0$일 때,

$\displaystyle\int_0^0 f(x)dx=0$이므로 조건을 만족한다.

(iii) $a>0$일 때,

$\displaystyle\int_0^a f(x)dx=0$이 성립하도록 하는 a의 값이 하나만 존재하기

위해서는 $0<x<2$일 때, $f(x)>0$이고 $2<x<4$에서만

$f(x)<0$이므로 $\displaystyle\int_0^4 f(x)dx=0$만 가능하다. 즉, $a=4$이다.

$\displaystyle\int_0^2 f(x)dx=2,\ \int_2^4 f(x)dx=-\frac{4}{3}k$이므로

$\dfrac{4}{3}k=2$

$k=\dfrac{3}{2}$

만약 $\displaystyle\int_2^4 f(x)dx<-2$이면 a가 구간 $(2,4)$와 구간

$(4,\infty)$에서 존재하므로 조건을 만족시키지 않는다.

그러므로 $10k=15$이다.

179 정답 6

[그림 : 도정영T]

$f(x)=|x|(x-2)=\begin{cases}x^2-2x\quad (x\ge0)\\-x^2+2x\ (x<0)\end{cases}$

$f'(x)=\begin{cases}2x-2\quad (x>0)\\-2x+2\ (x<0)\end{cases}$

에서 함수 $f(x)$의 $x=0$에서의 좌미분계수와 우미분계수는 각각

2, -2이다.

$g(x)=\displaystyle\int_0^x\{f(t)-mt\}dt$에서

$g'(x)=f(x)-mx$이고 함수 $g(x)$가 극값을 갖는 x는 양수

a뿐이므로 그림과 같이 $y=f(x)$와 $y=mx$가 만나는 점에서

부호가 바뀌는 점이 $x=a$뿐이어야 한다.

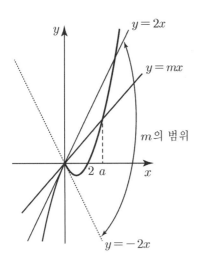

따라서
$-2 < m \leq 2$이다.

m의 값이 커질수록 곡선 $y = x^2 - 2x$와 직선 $y = mx$이 만나는 교점의 x좌표 중 양의값이 커진다.

따라서 $m = 2$일 때, $x(x-2) = 2x$에서 $a = 4$이다.

그러므로 $a + m$의 최댓값은 $2 + 4 = 6$이다.

180 정답 ③

$h(x) = \displaystyle\int_0^x f(t)g(t)dt$에서

$h(0) = 0$, $h'(x) = f(x)g(x)$
이다.

모든 실수 x에 대하여 $g(x) > 0$이므로

$h'(0) = 0$에서 $f(0) = 0$이다. …… ㉠

함수 $h(x)$가 $x = 1$에서만 극솟값을 가지므로

$h'(1) = 0$에서 $f(1) = 0$이고 $x < 1$에서 $f(x) < 0$, $x > 1$에서 $f(x) > 0$이어야 한다. …… ㉡

㉠, ㉡에서 $f(x) = px^2(x-1)$ $(p > 0)$이다.

$f(2) = 4p = 1$

$\therefore p = \dfrac{1}{4}$

$f(x) = \dfrac{1}{4}x^2(x-1)$

따라서 $f(4) = \dfrac{1}{4} \times 16 \times 3 = 12$

181 정답 81

함수 $f(x)$는 이차함수이고 조건 (가)에서

$\displaystyle\int_0^{2a-t} f(x)\,dx = \int_t^{2a} f(x)\,dx$ 이므로 함수 $y = f(x)$ 의

그래프는 직선 $x = a$에 대하여 대칭이다. ($\because$ 좌변과 우변의 적분 구간의 길이가 $2a - t$로 같고 그 정적분 값도 같으므로 이차함수 $f(x)$는 $x = 0$과 $x = 2a$의 중점인 $x = a$에 대칭인 함수이다.)

조건 (나)에서 $0 < \displaystyle\int_a^4 |f(x)|\,dx$ 이므로 $a < 4$이고, 함수 $y = f(x)$ 의 그래프는 x 축과 두 점 $(k,\ 0)$, $(2a-k,\ 0)$ 에서 만난다.

따라서 $\displaystyle\int_a^{2a-k} f(x) = \alpha$, $\displaystyle\int_{2a-k}^4 f(x)dx = \beta$라 두면

$\alpha < 0$, $\beta > 0$이고 $\displaystyle\int_k^a f(x) = \alpha$이다.

(나)에서
$\alpha + \beta = -4$, $-\alpha + \beta = 6$이므로 $\alpha = -5$, $\beta = 1$

따라서
$$\int_k^4 f(x)\,dx = \int_k^a f(x)dx + \int_a^{2a-k} f(x)dx + \int_{2a-k}^4 f(x)dx$$
$$= \alpha + \alpha + \beta = -9$$

$\therefore m = -9$

따라서 $m^2 = 81$

182 정답 21

[출제자 : 정일권T]

사차함수 $f(x)$ 가 극댓값을 가지므로 도함수 $f'(x)$ 는 서로 다른 세 실근을 가진다.

따라서 $f'(\alpha) = f'(2) = f'(\beta) = 0$ (단, $\alpha < 2 < \beta$)라 두자.

$g(x) = \displaystyle\int_0^x \{f'(t-a) \times f'(t+2a)\}dt$의 양변을 미분하면

$g'(x) = f'(x-a) \times f'(x+2a) = 0$

$f'(x-a) = 0 \rightarrow x = \alpha+a,\ 2+a,\ \beta+a$

$f'(x+2a) = 0 \rightarrow x = \alpha-2a,\ 2-2a,\ \beta-2a$

따라서 $g'(x) = 0$을 만족하는 값이 6개인데 함수 $g(x)$ 가 $x = \dfrac{1}{3}$ 과 $x = \dfrac{10}{3}$ 에서만 극값을 가지려면 다음 그림과 같을 때이다.

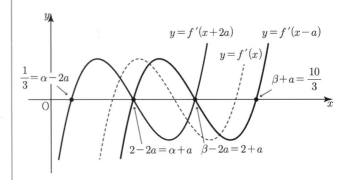

$\alpha + a = 2 - 2a \rightarrow \alpha = 2 - 3a$ ……㉠

$2 + a = \beta - 2a \rightarrow \beta = 2 + 3a$ ……㉡

$\alpha - 2a = \dfrac{1}{3} \rightarrow a = \dfrac{1}{3}$, $\alpha = 1$ ($\because$ ㉠) ……㉢

$\beta + a = \dfrac{10}{3} \rightarrow a = \dfrac{1}{3}$, $\beta = 3$ ($\because$ ㉡) ……㉣

한편, $f(x)$ 의 최고차항의 계수가 1 이고 ㉢, ㉣에 의해 $f'(x) = 4(x-1)(x-2)(x-3)$이다.

따라서 $f(5)-f(2)=\displaystyle\int_2^5 f'(x)dx$

$$=\int_2^5 4(x-1)(x-2)(x-3)dx$$

$$=\int_0^3 4(x+1)(x)(x-1)dx \quad (x \text{축의 방향으로} -2 \text{만큼}$$

평행이동)

$$=\int_0^3 (4x^3-4x)dx$$

$$=\left[x^4-2x^2\right]_0^3$$

$$=81-18$$

$$=63$$

$$\therefore \ a\times\{f(5)-f(2)\}=\frac{1}{3}\times 63=21$$

183 정답 3

$$\int_a^x t\{f(t)-x^2\}dt$$

$$=\int_a^x tf(t)dt-x^2\int_a^x tdt$$

$$=\int_a^x tf(t)dt-x^2\left[\frac{1}{2}t^2\right]_a^x$$

$$=\int_a^x tf(t)dt-\frac{1}{2}x^2(x^2-a^2) \text{이므로}$$

$g(x)=\displaystyle\int_a^x tf(t)dt$ 에서

$g'(x)=xf(x)=x^2(x-b)$ 이다.

방정식 $g'(x)=0$의 해는 $x=0$ 또는 $x=b$이다.

$x=b$의 좌우에서 $g'(x)$의 부호가 $-$에서 $+$으로 변하므로 함수 $g(x)$는 $x=b$에서 유일한 극솟값을 갖는다.

모든 실수 x에 대하여 $g(x) \geq g(2)$이므로 $b=2$이다.

따라서

$$g(x)=\int_a^x t^2(t-2)\,dt$$

$$=\int_a^x \left(t^3-2t^2\right)dt$$

$$=\left[\frac{1}{4}t^4-\frac{2}{3}t^3\right]_a^x$$

$$=\frac{1}{4}x^4-\frac{2}{3}x^3-\frac{1}{4}a^4+\frac{2}{3}a^3$$

$g(0)=-\dfrac{1}{4}a^4+\dfrac{2}{3}a^3=\dfrac{5}{12}$

$3a^4-8a^3+5=0$

$\therefore \ a=1$

따라서 $f(x)=x^2-2x$

$a+b=3$이므로 $f(3)=9-6=3$

184 정답 201

$S_n=\displaystyle\sum_{k=1}^n a_k$ 라 할 때,

$a_n=S_n-S_{n-1} \ (n \geq 2)$이고

$S_n=\displaystyle\int_0^n f(x)dx$이므로

$$a_n=\int_0^n f(x)dx-\int_0^{n-1} f(x)dx$$

$$=\int_{n-1}^n f(x)dx$$

$$=\left[F(x)\right]_{n-1}^n$$

$$=F(n)-F(n-1)$$

$$=\left(1-\frac{1}{n+1}\right)-\left(1-\frac{1}{n}\right)$$

$$=\frac{1}{n}-\frac{1}{n+1} \text{ 이다.}$$

따라서

$$\sum_{n=1}^{100} a_n$$

$$=\sum_{n=1}^{100}\left(\frac{1}{n}-\frac{1}{n+1}\right)$$

$$=1-\frac{1}{101}$$

$$=\frac{101-1}{101}=\frac{100}{101}$$

$p=101, \ q=100$

$\therefore \ p+q=201$

185 정답 ③

$\displaystyle\int_0^k f(x)dx=S(k)$이므로 $f(k)=S'(k)$

$\displaystyle\int_0^x tf(t)dt=-x^3-x^2+xS(x)$를 양변 미분하면

$xf(x)=-3x^2-2x+S(x)+xS'(x)$

$xf(x)=xS'(x)$이므로

$S(x)=3x^2+2x$

$S(2)=12+4=16$

186 정답 63

$0 \leq t < x$일 때 $\left|x^3-t^3\right|=x^3-t^3$

$x \leq t \leq 1$일 때 $\left|x^3-t^3\right|=-x^3+t^3$ 이다.

따라서

$$\int_0^1 \left|x^3-t^3\right|dt$$

$$=\int_0^x \left(x^3-t^3\right)dt-\int_x^1 \left(x^3-t^3\right)dt$$

$$= \left[x^3 t - \frac{1}{4} t^4 \right]_0^x - \left[x^3 t - \frac{1}{4} t^4 \right]_x^1$$

$$= x^4 - \frac{1}{4} x^4 - x^3 + \frac{1}{4} + x^4 - \frac{1}{4} x^4$$

$$= \frac{3}{2} x^4 - x^3 + \frac{1}{4}$$

그러므로 $f(x) = \frac{3}{2} x^4 - x^3 + \frac{1}{4}$

$f'(x) = 6x^3 - 3x^2 = 3x^2 (2x - 1)$

$f'(x) = 0$의 해가 $x = 0$(중근) $x = \frac{1}{2}$이므로

$f(0) = \frac{1}{4}$,

$f\left(\frac{1}{2} \right) = \frac{3}{32} - \frac{1}{8} + \frac{1}{4} = \frac{7}{32}$,

$f(1) = \frac{3}{2} - 1 + \frac{1}{4} = \frac{3}{4}$

따라서 $M = \frac{3}{4}$, $m = \frac{7}{32}$

$M + m = \frac{3}{4} + \frac{7}{32} = \frac{31}{32}$

$p = 32$, $q = 31$

$p + q = 63$

[다른 풀이]

[그림-최성훈T]

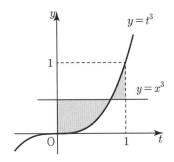

$f(x)$의 최댓값은 $x^3 = 1$일 때, 즉 직선 $y = x^3$(상수함수)와 곡선 $y = t^3$ 및 y축으로 둘러싸인 부분의 넓이이다.

$$M = 1 - \int_0^1 t^3 dt = 1 - \frac{1}{4} = \frac{3}{4}$$

$f(x)$의 최솟값은 $y = x^3$과 $y = t^3$의 교점의 t좌표를 $t = \alpha$라 할 때, $\alpha = 1 - \alpha$일 때 나타난다.

[랑데뷰 세미나(100) : 넓이의 변화율]참고

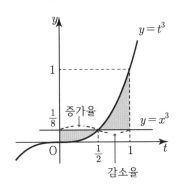

즉, $\alpha = \frac{1}{2}$일 때 $y = \frac{1}{8}$이므로

$$m = \int_0^{\frac{1}{2}} \left(\frac{1}{8} - t^3 \right) dt + \int_{\frac{1}{2}}^1 \left(t^3 - \frac{1}{8} \right) dt$$

$$= \left[\frac{1}{8} t - \frac{1}{4} t^4 \right]_0^{\frac{1}{2}} + \left[\frac{1}{4} t^4 - \frac{1}{8} t \right]_{\frac{1}{2}}^1$$

$$= \frac{1}{16} - \frac{1}{64} + \frac{1}{4} - \frac{1}{8} - \frac{1}{64} + \frac{1}{16}$$

$$= \frac{7}{32}$$

유형 5 정적분으로 표현된 함수의 극한

187 정답 ②

[검토자 : 한정아T]

$\lim\limits_{x \to 1} \dfrac{f(x) - f(4)}{\displaystyle \int_1^x f(t) dt}$ 의 값이 수렴하기 위해서는 $x \to 1$일 때

(분모)$\to 0$이므로 (분자)$\to 0$이다.

따라서 $f(1) = f(4)$이므로 $f(x) = (x-1)(x-4)(x-a) + b$ (단, a, b는 상수)라 할 수 있다.

$$\lim_{x \to 1} \frac{f(x) - f(4)}{\displaystyle \int_1^x f(t) dt}$$

$$= \lim_{x \to 1} \frac{f(x) - f(1)}{\displaystyle \int_1^x f(t) dt}$$

$$= \lim_{x \to 1} \left\{ \frac{f(x) - f(1)}{x - 1} \times \frac{x - 1}{\displaystyle \int_1^x f(t) dt} \right\}$$

$$= \lim_{x \to 1} \left\{ \frac{f(x) - f(1)}{x - 1} \times \frac{x - 1}{F(x) - F(1)} \right\} \left(\because F(x) = \int f(x) dx \right)$$

$$= \frac{f'(1)}{f(1)} = k$$

이므로 $f'(1) = k f(1)$

$f'(x) = (x-4)(x-a) + (x-1)(x-a) + (x-1)(x-4)$

$f'(1) = -3(1-a) = 3a - 3$, $f(1) = b$

$\therefore b = \dfrac{3a - 3}{k}$

$f(x) = (x-1)(x-4)(x-a) + \dfrac{3a - 3}{k}$

$f(0) = 0 \rightarrow f(0) = -4a + \dfrac{3a-3}{k} = 0 \rightarrow \dfrac{3a-3}{k} = 4a$ ...... ㉠

$f'(4) = 3(4-a) = 12 - 3a$, $f(4) = b = \dfrac{3a-3}{k}$ 이므로

곡선 $y = f(x)$위의 점 $(4, f(4))$에서의 접선의 방정식은

$y = (12 - 3a)(x - 4) + \dfrac{3a - 3}{k}$

이고 이 직선의 y절편이 0이므로 $x=0$을 대입하면 $y=0$이다.

$$y=-48+12a+\frac{3a-3}{k}=0$$

$$\frac{3a-3}{k}=48-12a \cdots\cdots \text{ⓛ}$$

㉠, ⓛ에서 $4a=48-12a$

$$\therefore a=3$$

㉠에서 $k=\frac{1}{2}$

따라서 $b=12$이다.

그러므로 $f(x)=(x-1)(x-3)(x-4)+12$이고
$f(4k)=f(2)=1\times(-1)\times(-2)+12=14$이다.

188 정답 ③

(가)에서 최고차항의 계수가 1인 삼차함수가 $(1, 1)$에 대칭이다.

따라서 $f(x)=(x-1)^3+a(x-1)+1$이라 둘수 있다.

$f(x)$의 부정적분을 $F(x)$라 두면 (나)에서

$$\lim_{x\to 2}\frac{1}{x-2}\int_2^x f(t)dt$$

$$=\lim_{x\to 2}\frac{\left[\,F(t)\,\right]_2^x}{x-2}$$

$$=\lim_{x\to 2}\frac{F(x)-F(2)}{x-2}$$

$$=f(2)=a+2=1$$

$$\therefore a=-1$$

그러므로

$f(x)=(x-1)^3-(x-1)+1$이다.

$f(3)=8-2+1=7$

189 정답 4

$$\lim_{x\to a}\frac{1}{x-a}\int_a^x f'(t)dt=\lim_{x\to a}\frac{1}{x-a}\left[\,f(t)\,\right]_a^x$$
$$=\lim_{x\to a}\frac{f(x)-f(a)}{x-a}=f'(a)=32a$$

$f(x)=\int_{-a}^x g(t)dt$에서 $f'(x)=g(x)$이므로

$$f'(a)=g(a)$$

$$g(a)=\int_{-a}^a (t^3+3t^2-2t)dt$$

$$=2\int_0^a 3t^2 dt$$

$$=2\left[t^3\right]_0^a=2a^3$$

따라서 $2a^3=32a$가 성립한다.

$$a^2=16$$

$$a=4 \ (\because a>0)$$

190 정답 ③

[그림 : 최성훈T]

함수 $g(x)$가 실수 전체의 집합에서 연속이므로 함수 $g(x+a)$도 실수 전체의 집합에서 연속이다. 일차함수 $(x-a)$도 실수 전체의 집합에서 연속이므로 함수 $(x-a)g(x+a)$는 실수 전체의 집합에서 연속이다.

따라서 $\lim_{x\to a^-}f(x)=\lim_{x\to a^+}f(x-a)$이다.

즉, $f(a)=f(0)$이다.

또한

$$g(x+a)=\begin{cases}\dfrac{f(x)}{x-a} & (x<a)\\[2mm]\dfrac{f(x-a)}{x-a} & (x\geq a)\end{cases}$$ 가 $x=a$에서 연속이기 위해서는

함수 $f(x)$와 함수 $f(x-a)$는 $(x-a)$를 인수로 가져야 한다.

따라서 상수 b에 대하여 $f(x)=x(x-a)(x-b)$이다.

$$g(x+a)=\begin{cases}\dfrac{x(x-a)(x-b)}{x-a} & (x<a)\\[2mm]\dfrac{(x-a)(x-2a)(x-a-b)}{x-a} & (x\geq a)\end{cases}$$

$$=\begin{cases}x(x-b) & (x<a)\\(x-2a)(x-a-b) & (x\geq a)\end{cases}$$

함수 $g(x+a)$가 $x=a$에서 연속이므로

$$a(a-b)=(-a)(-b)$$

$$a=2b$$

$$\therefore b=\frac{a}{2}$$

따라서 $g(x+a)=\begin{cases}x\left(x-\dfrac{a}{2}\right) & (x<a)\\[2mm]\left(x-\dfrac{3a}{2}\right)(x-2a) & (x\geq a)\end{cases}$

그러므로 $g(x)=\begin{cases}(x-a)\left(x-\dfrac{3a}{2}\right) & (x<2a)\\[2mm]\left(x-\dfrac{5a}{2}\right)(x-3a) & (x\geq 2a)\end{cases}$

$y=g(x)$의 그래프와 x축으로 둘러싸인 부분은 그림과 같다.

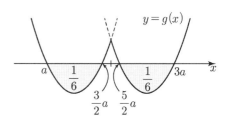

$$\int_a^{\frac{3a}{2}}(x-a)\left(x-\frac{3a}{2}\right)dx=\frac{1}{6}$$

$\dfrac{\left(\dfrac{1}{2}a\right)^3}{6}=\dfrac{1}{6}$ 에서 $a=2$이다.

따라서 $g(x)=\begin{cases}(x-2)(x-3)\ (x<4)\\(x-5)(x-6)\ (x\geq4)\end{cases}$ 이므로

$g(4a)=g(8)=3\times2=6$이다.

191 정답 ③

$A=\displaystyle\int_0^1-f(x)dx,\ B=\int_1^3f(x)dx$

(B의 넓이)$-$(A의 넓이)

$=\displaystyle\int_1^3f(x)dx-\int_0^1-f(x)dx$

$=\displaystyle\int_0^3f(x)dx$

$=k\displaystyle\int_0^3x(x-1)(x-3)^2dx$

$=k\displaystyle\int_0^3x(x-1)(x-3)^2dx$

$=k\left\{\displaystyle\int_0^3x^2(x-3)^2dx-\int_0^3x(x-3)^2dx\right\}$

$=k\left(\dfrac{3^5}{30}-\dfrac{3^4}{12}\right)$

$=k\left(\dfrac{81}{10}-\dfrac{27}{4}\right)$

$=\dfrac{27}{20}k=9$

$\therefore\ k=\dfrac{20}{3}$

192 정답 ②

[출제자 : 최성훈T]

$y=k(x-a)(x-a-1)$ 의 그래프를 x축으로 $-a$만큼 평행이동하여 $y=kx(x-1)$ 와 x축으로 둘러싸인 부분의 넓이를 찾아보자.

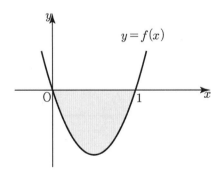

$\dfrac{|k|}{6}(1-0)^3=\dfrac{1}{2}$, $k>0$이므로 $k=3$이다.

같은 방법으로 $y=\{f(x)\}^2=9(x-a)^2(x-a-1)^2$의

그래프를 x축으로 $-a$만큼 평행이동하여 $y=9x^2(x-1)^2$와 x축으로 둘러싸인 부분의 넓이를 찾아보자.

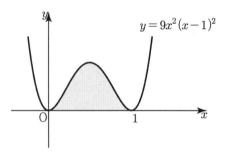

$\displaystyle\int_0^1 9x^2(x-1)^2dx=9\int_0^2(x^4-2x^3+x^2)dx$

$=9\left[\dfrac{1}{5}x^5-\dfrac{1}{2}x^4+\dfrac{1}{3}x^3\right]_0^1$

$=9\times\dfrac{1}{30}=\dfrac{3}{10}$

193 정답 ④

곡선 $y=xf'(x)$와 x축 및 두 직선 $x=-1$, $x=1$로 둘러싸인 부분의 넓이는 $S=\displaystyle\int_{-1}^1|xf'(x)|dx$이다.

$\displaystyle\int_{-1}^1tf'(t)dt=b$라 하면

$f(x)=x^3+\dfrac{1}{2}ax^2+b$

$f'(x)=3x^2+ax$

$xf'(x)=3x^3+ax^2=x^2(3x+a)$

따라서 곡선 $y=xf'(x)$와 x축이 만나는 점의 좌표는 $(0,0)$, $\left(-\dfrac{a}{3},0\right)$이다.

$a\leq-3$이므로 $-\dfrac{a}{3}\geq1$이므로 곡선 $y=xf'(x)$의 그래프 개형은 다음과 같다.

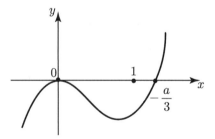

따라서

$S=\displaystyle\int_{-1}^1|xf'(x)|dx$

$=\displaystyle\int_{-1}^1(-3x^3-ax^2)dx$

$=-2\displaystyle\int_0^1ax^2dx$

$$=-2\left[\frac{1}{3}ax^3\right]_0^1=-\frac{2}{3}a=2$$

$$\therefore a=-3$$

$\displaystyle\int_{-1}^1 tf'(t)dt=b$에서 $b=-2$이다.

$$\therefore f(x)=x^3-\frac{3}{2}x^2-2$$

$$f(2)=8-6-2=0$$

194 정답 ⑤

[그림 : 이정배T]

$y'=3x^2-12x=3x(x-4)$

$y'=0$의 해가 $x=0$, $x=4$이다.

곡선 $y=x^3-6x^2+k$는 $x=0$에서 극솟값 k를 $x=4$에서 극솟값 $k-32$를 갖는다.

곡선 $y=x^3-6x^2+k$가 x축과 서로 다른 두 점에서 만나기 위해서는 $k=0$이거나 $k=32$이면 된다.

(i) $k=0$일 때, $y=x^3-6x^2=x^2(x-6)$

(ii) $k=32$일 때, $y=x^3-6x^2+32=(x+2)(x-4)^2$

따라서 곡선 $y=x^3-6x^2+k$가 x축과 서로 다른 두 점에서 만날 때, 이 곡선과 x축으로 둘러싸인 부분의 넓이는 k의 값에 관계없이 일정하다.

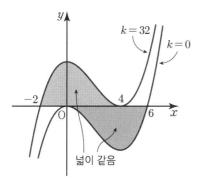

넓이를 S라 하면

$$S=\left|\int_0^6 (x^3-6x^2)dx\right|$$

$$=\left[-\frac{1}{4}x^4+2x^3\right]_0^6=-324+432$$

$$=108$$

[랑데뷰팁]

공식이용 $\Rightarrow \dfrac{6^4}{12}=108$ [세미나(97) 참고]

195 정답 21

$y=(x-2)^3(x-3)$

$f(x)=(x-2)^3(x-3)$라 하고 곡선 $y=f(x)$와 x축으로 둘러싸인 부분의 넓이를 S라 하자.

이때 곡선 $y=f(x)$를 x축의 방향으로 -2만큼 평행이동한 곡선을 나타내는 식은 $y=f(x+2)$이고 넓이 S는 곡선 $y=f(x+2)$, 즉 $y=x^3(x-1)$과 x축으로 둘러싸인 부분의 넓이와 같다.

$g(x)=x^3(x-1)=x^4-x^3$이라 하면 $y=g(x)$의 그래프는 다음 그림과 같다.

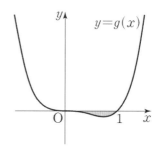

따라서 구하는 넓이 S는

$$S=\int_0^1 (-x^4+x^3)dx=\left[-\frac{1}{5}x^5+\frac{1}{4}x^4\right]_0^1=\frac{1}{20}$$

따라서 $p=20$, $q=1$

$p+q=21$

196 정답 ①

[그림 : 이현일T]

함수 $g(x)$의 도함수는

$$g'(x)=\begin{cases} f(x)+(x-a)f'(x) & (x\geq a)\\ k\displaystyle\int_a^x f'(t)dt+k(x-a)f'(x) & (x>a) \end{cases}$$

이다.

$g'(a)=\displaystyle\lim_{x\to a+}g'(x)=\lim_{x\to a-}g'(x)$에서 $f(a)=0$

따라서 최고차항의 계수가 1인 이차함수 $f(x)=(x-a)(x+b)$꼴임을 알 수 있다.

$g(2a)=af(2a)=a\times a(2a+b)=2a^3$이므로

$2a+b=2a$에서

$b=0$이다.

$$\therefore f(x)=x(x-a)$$

따라서 1이 아닌 상수 k에 대하여

$$g(x)=\begin{cases} x(x-a)^2 & (x\geq a)\\ k(x-a)\left[f(t)\right]_a^x & (x<a) \end{cases}$$

$$\Rightarrow g(x)=\begin{cases} x(x-a)^2 & (x\geq a)\\ kx(x-a)^2 & (x<a) \end{cases}$$

따라서

$y=g(x)$와 x축으로 둘러싸인 부분의 넓이는

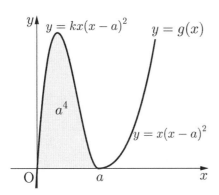

$$\int_0^a kx(x-a)^2\,dx = k\frac{2!\times 1!}{(2+1+1)!}(a-0)^{2+1+1} = \frac{k}{12}a^4 \text{이다.}$$

$\frac{k}{12}a^4 = a^4$ 이므로 $k=12$

[랑데뷰 세미나(96) 참고]

따라서 $\frac{k}{12}a^4 = a^4$

$\therefore\ k=12$

유형 7 두 곡선 사이의 넓이

197 정답 ②

[출제자 : 오세준T]

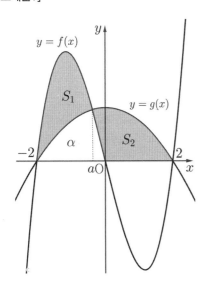

$$S_1+\alpha = \int_{-2}^0 (x^3-4x)\,dx$$

$$= \left[\frac{1}{4}x^4-2x^2\right]_{-2}^0 = 4$$

$$S_2+\alpha = \int_{-2}^2 (ax^2-4a)\,dx$$

$$= \left[\frac{1}{3}ax^3-4ax\right]_{-2}^2$$

$$= \left(\frac{8}{3}a-8a\right)-\left(-\frac{8}{3}a+8a\right)$$

$$= \frac{16}{3}a-16a = -\frac{32}{3}a$$

$S_1=S_2$이므로 $4 = -\frac{32}{3}a$

$\therefore\ a = -\frac{3}{8}$

[랑데뷰팁]

거리곱 적분에서

$$S_1+\alpha = \frac{2^4+2\times 2^3\times 2}{12} = 4$$

$$S_2+\alpha = -a\frac{4^3}{6} = -\frac{32}{3}a$$

---

198 정답 ①

최고차항의 계수가 1인 삼차함수 $f(x)$와 직선 $y=x$가
$x=2$에서 접하고 다른 한 점에서 만난다.

그 점의 x좌표를 α라 하면

$$f(x)-x = (x-\alpha)(x-2)^2$$

$x=0$을 대입하면

$$f(0)-0 = -\alpha\times 4$$

$\therefore\ \alpha=-1$

따라서 $f(x)-x = (x+1)(x-2)^2$이고

곡선 $y=f(x)$와 직선 $y=x$로 둘러싸인 부분의 넓이는

$$\int_{-1}^2 \{f(x)-x\}\,dx$$

$$= \int_{-1}^2 (x+1)(x-2)^2\,dx$$

$$= \frac{\{2-(-1)\}^4}{12} = \frac{27}{4}$$

199 정답 ⑤

[출제자 : 황보백T]
[그림 : 최성훈T]

점 P는 삼차함수 $f(x)$의 극대점이다.

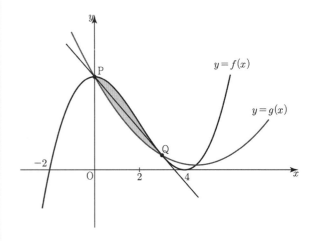

삼차함수의 극점에서의 기울기가 0이 아닌 접선은 삼차함수의 다른 극점과 대칭점의 중점이다. [세미나 (80) 참고]
따라서 점 Q의 x좌표는 $x=3$이다.

$f(3)=\dfrac{5}{8}$에서 $Q\left(3, \dfrac{5}{8}\right)$

곡선 $y=f(x)$와 직선 PQ로 둘러싸인 부분의 넓이는 [세미나 (97) 참고]

$\dfrac{\dfrac{1}{8}\times 3^4}{12}$

이차함수 $g(x)$의 최고차항의 계수를 a라 하면 곡선 $y=g(x)$와 직선 PQ로 둘러싸인 부분의 넓이는

$\dfrac{a\times 3^3}{6}$ 이다.

$\dfrac{\dfrac{1}{8}\times 3^4}{12}=\dfrac{a\times 3^3}{6}$에서 $a=\dfrac{3}{16}$

$g(x)=\dfrac{3}{16}x^2+bx+4$

$g(3)=\dfrac{5}{8}$이므로 $b=-\dfrac{27}{16}$

$g(x)=\dfrac{3}{16}x^2-\dfrac{27}{16}x+4$

$g(16)=48-27+4=25$

200 정답 ③

두 곡선 $y=x^2+x$, $y=2x^2-3x+1$의 교점의 x좌표는 방정식 $x^2+x=2x^2-3x+1$의 해이다.

$x^2-4x+1=0$의 두 근이 α, β

$\alpha+\beta=4$, $\alpha\beta=1$

$(\beta-\alpha)^2=(\alpha+\beta)^2-4\alpha\beta=16-4=12$

$\therefore~\beta-\alpha=2\sqrt{3}$

그러므로

$\displaystyle\int_\alpha^\beta(3x^2+2x)dx$

$=\left[~x^3+x^2~\right]_\alpha^\beta$

$=\beta^3-\alpha^3+\beta^2-\alpha^2$

$=(\beta-\alpha)(\beta^2+\alpha\beta+\alpha^2)+(\beta-\alpha)(\beta+\alpha)$

$=2\sqrt{3}\times\{(\alpha+\beta)^2-\alpha\beta\}+2\sqrt{3}\times 4$

$=2\sqrt{3}\times 15+2\sqrt{3}\times 4$

$=38\sqrt{3}$

201 정답 ④

$f(x)=(x-2a)^2$라 하면

$f'(x)=2(x-2a)$에서 $f'(a)=-2a$

접선 l의 방정식은

$y=-2a(x-a)+a^2=-2ax+3a^2$

접선의 x절편이 $x=\dfrac{3}{2}a$

따라서

$\displaystyle\int_a^{2a}(x-2a)^2dx-\dfrac{1}{2}\times\left(\dfrac{3}{2}a-a\right)\times a^2$

$=\left[\dfrac{1}{3}(x-2a)^3\right]_a^{2a}-\dfrac{1}{4}a^3$

$=\dfrac{1}{3}a^3-\dfrac{1}{4}a^3=\dfrac{1}{12}$

따라서 $a^3=1$

$\therefore~a=1$

따라서 $y=(x-2)^2$, $P(1, 1)$이고

접선 l의 방정식은 $y=-2x+3$이다.

따라서 $y=(x-2)^2$과 접선 l, y축으로 둘러싸인 부분의 넓이는

$\displaystyle\int_0^1\{(x-2)^2-(-2x+3)\}dx$

$=\displaystyle\int_0^1(x^2-2x+1)dx$

$=\left[\dfrac{1}{3}x^3-x^2+x\right]_0^1$

$=\dfrac{1}{3}$

202 정답 ②

원점을 지나는 직선이 함수 $f(x)$와 한 점에서 만날 때, 접점의 좌표를 $(t, f(t))$라 하자.

$\dfrac{f(t)}{t}=f'(t)$이므로

$\dfrac{-t^2+4t-1}{t}=-2t+4$

$-t^2+4t-1=-2t^2+4t$

$t^2=1$

$t=\pm 1$이다.

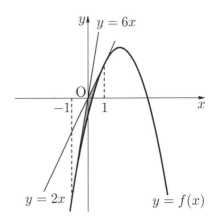

따라서 두 접점의 좌표는 $(-1, -6)$, $(1, 2)$이다.
직선 l_1의 방정식을 $y=6x$라 하고 직선 l_2의 방정식을 $y=2x$라 하면
구하려는 부분의 넓이는

$$\int_{-1}^{0}(6x+x^2-4x+1)dx+\int_{0}^{1}(2x+x^2-4x+1)dx$$

$$=\left[\frac{1}{3}x^3+x^2+x\right]_{-1}^{0}+\left[\frac{1}{3}x^3-x^2+x\right]_{0}^{1}$$

$$=\frac{1}{3}-1+1+\frac{1}{3}-1+1$$

$$=\frac{2}{3}$$

유형 8 여러 가지 형태의 조건이 주어진 넓이

203 정답 ③

[그림 : 강민구T]

두 곡선 $y=x(x-1)^2$, $y=ax(x-1)$이 만나는 점의 x좌표를 구해보자.

$x(x-1)^2=ax(x-1)$

$x(x-1)^2-ax(x-1)=0$

$x(x-1)(x-1-a)=0$

$x=0$ 또는 $x=1+a$ 또는 $x=1$

$f(x)=x(x-1)^2$, $g(x)=ax(x-1)$라 하면 다음 그림과 같다.

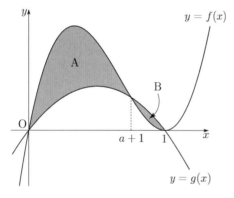

$$A=\int_{0}^{1+a}\{f(x)-g(x)\}dx,\ B=\int_{1+a}^{1}\{g(x)-f(x)\}dx$$

$$A-B=\int_{0}^{1}\{f(x)-g(x)\}dx$$

$$=\int_{0}^{1}\{x(x-1)^2-ax(x-1)\}dx$$

$$=\int_{0}^{1}\{x^3-(2+a)x^2+(a+1)x\}dx$$

$$=\left[\frac{1}{4}x^4-\frac{2+a}{3}x^3+\frac{a+1}{2}x^2\right]_{0}^{1}$$

$$=\frac{1}{4}-\frac{2+a}{3}+\frac{a+1}{2}$$

$$=\frac{3-8-4a+6a+6}{12}$$

$$=\frac{2a+1}{12}=\frac{1}{24}$$

$$2a+1=\frac{1}{2}$$

$$\therefore\ a=-\frac{1}{4}$$

204 정답 ④

[출제자 : 이호진T]

[검토자 : 김상호T]

주어진 $g(x)$의 그래프는 아래 그림과 같이 그려지므로, A영역의 넓이는 8이다.

따라서 B영역의 넓이도 8이므로 한 변의 길이가 4인 직각이등변삼각형에서 $k=8$이다.

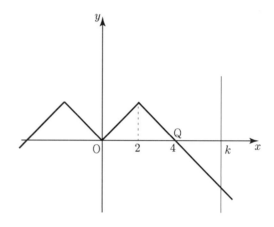

205 정답 ③

[그림 : 최성훈T]

세 함수 $y=f(|x|)$, $y=|x|$, $y=\frac{1}{2}x^2$은 모두 y축 대칭이므로

$x\geq0$일 때,

곡선 $y=f(x)$와 직선 $y=x$의 그래프로 둘러싸인 부분의 넓이를 A'라 하고, 함수 $y=\frac{1}{2}x^2$의 그래프와 함수 $y=x$의 그래프로 둘러싸인 부분의 넓이를 B'라 하자.

$A'=\frac{1}{2}A$, $B'=\frac{1}{2}B$이므로 $A'=2B'$이다.

한편,

$$f(x)=x(ax^2-4ax+4a+1)$$

$$=ax(x-2)^2+x$$

이고 $y=f(x)$와 $y=x$가 만나는 점의 x좌표를 구해 보자.

$f(x)=x\ \rightarrow\ ax(x-2)^2=0\ \rightarrow\ x=0$ 또는 $x=2$

이다.

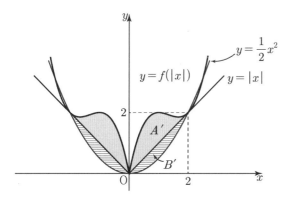

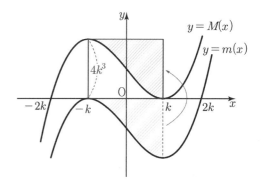

따라서 곡선 $y=f(x)$의 그래프와 직선 $y=x$로 둘러싸인 부분의 넓이 A'는

$$A' = \int_0^2 \{f(x)-x\}dx$$
$$= \int_0^2 \{ax(x-2)^2\}dx$$
$$= a \times \frac{2^4}{12} = \frac{4}{3}a$$

$y=\dfrac{1}{2}x^2$와 $y=x$가 만나는 점의 x좌표를 구해 보자.

$$\frac{1}{2}x^2 = x \rightarrow x^2-2x=0 \rightarrow x=0,\ x=2$$

곡선 $y=\dfrac{1}{2}x^2$과 직선 $y=x$로 둘러싸인 부분의 넓이 B'는

$$B' = \int_0^2 \left(x-\frac{1}{2}x^2\right)dx$$
$$= -\frac{1}{2}\int_0^2 x(x-2)dx$$
$$= \frac{\frac{1}{2}\times 2^3}{6} = \frac{2}{3}$$

이다.

따라서 $A' = 2B' \rightarrow \dfrac{4}{3}a = 2 \times \dfrac{2}{3}$

$$\therefore\ a=1$$

206 정답 98

[그림 : 배용제T]

최고차항의 계수가 1인 삼차함수는 (가)에서 $x=-k$에서 극대, $x=k$에서 극소이다.

즉, $f(-k)$는 극댓값, $f(k)$는 극솟값이다.

(나)에서 극댓값이 양수, 극솟값이 음수이거나 극댓값과 극솟값 둘 중 하나가 0이어야 한다.

$f(0)$의 값이 최대가 되는 경우는 극솟값이 0인 경우다.

$f(0)$의 값이 최소가 되는 경우는 극댓값이 0인 경우다.

다음 그림과 같다.

삼차함수 비율에서

$M(x)=0$의 $x=k$가 아닌 근은 $x=-2k$이다.

따라서 $M(x)=(x+2k)(x-k)^2$

$m(x)=0$의 $x=-k$가 아닌 근은 $x=2k$이다.

따라서 $m(x)=(x+k)^2(x-2k)$

$M(0)=2k\times k^2=2k^3$

$m(0)=k^2\times(-2k)=-2k^3$

$M(0)-m(0)=4k^3$이다.

따라서 $y=M(x)$는 $y=m(x)$을 y축의 방향으로 $4k^3$만큼 평행이동한 그래프이다.

그러므로

두 곡선 $y=M(x)$, $y=m(x)$와 두 직선 $x=-k$, $x=k$로 둘러싸인 부분의 넓이는

$$\int_{-k}^k 4k^3 dx = 4k^3 \times 2k = 8k^4 = \frac{81}{2}$$

$k^4=\dfrac{81}{16}$이므로 $k=\dfrac{3}{2}$이다.

$$\therefore\ M(x)=(x+3)\left(x-\frac{3}{2}\right)^2$$

$$M(5)=8\times\left(\frac{7}{2}\right)^2=8\times\frac{49}{4}=98$$

207 정답 150

삼차함수 $y=f(x)$가 x축에 접하므로 $f(x)=(x-\alpha)(x-\beta)^2$꼴이다.

곡선 $y=f(x)$와 x축으로 둘러싸인 부분의 넓이는

$$\int_\alpha^\beta |f(x)|dx = \frac{(\beta-\alpha)^4}{12} = \frac{64}{3}$$

$(\beta-\alpha)^4 = 4^4$

$\therefore\ |\beta-\alpha|=4$이다. ···㉠

한편, $g(x)=\displaystyle\int_0^x (t-2)f(t)\,dt$의 양변을 x에 관하여 미분하면

$g'(x)=(x-2)f(x)$이고

(나)에서 $g'(x) \geq 0$이어야 한다.

즉, 방정식 $g'(x)=0$은 $x=2$을 중근으로 가져야 한다.

$\therefore\ \alpha=2$

㉠에서 $\beta=6$ 또는 $\beta=-2$이다.

따라서 $f(x)=(x-2)(x-6)^2$ 또는

$f(x) = (x-2)(x+2)^2$이다.

$f(5) = 3$ 또는 $f(5) = 147$

$f(5)$의 값으로 가능한 모든 값의 합은 $3 + 147 = 150$이다.

208 정답 ③

$f(x) = |x^2 - 1|$에서

$$f(f(x)) = \left| \{f(x)\}^2 - 1 \right|$$
$$= \left| |x^2 - 1|^2 - 1 \right|$$
$$= |x^4 - 2x^2|$$

따라서 합성함수 $f(f(x))$의 그래프는 다음 그림과 같다.

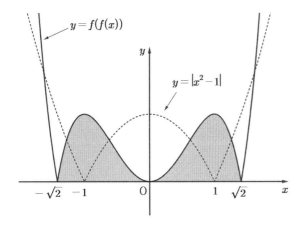

합성함수 $f(f(x))$는 y축 대칭이므로 합성함수 $(f \circ f)(x)$의 그래프와 x축으로 둘러싸인 부분의 넓이를 S라 하면

$$S = 2 \int_0^{\sqrt{2}} f(f(x))\,dx$$

$$= 2 \int_0^{\sqrt{2}} (-x^4 + 2x^2)\,dx$$

$$= 2 \left[-\frac{1}{5}x^5 + \frac{2}{3}x^3 \right]_0^{\sqrt{2}}$$

$$= 2 \left(-\frac{4\sqrt{2}}{5} + \frac{4\sqrt{2}}{3} \right)$$

$$= 2 \left(\frac{8\sqrt{2}}{15} \right)$$

$$= \frac{16\sqrt{2}}{15}$$

209 정답 ②

$O(0, 0)$, $A(4, 0)$, $B(2, 2\sqrt{3})$

삼각형 OAB의 넓이는 $\frac{1}{2} \times 4 \times 2\sqrt{3} = 4\sqrt{3}$

이차함수 $y = f(x)$의 그래프가 두 점 O, A를 지나므로

$f(0) = 0$, $f(4) = 0$이다.

그러므로 $f(x) = ax(x-4) = ax^2 - 4ax$ (a는 상수)로 놓을 수 있다.

이때 삼각형 OAB의 넓이가 곡선 $y = f(x)$에 의하여 이등분되므로 $a < 0$이어야 하고, 곡선 $y = f(x)$와 삼각형 OAB가 두 점 O, A에서만 만나므로 곡선 $y = f(x)$와 x축으로 둘러싸인 부분의 넓이는 $2\sqrt{3}$이다.

닫힌구간 $[0, 4]$에서 $f(x) \geq 0$이므로 곡선 $y = f(x)$와 x축으로 둘러싸인 부분의 넓이를 S라 하면

$$S = \int_0^4 ax(x-4)\,dx = \frac{|a| \times 4^3}{6} = \frac{32}{3}|a| = 2\sqrt{3}$$

에서 $a = -\frac{3\sqrt{3}}{16}$

따라서 $f(x) = -\frac{3\sqrt{3}}{16}x(x-4)$

$$f'(x) = -\frac{3\sqrt{3}}{16}(2x - 4)$$

$$f'(0) = \frac{3\sqrt{3}}{4}$$

[랑데뷰팁]-오세준T

세 점 $O(0, 0)$, $A(2a, 0)$, $B(a, \sqrt{3}a)$을 꼭짓점으로 하는 삼각형 OAB에서 두 점 O, A를 지나는 이차함수의 x축과 이루는 넓이가 삼각형 OAB의 넓이의 $\frac{1}{n}$일 때의 $x = 0$에서의 $f'(0)$의 값은

$$f'(0) = \frac{3\sqrt{3}}{2n}$$로 일정하다.

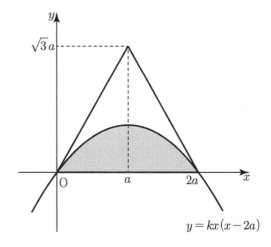

$$y = kx(x - 2a)$$

[증명]

한 변의 길이가 $2a$인 정삼각형의 넓이는 $\sqrt{3}a^2$

$f(x) = kx(x - 2a)$ ($k < 0$)에서

$$S = \int_0^{2a} kx(x - 2a)\,dx = \frac{|k| \times (2a)^3}{6} = \frac{4}{3}|k|a^3 = \frac{\sqrt{3}a^2}{n}$$

따라서 $k = -\frac{3\sqrt{3}}{4na}$

$$f(x) = -\frac{3\sqrt{3}}{4na}(x^2 - 2ax)$$

$$f'(x) = -\frac{3\sqrt{3}}{4na}(2x - 2a) = -\frac{3\sqrt{3}}{2na}(x - a)$$

따라서 $f'(0) = \frac{3\sqrt{3}}{2n}$

210 정답 4

[그림 : 이정배T]

$f(x)=-\dfrac{1}{4}(x-2)^3+2$은 $(2,2)$에 대칭이고 $(0,4)$, $(4,0)$을 지난다.

따라서 $y=f^{-1}(x)$의 그래프는 $(2,2)$, $(0,4)$, $(4,0)$을 지난다. 그림과 같이 $y=f(x)$와 $y=f^{-1}(x)$로 둘러싸인 부분의 넓이는 $y=-x+4$에 의해 넓이가 이등분된다. 또한 $y=x$에 의해 이등분 되므로 구하려는 넓이는 그림의 ①의 넓이의 4배가 된다.

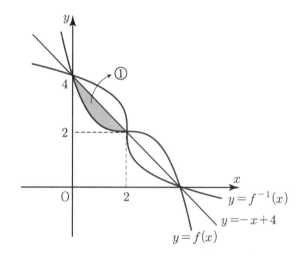

(①의 넓이)

$$=\int_0^2\{(-x+4)-f(x)\}dx$$

$$=\int_0^2\left\{\dfrac{1}{4}(x-2)^3-x+2\right\}dx$$

$$=1$$

따라서 구하는 넓이는 $1\times4=4$이다.

211 정답 ④

[그림 : 최성훈T]

$A=\int_0^1(-x^2+x)dx=\left[-\dfrac{1}{3}x^3+\dfrac{1}{2}x^2\right]_0^1=\dfrac{1}{6}$

직선 l의 방정식은 $y=\dfrac{-a^2+a}{a}x=(1-a)x$이므로

$B=\int_0^a\{f(x)-(1-a)x\}dx$

$\quad=\int_0^a(-x^2+ax)dx$

$\quad=\left[-\dfrac{1}{3}x^3+\dfrac{1}{2}ax^2\right]_0^a$

$\quad=-\dfrac{1}{3}a^3+\dfrac{1}{2}a^3=\dfrac{1}{6}a^3$

따라서 $\dfrac{A}{B}=\dfrac{1}{a^3}$

한편,

$\int_1^a|f(x)|dx$

$=\int_1^a(x^2-x)dx$

$=\left[\dfrac{1}{3}x^3-\dfrac{1}{2}x^2\right]_1^a$

$=\dfrac{1}{3}a^3-\dfrac{1}{2}a^2+\dfrac{1}{6}$

따라서

$\lim\limits_{a\to\infty}\dfrac{A}{B}\int_1^a|f(x)|dx$

$=\lim\limits_{a\to\infty}\dfrac{\dfrac{1}{3}a^3-\dfrac{1}{2}a^2+\dfrac{1}{6}}{a^3}=\dfrac{1}{3}$

유형 9 수직선 위를 움직이는 점의 속도와 거리

212 정답 8

점 P의 시각 t에서의 위치와 속도를 각각 $x(t)$, $v(t)$라 하면 $x(t)$, $v(t)$는 연속함수이고 $f(t)=\int_0^t|v(x)|dx$이므로 $f'(t)=|v(t)|$이다.

따라서

$$|v(t)|=\begin{cases}t & (0\le t\le2)\\-t+4 & (2<t\le4)\\t-4 & (t>4)\end{cases}$$

이다. 점 P가 원점을 출발한 후 다시 원점을 지나기 위해서는 점 P가 수직선의 음의 방향으로 움직이다가 양의 방향으로 움직이든지 양의 방향으로 움직이다가 음의 방향으로 움직여야 한다. 따라서 속도함수 $v(t)$는 다음과 같은 두 가지 경우이다.

(i) 음의 방향으로 움직이다가 양의 방향으로 움직일 때,

$$v(t)=\begin{cases}-t & (0\le t\le2)\\t-4 & (2<t\le4)\\t-4 & (t>4)\end{cases}$$

$t=4$일 때, 점 P의 위치는

$\int_0^2(-t)dt+\int_2^4(t-4)dt=-4$이므로

$t=8$일 때, 점 P의 위치는

$-4+\int_4^8(t-4)dt=-4+\left[\dfrac{1}{2}t^2-4t\right]_4^8=-4+8=4$

(ii) 양의 방향으로 움직이다가 음의 방향으로 움직일 때,

$$v(t)=\begin{cases}t & (0 \le t \le 2)\\-t+4 & (2 < t \le 4)\\-t+4 & (t > 4)\end{cases}$$

$t=4$일 때, 점 P의 위치는

$$\int_0^2 t\,dt+\int_2^4 (-t+4)\,dt=4$$이므로

$t=8$일 때, 점 P의 위치는

$$4+\int_4^8 (-t+4)\,dt=4+\left[-\frac{1}{2}t^2+4t\right]_4^8=4-8=-4$$

이다.

(i), (ii)에서 $t=8$일 때 점 P의 위치의 차는 $4-(-4)=8$이다.

213 정답 ⑤

[그림 : 서태욱T]

$$v(t)=2(t-2)\left(2t^2-8t+a\right)$$
$$=4t^3-24t^2+(2a+32)t-4a$$

이므로

$$\int v(t)\,dt=t^4-8t^3+(a+16)t^2-4at+C$$

(C는 적분상수이다.)

이다.

점 P의 위치를 $x(t)$라 하면

$x(0)=a$이므로

$$x(t)=t^4-8t^3+(a+16)t^2-4at+a$$
$$=t(t-4)\left(t^2-4t+a\right)+a$$

따라서 $x(0)=x(4)=a$이다.

ㄱ. $\displaystyle\int_0^4 v(t)\,dt=x(4)-x(0)=0$이므로

$$\int_0^2 v(t)\,dt+\int_2^4 v(t)\,dt=0$$

$$\int_0^2 v(t)\,dt=-\int_2^4 v(t)\,dt$$

$A=\displaystyle\int_0^2 v(t)\,dt$이므로 $A=-\displaystyle\int_2^4 v(t)\,dt$이다. (참)

ㄴ.

$v(t)=2(t-2)\left(2t^2-8t+a\right)$에서

$f(t)=2t^2-8t+a$라 하면

방정식 $f(t)=0$에서 $D/4=16-2a > 0$에서

$a < 8$이면 방정식 $f(t)=0$은 서로 다른 두 실근을 갖는다.

…㉠

두 실근을 $\alpha_1,\ \alpha_2\ (\alpha_1 < \alpha_2)$라 하면 $x=\alpha_1$과 $x=\alpha_2$는

$x=2$에 대칭이므로

$\alpha_2=4-\alpha_1$이다.

따라서 방정식 $v(t)=0$의 해는

서로 다른 세 실근 $\alpha_1,\ 2,\ \alpha_2\ (\alpha_1 < 2 < \alpha_2)$을 갖는다.

따라서 $x(t)$는 $x=\alpha_1$과 $x=\alpha_2$에서 동일한 극솟값을 갖는

사차함수이다.

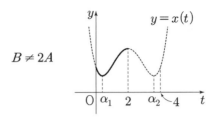

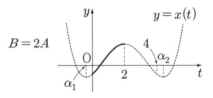

$B=2A \Rightarrow$ 시각 $t=0$에서 $t=2$까지 점 P의 위치의 변화량이

시각 $t=0$에서 $t=4$까지 점 P가 움직인 거리를 $\frac{1}{2}$이기

위해서는 구간 $(0, 2)$에서 사차함수 $x(t)$가 증가하고 구간

$(2, 4)$에서 함수 $x(t)$가 감소해야 한다.

즉, $x(t)$의 극솟값이 $t \le 0$과 $t \ge 4$에서 나타나야 한다.

$v(0) \le 0$

$-4a \le 0$

$a \ge 0$이다.

$B=2A$을 만족시키는 a의 최댓값은 0이다. (참)

ㄷ.

$B > 0$이므로 $B=-2A$에서 $A < 0$이다.

$x(0) > x(2)$이어야 한다.

또한 $B=-2A$을 만족시키기 위해서는 사차함수 $x(t)$가 구간

$(0, 2)$에서 감소하고 구간 $(2, 4)$에서 증가해야 한다. 즉, $x(t)$는

$x=2$에서 극솟값을 가진 함수이여야 한다.

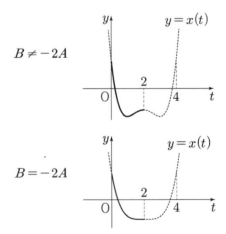

㉠에서 $a \ge 8$이면 $v(t)=2(t-2)\left(2t^2-8t+a\right)=0$의 해가

$x=2$뿐이므로 사차함수 $x(t)$는 $x=2$에서 극솟값을 갖는다.

따라서 $B=-2A$을 만족시키는 a의 최솟값은 8이다. (참)

214 정답 ②

두 점 P, Q의 가속도를 각각 $a_P(t),\ a_Q(t)$라 하면

$a_P(t)=3t^2$, $a_Q(t)=12$에서 두 점 P, Q가 가속도가 같은

시각은 $3t^2=12$

$t=2$이므로 $k=2$이다.

점 P의 $t=2$에서의 위치는

$$\int_0^2 (t^3+a)dt=\left[\frac{1}{4}t^4+at\right]_0^2=4+2a$$

점 Q의 $t=2$에서의 위치는

$$\int_0^2 12t\,dt=\left[\,6t^2\,\right]_0^2=24$$

따라서 두 점 P, Q가 원점에서 거리가 같고 방향이 반대이므로

$-4-2a=24$

$-2a=28$

$\therefore\ a=-14$

적분법 단원 평가

215 정답 10

역함수가 존재할 수 있는 다항함수는 최고차항의 차수가
홀수이다.

(가)에서 좌변은 $f(x)g(x)$의 미분한 식이고 그것이 3차이므로
$f(x)g(x)$는 4차함수이다.

따라서

$f(x)$를 1차, $g(x)$를 3차라고 하면

$f(x)=x+a$, $g(x)=x^3+bx^2+cx+d$라 둘 수 있다.

$f'(x)=1$, $g'(x)=3x^2+2bx+c\cdots\ominus$

$f'(0)=1$, $g'(0)=c$

(나)에서 $c=3$이다.

따라서 (가)에서

$(x^3+bx^2+3x+d)+(x+a)(3x^2+2bx+3)$

$=(x^3+bx^2+3x+d)+3x^3+(3a+2b)x^2+(2ab+3)x+3a$

$=4x^3+3(a+b)x^2+2(ab+3)x+3a+d$

따라서

$a+b=1, ab=0, 3a+d=4$

(i) $a=0$이면 $b=1, d=4$이다.

$\ominus$에서 $g'(x)=3x^2+2x+3$

$g'(x)=0$의 $D=1-9<0$이므로 역함수가 존재한다.

따라서

$f(x)=x$, $g(x)=x^3+x^2+3x+4$

그러므로

$f(1)\times g(1)=1\times9=9$

(ii) $b=0$이면 $a=1, d=1$이다.

$\ominus$에서 $g'(x)=3x^2+3$

$g'(x)=0$의 $D<0$이므로 역함수가 존재한다.

따라서

$f(x)=x+1$, $g(x)=x^3+3x+1$

$f(1)\times g(1)=2\times5=10$

따라서 (i), (ii)에서 $f(1)\times g(1)$의 최댓값은 10이다.

[랑데뷰팁]

(가)의 $f'(x)g(x)+f(x)g'(x)=4x^3+3x^2+6x+4$을
양변 적분하면

$f(x)g(x)=x^4+x^3+3x^2+4x+C$ (단, C는 적분상수)

이다.

216 정답 27

$a<b$인 모든 실수 a, b에 대하여

$$\int_a^b (x^4-4x^3)dx-k(a-b)>0$$

이 성립하므로

$$\int_a^b (x^4-4x^3)dx+k(b-a)$$

$$=\int_a^b (x^4-4x^3)dx+\int_a^b k\,dx$$

$$=\int_a^b (x^4-4x^3+k)dx>0$$

$f(x)=x^4-4x^3+k$라 할 때, $y=f(x)$의 그래프의 최솟값이
0이상이면 조건을 만족한다.

$f'(x)=4x^3-12x^2=4x^2(x-3)$

$f'(x)=0$의 해가 $x=0$ 또는 $x=3$이고 사차함수 $f(x)$는
$x=3$에서 극소이자 최솟값을 갖는다.

따라서 $f(3)=81-108+k\geq0$

$k\geq27$

217 정답 ①

$h(x)=f(x)-g(x)$라 두면

(i) 함수 $h(x)$는 삼차함수일 때

① $y=h(x)$의 최고차항의 계수가 양수 a이면 x축으로

둘러싼 부분의 정적분 값이 양수 $\dfrac{4}{3}k^4$이므로

$h(x)=a(x+k)(x-k)^2$ $(a>0)$이다.

$$\int_{-k}^k \{f(x)-g(x)\}dx$$

$$=\int_{-k}^k h(x)\,dx$$

$$=a\int_{-k}^k (x+k)(x-k)^2\,dx$$

$$=a\times\frac{\{k-(-k)\}^4}{12}=\frac{4}{3}ak^4=\frac{4}{3}k^4$$

따라서 $a=1$

그러므로 $h(x)=(x+k)(x-k)^2$

---

② $y=h(x)$의 최고차항의 계수가 음수 a이면 x축으로 둘러싸인 부분의 정적분 값이 양수 $\dfrac{4}{3}k^4$이므로

$h(x)=a(x+k)^2(x-k)\ (a<0)$이다.

$$\int_{-k}^{k}\{f(x)+g(x)\}dx$$

$$=\int_{-k}^{k}h(x)\,dx$$

$$=a\int_{-k}^{k}(x+k)^2(x-k)\,dx$$

$$=|a|\times\dfrac{\{k-(-k)\}^4}{12}=-\dfrac{4}{3}ak^4=\dfrac{4}{3}k^4$$

따라서 $a=-1$

그러므로 $h(x)=-(x+k)^2(x-k)$

(ii) 함수 $h(x)$는 이차함수일 때

$y=h(x)$와 x축으로 둘러싸인 부분의 정적분 값이 양수 $\dfrac{4}{3}k^4$이므로

$h(x)=b(x+k)(x-k)\ (b<0)$이다.

$$\int_{-k}^{k}\{f(x)+g(x)\}dx=\int_{-k}^{k}h(x)\,dx$$

$$=b\int_{-k}^{k}(x+k)(x-k)\,dx$$

$$=-b\times\dfrac{\{k-(-k)\}^3}{6}=-\dfrac{4}{3}bk^3=\dfrac{4}{3}k^4$$

따라서 $b=-k$

그러므로 $h(x)=-k(x+k)(x-k)$

(i), (ii)에서 $h(k)=f(k)-g(k)$이므로

$h(x)=(x+k)(x-k)^2 \Rightarrow h(k+1)=2k+1$
$h(x)=-(x+k)^2(x-k) \Rightarrow h(k+1)=-(2k+1)^2$
$h(x)=-k(x+k)(x-k) \Rightarrow h(k+1)=-k(2k+1)$
이다.

따라서

$(2k+1)-(2k+1)^2-k(2k+1)$

$=(2k+1)\{1-2k-1-k\}$

$=-3k(2k+1)=-9$

$k(2k+1)=3$

$2k^2+k-3=0$

$(k-1)(2k+3)$

$k=1$ 또는 $-\dfrac{3}{2}$

$k>0$이므로 $k=1$이다.

218 정답 ⑤

$f(x)=\begin{cases}x^2+2 & (x\le 0)\\ x^2+2x+2 & (x>0)\end{cases}$에서

$$\therefore \int_{-1}^{1}f(x)dx$$

$$=\int_{-1}^{0}(x^2+2)dx+\int_{0}^{1}(x^2+2x+2)dx$$

$$=\left[\dfrac{1}{3}x^3+2x\right]_{-1}^{0}+\left[\dfrac{1}{3}x^3+x^2+2x\right]_{0}^{1}$$

$$=\dfrac{1}{3}+2+\dfrac{1}{3}+1+2=\dfrac{17}{3}$$

219 정답 ④

$$\int_{1}^{a^2}f'(x)dx=\{f(a)\}^2$$

의 양변에

$a=-1$을 대입하면 $f(-1)=0$

$a=1$을 대입하면 $f(1)=0$이다.

$\therefore f(x)=(x^2-1)(x+k)\ \cdots\ \bigcirc$

$$\int_{1}^{a^2}f'(x)dx=\left[\,f(x)\,\right]_{1}^{a^2}=f(a^2)-f(1)=f(a^2)$$

따라서

$f(a^2)=\{f(a)\}^2$에서

$a=0$일 때, $\{f(0)\}^2-f(0)=0$에서 $f(0)=0$ 또는 $f(0)=1$

그러므로 $\bigcirc$에서

(i) $f(0)=0$일 때, $f(x)=(x^2-1)x$이므로 $f(2)=6$

(ii) $f(0)=1$일 때,

$f(x)=(x^2-1)(x-1)=(x+1)(x-1)^2$이므로

$f(2)=3$

따라서 $f(2)$의 최댓값은 6이다.

220 정답 147

$$0<\int_{0}^{3}\{xf(x)\}'dx<6$$

$$\rightarrow 0<\left[\,xf(x)\,\right]_{0}^{3}<6 \rightarrow 0<3f(3)<6$$

$$\rightarrow 0<f(3)<2$$

따라서 다항함수 $f(x)$는 다음과 같이 세 가지로 생각할 수 있다.

(i) $f(x)=ax(x-2)\ (a\ne 0)$

$$\int_{0}^{3}f(x)dx=a\int_{0}^{3}(x^2-2x)dx$$

$$=a\left[\dfrac{1}{3}x^3-x^2\right]_{0}^{3}=0$$

이므로 모순

(ii) $f(x)=ax^2(x-2)\ (a\ne 0)$

$$\int_{0}^{3}f(x)dx=a\int_{0}^{3}(x^3-2x^2)dx$$

$$=a\left[\dfrac{1}{4}x^4-\dfrac{2}{3}x^3\right]_{0}^{3}$$

$$= \frac{9}{4}a = \frac{3}{4}$$

$$\therefore a = \frac{1}{3}$$

$f(x) = \frac{1}{3}x^2(x-2)$ 에서 $f(3) = 3$ 으로 $0 < f(3) < 2$ 을 만족하지 못하므로 모순

(iii) $f(x) = ax(x-2)^2$ $(a \neq 0)$

$$\int_0^3 f(x)dx = a\int_0^3 (x^3 - 4x^2 + 4x)dx$$

$$= a\left[\frac{1}{4}x^4 - \frac{4}{3}x^3 + 2x^2\right]_0^3$$

$$= \left(\frac{81}{4} - 36 + 18\right)a = \frac{9}{4}a = \frac{3}{4}$$

$$\therefore a = \frac{1}{3}$$

$f(x) = \frac{1}{3}x(x-2)^2$ 에서 $f(3) = 1$ 으로 $0 < f(3) < 2$ 을 만족한다.

따라서 $f(9) = 3 \times 49 = 147$

221 정답 25

$$f(x) = \begin{cases} 1 - \frac{1}{2}|x-t| & (-2+t \leq x \leq 2+t) \\ 0 & (x < -2+t, \, x > 2+t) \end{cases}$$

이고 $g(t) = \int_0^1 f(x)dx$ 는 닫힌구간 $[0, 1]$ 에서의

$f(x)$ 의 정적분 값이 $g(t)$ 이고 $g'\left(\frac{1}{4}\right)$ 의 값을 알아내는

문제이므로 $0 < t < 1$ 인 t 에 대해서만 알아보면 된다.

따라서 $0 < t < 1$ 일 때,

$$f(x) = \begin{cases} 1 + \frac{1}{2}x - \frac{1}{2}t & (0 < x < t) \\ 1 - \frac{1}{2}x + \frac{1}{2}t & (t \leq x < 1) \end{cases}$$ 이므로

$$g(t) = \int_0^1 f(x)dx$$

$$= \int_0^t \left(1 + \frac{1}{2}x - \frac{1}{2}t\right)dx + \int_t^1 \left(1 - \frac{1}{2}x + \frac{1}{2}t\right)dx$$

$$= \left[\left(1 - \frac{1}{2}t\right)x + \frac{1}{4}x^2\right]_0^t + \left[\left(1 + \frac{1}{2}t\right)x - \frac{1}{4}x^2\right]_t^1$$

$$= \left(1 - \frac{1}{2}t\right)t + \frac{1}{4}t^2 + 1 + \frac{1}{2}t - \frac{1}{4} - \left(1 + \frac{1}{2}t\right)t + \frac{1}{4}t^2$$

$$= -\frac{1}{2}t^2 + \frac{1}{2}t + \frac{3}{4}$$

따라서 $g'(t) = -t + \frac{1}{2}$

$g'\left(\frac{1}{4}\right) = \frac{1}{4}$ 이므로 $100 \times g'\left(\frac{1}{4}\right) = 25$

[랑데뷰팁]

$t = \frac{1}{4}$ 일 때, $f(0) = \frac{7}{8}$, $f(1) = \frac{5}{8}$ 이다.

넓이의 증가율 감소율 [세미나(100)참고]에서

증가율은 $f(0)$ 인 $\frac{7}{8}$ 이고 감소율은 $f(1) = \frac{5}{8}$ 이다.

감소율의 실제 변화율은 $-\frac{5}{8}$ 이므로

$t = \frac{1}{4}$ 일 때, 변화율 $g'\left(\frac{1}{4}\right) = \frac{7}{8} + \left(-\frac{5}{8}\right) = \frac{1}{4}$ 이다.

222 정답 100

$$\int_0^2 (x+1)^3 f(x)dx$$

$$= \int_0^2 (x^3 + 3x^2 + 3x + 1)f(x)dx$$

$$= \int_0^2 x^3 f(x)dx + 3\int_0^2 x^2 f(x)dx$$

$$+ 3\int_0^2 xf(x)dx + \int_0^2 f(x)dx$$

$$= 1 + 0 + 0 + 1 = 2$$

$$\int_0^2 k|x-1|dx$$

$$= k\int_0^1 (-x+1)dx + k\int_1^2 (x-1)dx$$

$$= \frac{k}{2} + \frac{k}{2} = k$$

$$\therefore 2 \leq k$$

따라서 $m = 2$ 이므로 $50m = 100$

223 정답 ①

[그림 : 이정배T]

$g(t) = |t+x| - |t| + |t-x|$ 라 하면

$$g(t) = \begin{cases} -t & (t < -x) \\ t + 2x & (-x \leq t < 0) \\ -t + 2x & (0 \leq t < x) \\ t & (x \leq t) \end{cases}$$ 이다.

$y = g(t)$ 의 그래프는 다음과 같다.

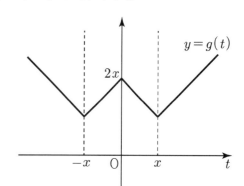

함수 $f(x) = \displaystyle\int_{-1}^{1} g(t)\, dt$의 함숫값은 그림의 색칠된 넓이와 같다.

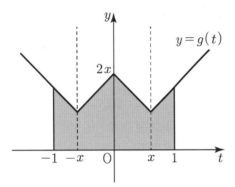

주어진 범위 $-1 \le t \le 1$에서 색칠된 부분의 넓이 값이 최대가 되도록 하는 x값은 $x = 2$일 때다.

따라서 최댓값은

$$2\int_0^1 (-t+4)\,dt = 2\left[-\frac{1}{2}t^2 + 4t \right]_0^1 = 7$$

224 정답 ⑤

$\displaystyle\lim_{x \to 1} \dfrac{f(x) - f(2)}{\displaystyle\int_1^x f(t)\,dt}$의 값이 수렴하기 위해서는 $x \to 1$일 때

(분모)→0이므로 (분자)→0이다.

따라서 $f(1) = f(2)$이므로 $f(x) = a(x-1)(x-2) + b$라 할 수 있다.

$$\lim_{x \to 1} \frac{f(x) - f(2)}{\displaystyle\int_1^x f(t)\,dt}$$

$$= \lim_{x \to 1} \frac{f(x) - f(1)}{\displaystyle\int_1^x f(t)\,dt}$$

$$= \lim_{x \to 1} \left\{ \frac{f(x) - f(1)}{x - 1} \times \frac{x - 1}{\displaystyle\int_1^x f(t)\,dt} \right\}$$

$$= \lim_{x \to 1} \left\{ \frac{f(x) - f(1)}{x - 1} \times \frac{x - 1}{F(x) - F(1)} \right\} \left(\because F(x) = \int f(x)\,dx \right)$$

$$= \frac{f'(1)}{f(1)} = 3$$이므로 $f'(1) = 3b$

$f'(x) = a(x-2) + a(x-1)$에서 $f'(1) = -a$

$$\therefore b = -\frac{a}{3}$$

$f(x) = a(x-1)(x-2) - \dfrac{a}{3}$이다.

$$\therefore \frac{f(3)}{f(1)} = \frac{\dfrac{5a}{3}}{-\dfrac{a}{3}} = -5$$

225 정답 ⑤

[그림 : 이정배T]
[검토자 : 김종렬T]

$$f(x) = \begin{cases} -x(x-a) & (x < a) \\ (x-a)(x+a-1) & (x \ge a) \end{cases}$$

$0 < a < \dfrac{1}{2}$이므로 $a < 1 - a$이다.

따라서 함수 $f(x)$의 그래프는 다음과 같다.

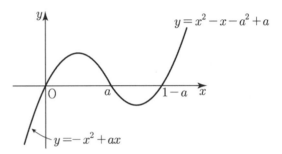

$g(x) = \displaystyle\int_0^x f(t)\,dt$에서 $g(0) = 0$이고 $g'(x) = f(x)$이므로 함수

$g(x)$는 $x = 0$에서 극솟값 0을 갖고 $x = a$에서 극댓값,

$x = 1 - a$에서 극솟값을 갖는다.

따라서 함수 $g(x)$의 최솟값이 0이기 위해서는 $x = 1 - a$에서의

극솟값이 0이상이어야 한다.

$$\int_0^a f(x)\,dx \ge \int_a^{1-a} -f(x)\,dx$$

$$\frac{a^3}{6} \ge \frac{\{(1-a) - a\}^3}{6}$$

$$a^3 \ge (1-2a)^3$$

$$a \ge 1 - 2a$$

$$3a \ge 1$$

$$\frac{1}{3} \le a < \frac{1}{2}$$

따라서 a의 최솟값은 $\dfrac{1}{3}$이다.

226 정답 10

[출제자 : 황보성호T]
[그림 : 이정배T]

곡선 $y = f(x)$와 선분 OA 및 직선 $y = g(x)$로 둘러싼 부분의

넓이를 α라 하면

곡선 $y = f(x)$와 두 직선 $x = -4$, $y = g(x)$로 둘러싼 부분의

넓이도 α이다.

직선 $y = g(x)$가 y축과 만나는 점을 B, 삼각형 OAB의 넓이를

β라 하자.

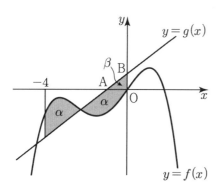

$\displaystyle\int_{-4}^{0}\{f(x)-g(x)\}dx$를 α, β를 이용하여 나타내면

$\displaystyle\int_{-4}^{0}\{f(x)-g(x)\}dx=\alpha-(\alpha+\beta)=-\beta$이다.

여기서 $\displaystyle\int_{-4}^{0}f(x)dx-\int_{-4}^{0}g(x)dx=-\beta$가 성립한다.

$\displaystyle\int_{-4}^{0}f(x)dx=-5$이므로 $\displaystyle\int_{-4}^{0}g(x)dx=\beta-5$

$g(x)=m(x+1)$이므로

$B(0,\ m)$에서 $\beta=\dfrac{1}{2}\times1\times m=\dfrac{m}{2}$이 성립한다.

따라서 $\displaystyle\int_{-4}^{0}m(x+1)dx=\dfrac{m}{2}-5$

$m\left[\dfrac{1}{2}x^2+x\right]_{-4}^{0}=\dfrac{m}{2}-5$

$-4m=\dfrac{m}{2}-5$

$\therefore\ m=\dfrac{10}{9}$

따라서 $9m=10$이다.

227 정답 ④

[그림 : 서태욱T]

[검토자 : 최수영T]

세 점 O, A, B가 직선 $y=2x$위에 있고 $\overline{OB}=2\sqrt{5}$이므로 점 B의 좌표는 $(2,4)$이다.

따라서 최고차항의 계수가 -1인 사차함수 $f(x)$는 점 A의 x좌표를 $a\,(0<a<2)$라 하면

곡선 $y=f(x)$와 직선 $y=2x$가 $x=2$에서 접하므로

$f(x)-2x=-x(x-a)(x-2)^2$라 할 수 있다.

$S_1=S_2$에서 $\displaystyle\int_{0}^{2}\{f(x)-2x\}dx=0$이므로

$\displaystyle\int_{0}^{2}-x(x-a)(x-2)^2dx=0$이다.

그러므로

$\displaystyle\int_{0}^{2}x(x-a)(x-2)^2dx$

$=\displaystyle\int_{0}^{2}(x^2-ax)(x^2-4x+4)dx$

$=\displaystyle\int_{0}^{2}\{x^4-(a+4)x^3+(4a+4)x^2-4ax\}dx$

$=\left[\dfrac{1}{5}x^5-\dfrac{a+4}{4}x^4+\dfrac{4a+4}{3}x^3-2ax^2\right]_{0}^{2}$

$=\dfrac{32}{5}-4a-16+\dfrac{32a+32}{3}-8a$

$=-\dfrac{4a}{3}+\dfrac{16}{15}=0$

$\dfrac{4a}{3}=\dfrac{16}{15}$

$\therefore\ a=\dfrac{4}{5}$

따라서 $f(x)=-x\left(x-\dfrac{4}{5}\right)(x-2)^2+2x$이다.

그러므로 $f(1)=-1\times\dfrac{1}{5}\times1+2=\dfrac{9}{5}$

228 정답 6

[출제자 : 최성훈T]

원점에서 출발하였으므로 두 점 P, Q의 시각 t에서의 위치는 각각

$x_{\mathrm{P}}(t)=\dfrac{1}{3}t^3+\dfrac{k}{2}t^2+5t,\ x_{\mathrm{Q}}(t)=2t$

이다. 시각 $t=a$에서 만나므로

$\dfrac{1}{3}a^3+\dfrac{k}{2}a^2+5a=2a,\ 2a^3+3ka^2+18a=0,$

$a(2a^2+3ka+18)=0$

$a>0$이므로 $y=2x^2+3kx+18$에서 y절편이 18이므로

양,음근을 하나씩 가질 수 없으므로 축 $-\dfrac{3k}{2\times2}>0$이고 x축과 접해야 한다.

$D=(3k)^2-4\times2\times18=0$, 따라서 $k=\pm4$이고,

$k=-4$일 때, $2a^2+3ka+18=0$는 양의 중근을 가진다.

$2a^2-12a+18=0,\ 2(a-3)^2=0,\ a=3$

$k=-4$이고 3초 후에 만나므로 점 P가 출발 후 $t=3$까지 움직인 거리는 다음과 같다.

$\displaystyle\int_{0}^{3}|v_{\mathrm{P}}(t)|dt=\int_{0}^{3}|t^2-4t+5|dt$

$=\left[\dfrac{1}{3}t^3-2t^2+5t\right]_{0}^{3}$

$=6$

229 정답 ②

[검토자 : 백상민T]

점 P의 $t=2$에서의 위치는

$\displaystyle\int_{0}^{2}\left(2t-\dfrac{3}{2}\right)dt=\left[t^2-\dfrac{3}{2}t\right]_{0}^{2}=1$

이다.

$v_2(t) = t^2 - at = t(t-a) = 0$에서 $v_2(t) = 0$인 t의 값은

$t = a$이다.

(i) $a \leq 0$일 때.

점 Q가 $t = 0$에서 $t = 2$까지 움직인 거리는

$$\int_0^2 |t^2 - at|\,dt$$

$$= \int_0^2 (t^2 - at)\,dt$$

$$= \left[\frac{1}{3}t^3 - \frac{a}{2}t^2 \right]_0^2$$

$$= \frac{8}{3} - 2a = 1$$

$$\therefore a = \frac{5}{6} \text{ (모순)}$$

(ii) $a \geq 2$일 때,

점 Q가 $t = 0$에서 $t = 2$까지 움직인 거리는

$$\int_0^2 |t^2 - at|\,dt$$

$$= \int_0^2 (-t^2 + at)\,dt$$

$$= \left[-\frac{1}{3}t^3 + \frac{a}{2}t^2 \right]_0^2$$

$$= -\frac{8}{3} + 2a = 1$$

$$\therefore a = \frac{11}{6} \text{ (모순)}$$

(iii) $0 < a < 2$일 때,

점 Q가 $t = 0$에서 $t = 2$까지 움직인 거리는

$$\int_0^2 |t^2 - at|\,dt$$

$$= \int_0^a (-t^2 + at)\,dt + \int_a^2 (t^2 - at)\,dt$$

$$= \left[-\frac{1}{3}t^3 + \frac{a}{2}t^2 \right]_0^a + \left[\frac{1}{3}t^3 - \frac{a}{2}t^2 \right]_a^2$$

$$= -\frac{a^3}{3} + \frac{a^3}{2} + \frac{8}{3} - 2a - \frac{a^3}{3} + \frac{a^3}{2}$$

$$= \frac{a^3}{3} - 2a + \frac{8}{3} = 1$$

$$a^3 - 6a + 5 = 0$$

$$(a-1)(a^2 + a - 5) = 0$$

$$a = 1 \text{ 또는 } a = \frac{-1 + \sqrt{21}}{2}$$

(i), (ii), (iii)에서 a의 값은 1 또는 $a = \dfrac{-1 + \sqrt{21}}{2}$이다.

가능한 모든 a의 값의 합은 $\dfrac{1 + \sqrt{21}}{2}$이다.

230 정답 447

$\displaystyle\int_{2k-1}^{2k} f(x)\,dx = a_{2k-1}$, $\displaystyle\int_{2k}^{2k+1} f(x)\,dx = a_{2k}$에서

$a_{2k-1} = 6k - 1$, $a_{2k} = 6k + 2$이다.

$2k - 1 = p$라 두면 $a_p = 3(p+1) - 1 = 3p + 2$

$2k = q$라 두면 $a_q = 3q + 2$

따라서 정수 n에 대하여

$$\int_n^{n+1} f(x)\,dx = a_n = 3n + 2 \text{이다.}$$

한편,

$$\int_0^{2n+1} f(x)\,dx$$

$$= \int_0^1 f(x)\,dx + \int_1^2 f(x)\,dx + \cdots + \int_{2n}^{2n+1} f(x)\,dx$$

$$= a_0 + a_1 + \cdots + a_{2n}$$

$$= 2 + 5 + \cdots + (6n + 2)$$

$$= \frac{(2n+1)(2 + 6n + 2)}{2}$$

($\Leftarrow$ 첫째항 $a_0 = 2$, 공차가 3, 끝항 $a_{2n} = 6n + 2$인 등차수열의

합)

$$= (2n+1)(3n+2)$$

$$= 6n^2 + 7n + 2$$

$$\sum_{n=0}^5 \left(\int_0^{2n+1} f(x)\,dx \right)$$

$$= \sum_{n=0}^5 (6n^2 + 7n + 2)$$

$$= 2 + \sum_{n=1}^5 (6n^2 + 7n + 2)$$

$$= 2 + 445 = 447$$

231 정답 ②

[풀이-오세준T]

$f'(x) = \begin{cases} -4 & (0 \leq x < 2) \\ 2x - 2 & (2 \leq x < 4) \end{cases}$을 적분하면

$f(x) = \begin{cases} -4x + a & (0 \leq x < 2) \\ x^2 - 2x + b & (2 \leq x < 4) \end{cases}$

$f(0) = 2$이므로 $f(0) = a = 2$

$f(x)$는 실수전체에서 정의된 연속함수이므로

$x = 2$에서 $-8 + 2 = 4 - 4 + b$이므로 $b = -6$

따라서

$f(x) = \begin{cases} -4x + 2 & (0 \leq x < 2) \\ x^2 - 2x - 6 & (2 \leq x < 4) \end{cases}$

$f(x) = f(x+4)$에서 $f(x)$는 주기가 4인 주기함수이므로

$$\int_{13}^{15} f(x)\,dx = \int_9^{11} f(x)\,dx = \cdots = \int_1^3 f(x)\,dx$$

따라서

$$\int_{13}^{15} f(x)\,dx$$

$$= \int_1^3 f(x)\,dx$$

$$= \int_1^2 (-4x + 2)\,dx + \int_2^3 (x^2 - 2x - 6)\,dx$$

$$= \left[-2x^2 + 2x \right]_1^2 + \left[\frac{1}{3}x^3 - x^2 - 6x \right]_2^3$$

$$= (-8+4) - (-2+2) + (9-9-18) - \left(\frac{8}{3} - 4 - 12 \right)$$

$$= -\frac{26}{3}$$

232 정답 ①

$\displaystyle\int_{-\alpha}^{\alpha} f(x)dx = \int_{-\alpha}^{0} f(x)dx + \int_{0}^{\alpha} f(x)dx$ 이므로

$\displaystyle\int_{-\alpha}^{\alpha} f(x)dx = \int_{0}^{\alpha} f(x)dx = \int_{-\alpha}^{0} f(x)dx$ 이면

$\displaystyle\int_{-\alpha}^{\alpha} f(x)dx = \int_{0}^{\alpha} f(x)dx = \int_{-\alpha}^{0} f(x)dx = 0$ 이고

$\displaystyle\int_{0}^{\alpha} f(x)\,dx = \int_{-\alpha}^{0} f(x)\,dx$ 에서 $f(x)$ 는 y 축 대칭함수이다.

따라서 $f(x) = x^2 - \alpha$ 로 놓으면

$$\int_{0}^{\alpha} f(x)dx = \int_{0}^{\alpha} (x^2 - \alpha)dx$$

$$= \left[\frac{1}{3}x^3 - \alpha x \right]_0^\alpha$$

$$= \frac{1}{3}\alpha^3 - \alpha^2 = 0$$

$$\alpha^2 \left(\frac{1}{3}\alpha - 1 \right) = 0$$

$$\therefore \ \alpha = 3$$

따라서 $f(x) = x^2 - 3$

$f(2) = 4 - 3 = 1$

233 정답 ④

$\displaystyle\int_{0}^{2} f(x)\,dx = a$ 로 놓으면 $f(x) = \frac{15}{8}x^2 + 2ax - a^2$

따라서

$$a = \int_{0}^{2} f(x)dx = \int_{0}^{2} \left(\frac{15}{8}x^2 + 2ax - a^2 \right) dx$$

$$= \left[\frac{5}{8}x^3 + ax^2 - a^2 x \right]_0^2 = 5 + 4a - 2a^2$$

$\therefore \ 2a^2 - 3a - 5 = 0$ 에서 $\displaystyle\int_{0}^{2} f(x)\,dx$ 로 가능한 값의 합은

$\dfrac{3}{2}$ 이다.

234 정답 ②

$f(x) = x^2$ 에서

$y = -f(x-1) + 3 = -(x-1)^2 + 3$

$= -x^2 + 2x + 2$

이므로 $x^2 = -x^2 + 2x + 2$

$2x^2 - 2x - 2 = 0$ 에서 두 근을 α, β 라 하면

$\alpha + \beta = 1$, $\alpha\beta = -1$ 에서

$(\alpha - \beta)^2 = (\alpha + \beta)^2 - 4\alpha\beta = 1 + 4 = 5$

따라서 $(\alpha - \beta)^3 = 5\sqrt{5}$

넓이는 $\dfrac{2 \times 5\sqrt{5}}{6} = \dfrac{5\sqrt{5}}{3}$

[랑데뷰팁]

두 이차함수 $y = ax^2 + bx + c$ 와 $y = a'x^2 + b'x + c'$ 의 교점의 x 좌표를 α, β $(\alpha < \beta)$ 라고 하면 두 이차함수의 그래프로 둘러싸인 도형의 넓이

$$S = \frac{|a - a'|}{6}(\beta - \alpha)^3$$

---

235 정답 4

$$f(x) = \begin{cases} x(x-a)^2 & (x \geq a) \\ -x(x-a)^2 & (x < a) \end{cases}$$

함수 $y = f(x)$ 의 그래프는 그림과 같다.

(i) $a < 0$

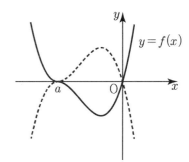

(ii) $a = 0$ 일 때

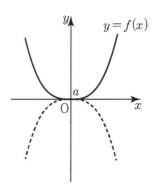

(iii) $a > 0$ 일 때

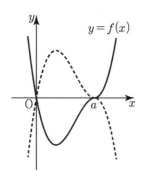

함수 $f(x)$의 극솟값이 존재하고 그래프의

$\int_0^x f(t)dt = 0$의 양수해가 존재하므로

개형은 (iii)과 같아야 한다.

(iii)에서 극솟값은 $y = -x(x-a)^2$의 그래프에서 생긴다.

따라서 $y' = -(x-a)(3x-a)$에서 $x = \dfrac{a}{3}$일 때 극소이다.

$f\left(\dfrac{a}{3}\right) = -\left(\dfrac{a}{3}\right)\left(-\dfrac{2}{3}a\right)^2 = -\dfrac{4}{27}a^3 = -4$

따라서 $a = 3$이다.

따라서 $f(x) = \begin{cases} x(x-3)^2 & (x \geq 3) \\ -x(x-3)^2 & (x < 3) \end{cases}$

$f(4) = 4$이다.

236 정답 2

$F'(x) = f(x) = \dfrac{1}{a}x^2 + (a-2)x + 2(a-2)$이고

함수 $F(x)$가 실수 전체에서 증가하기 위해서는

모든 실수 x에 대하여 $\dfrac{1}{a}x^2 + (a-2)x + 2(a-2) \geq 0$을

만족해야 한다.

즉, $f(x) = 0$의 판별식을 D라 할 때, $a > 0$, $D \leq 0$이다.

$D = (a-2)^2 - \dfrac{8}{a}(a-2)$

$\quad = (a-2)\left\{(a-2) - \dfrac{8}{a}\right\} \leq 0$

양변에 a를 곱하면

$(a-2)\{a(a-2) - 8\} \leq 0$

$(a-2)(a+2)(a-4) \leq 0$

$a > 0$이므로 $a + 2 > 0$이다.

따라서 $(a-2)(a-4) \leq 0$에서 $2 \leq a \leq 4$이다.

$\alpha \geq 2$, $\beta \leq 4$이므로 $\beta - \alpha \leq 2$이다.

237 정답 ④

함수 $y = f(x)$의 그래프와 $y = g(x)$의 그래프는 직선 $y = x$에

대하여 대칭이므로 그림에서

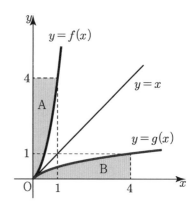

(A의 넓이) = (B의 넓이)

$\therefore \int_0^1 f(x)dx + \int_0^4 g(x)dx$

$= \int_0^1 f(x)dx + (A의 넓이)$

$= 1 \cdot 4 = 4$

[다른 풀이] - You g의 법칙

$1 \times 4 - 0 \times 0 = 4$

238 정답 6

$f(0) = 0$이므로

$f(x) = ax^3 + bx^2 + cx$ $(a > 0)$라 하면

$f'(x) = 3ax^2 + 2bx + c$

$\qquad = 3a(x - \alpha)(x - \beta)$

(가)에서

$f(\alpha) - f(\beta)$

$= \int_\alpha^\beta f'(x)dx$

$= 3a \int_\alpha^\beta (x - \alpha)(x - \beta)dx$

$= \dfrac{3a(\beta - \alpha)^3}{6} = 12$

$= a(\beta - \alpha)^3 = 24 \cdots \bigcirc$

(나)에서

삼차함수 비율을 고려하면

$\beta = \alpha + 2$이다.

따라서

$\bigcirc$에서 $a \times 2^3 = 24$

$\therefore a = 3$

$f(x) = 3x^3 + bx^2 + cx$이고

$f'(x) = 9x^2 + 2bx + c$이므로

$9x^2 + 2bx + c = 0$의 두 근이 α, $\alpha + 2$이다.

따라서 근과 계수와의 관계에서

$2\alpha + 2 = -\dfrac{2b}{9} \Rightarrow b = -9\alpha - 9$

$\alpha^2 + 2\alpha = \dfrac{c}{9} \Rightarrow c = 9\alpha^2 + 18\alpha$

$f(x) = 3x^3 + bx^2 + cx$에서

$f(1) = 3 + b + c = 12$

$3 + (-9\alpha - 9) + (9\alpha^2 + 18\alpha) = 12$

$9\alpha^2 + 9\alpha - 18 = 0$

$9(\alpha + 2)(\alpha - 1) = 0$

$\therefore \alpha = 1 \ (\because \alpha > 0)$

따라서 $b = -18$, $c = 27$

$\therefore f(x) = 3x^3 - 18x^2 + 27x$

$f(2) = 24 - 72 + 54 = 6$

239 정답 8

함수 $f(x)$는 이차함수이고 조건 (가)에서

$\displaystyle \int_0^{a-t} f(x)\,dx = \int_t^a f(x)\,dx$ 이므로 함수 $y = f(x)$ 의 그래프는

직선 $x = \dfrac{a}{2}$에 대하여 대칭이다. ($\because$ 좌변과 우변의 적분

구간의 길이가 $a - t$로 같고 그 정적분 값도 같으므로 이차함수

$f(x)$는 $x = 0$과 $x = a$의 중점인 $x = \dfrac{a}{2}$에 대칭인 함수이다.)

조건 (나)에서 $0 < \displaystyle \int_1^{\frac{a}{2}} |f(x)|\,dx$ 이므로 $\dfrac{a}{2} > 1$이고, 함수

$y = f(x)$ 의 그래프는 x축과 두 점 $(k,\ 0)$, $(a-k,\ 0)$에서

만난다.

따라서 $\displaystyle \int_1^{a-k} f(x) = \alpha$, $\displaystyle \int_{a-k}^{\frac{a}{2}} f(x)\,dx = \beta$라 두면 $\alpha < 0$,

$\beta > 0$이다. ($\because$ 이차항의 계수가 음수)

(나)에서

$\alpha + \beta = 3$, $-\alpha + \beta = 7$이므로 $\alpha = -2$, $\beta = 5$

따라서

$\displaystyle \int_1^k f(x)\,dx = \int_1^{a-k} f(x)\,dx + \int_{a-k}^{\frac{a}{2}} f(x)\,dx + \int_{\frac{a}{2}}^k f(x)\,dx$

$\displaystyle \qquad\qquad = \alpha + \beta + \beta = -2 + 5 + 5 = 8$

240 정답 ⑤

(가)에서 도함수가 y축 대칭이고 $f(0) = 0$이므로 함수 $f(x)$는

원점 대칭 함수이다.

(나)의 $\displaystyle \int_{-2}^1 f(x)\,dx = \int_{-2}^{-1} f(x)\,dx + \int_{-1}^1 f(x)\,dx = 2$에서

$\displaystyle \int_{-1}^1 f(x)\,dx = 0$이므로 $\displaystyle \int_{-2}^{-1} f(x)\,dx = 2$이다.

따라서 $\displaystyle \int_1^2 f(x)\,dx = -2$

(나)의 $\displaystyle \int_1^4 f(x)\,dx = \int_1^2 f(x)\,dx + \int_2^4 f(x)\,dx = -3$에서

$\displaystyle \int_2^4 f(x)\,dx = -1$

그러므로 $\displaystyle \int_{-4}^{-2} f(x)\,dx = 1$이다.

(다)의 $\displaystyle \int_2^4 (x+1)f(x)\,dx = 1$에서

$\displaystyle \int_2^4 xf(x)\,dx + \int_2^4 f(x)\,dx = 1$

$\therefore \displaystyle \int_2^4 xf(x)\,dx = 2$

함수 $f(x)$가 원점대칭으로 $f(-x) = -f(x)$가 성립한다. 이때,

함수 $g(x) = xf(x)$라 하면

$g(-x) = -xf(-x) = xf(x) = g(x)$로 함수 $g(x)$는 y축

대칭이다.

따라서 $\displaystyle \int_{-4}^{-2} xf(x)\,dx = 2$이다.

241 정답 640

$g(x) = \displaystyle \int_a^x f(t)\,dt$의 양변에 $x = a$을 대입하면

$g(a) = 0$

(가)에서 $g(-2a) = 0$이므로 $x = -2a$을 대입하면

$\displaystyle \int_a^{-2a} f(t)\,dt = 0$

(나)에서 $\displaystyle \int_a^x f(t)\,dt \geq 0$이고

$\displaystyle \int_a^{-2a} f(t)\,dt = 0$이므로 삼차함수 $f(x)$는 $\left(-\dfrac{a}{2},\ 0\right)$에 대칭인

그래프다.

$g(x) = \dfrac{1}{4}(x + 2a)^2(x - a)^2$ 라 두면 $g'(x) = f(x)$이므로

$f(x) = (x + 2a)\left(x + \dfrac{a}{2}\right)(x - a)$ 이다.

$f(-a) = a \times \left(-\dfrac{a}{2}\right) \times (-2a) = a^4 = 64$

$\therefore a = 4$

그러므로 $f(x) = (x + 8)(x + 2)(x - 4)$이다.

$f(2a) = f(8) = 16 \times 10 \times 4 = 640$

242 정답 29

$g(x)$는 $x = 1$, $x = 4$에서 극솟값을 가지므로

$g'(1) = 0$, $g'(4) = 0$이다.

$g(x) = \displaystyle \int_x^{x+1} |f(t)|\,dt$에서 양변을 x에 대해 미분하면

$g'(x) = |f(x+1)| - |f(x)|$이고,

$g'(1) = 0$, $g'(4) = 0$이므로 $g'(1) = |f(2)| - |f(1)| = 0$,

$g'(4) = |f(5)| - |f(4)| = 0$이고 $|f(1)| = |f(2)|$,

$|f(4)| = |f(5)|$이다.

따라서, 조건을 만족하는 그래프는 아래 그림과 같다.

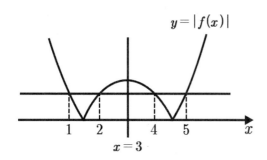

이차함수의 대칭성에 의하여 축의 방정식은 $x=3$이고,
$f(x)=2(x-3)^2+k$로 나타낼 수 있다.
$f(1)=-f(2)$이므로
$8+k=-(2+k)$
$k=-5$
따라서 $f(x)=2(x-3)^2-5$이다.
넓이의 증가율 감소율 [세미나 (100) 참고]에서
함수 $g(x)$의 극댓값은 $g\left(\dfrac{5}{2}\right)$이므로

$$g(5)=\int_{\frac{5}{2}}^{\frac{7}{2}}\left|2(t-3)^2-5\right|dt$$

$$=\int_{\frac{5}{2}}^{\frac{7}{2}}\left\{-2(t-3)^2+5\right\}dt$$

$$=\left[-\frac{2}{3}(t-3)^3+5t\right]_{\frac{5}{2}}^{\frac{7}{2}}$$

$$=\frac{29}{6}$$

$M=\dfrac{29}{6}$이므로 $6M=29$

243 정답 ②

함수 $f(x)$는 y축 대칭이므로 $x \geq 0$에서
$f_1(x)=x^3-x^2+1$에서 접선을 l_1이라 하고
함수 $f_1(x)$와 접선 l_1으로 둘러싸인 부분의 넓이를 구한 후 2배
하면 되겠다.

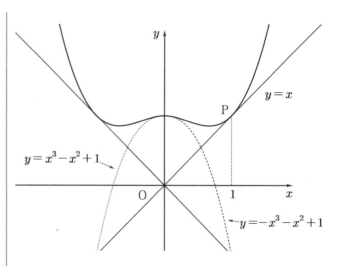

$y=f_1(x)$와 l_1의 접점을 $P\left(t, t^3-t^2+1\right)$이라 하면
직선 OP의 기울기는 $\dfrac{t^3-t^2+1}{t}$
접선 l_1의 기울기는 $3t^2-2t$
따라서 $\dfrac{t^3-t^2+1}{t}=3t^2-2t$
$t^3-t^2+1=3t^3-2t^2$
$2t^3-t^2-1=0$
$(t-1)(2t^2+t+1)=0$에서 $t=1$이다.
따라서 $P(1, 1)$이고 접선 l_1의 방정식은 $y=x$이다.
곡선 $f(x)$와 두 직선 l_1, l_2로 둘러싸인 부분의 넓이를 S라
하면

$$S=2\left\{\int_0^1\left(x^3-x^2+1\right)dx-\frac{1}{2}\right\}$$

$$=2\left\{\left[\frac{1}{4}x^4-\frac{1}{3}x^3+x\right]_0^1-\frac{1}{2}\right\}$$

$$=2\left(\frac{11}{12}-\frac{1}{2}\right)=\frac{5}{6}$$

244 정답 56

(나)의 양변에 $x=-2$을 대입하면
$$\int_{-2}^2 f(t)dt=-2a+4$$이다.

(가)에 $\int_{-2}^2 f(t)dt=0$이므로 $-2a+4=0$에서 $a=2$이다.

따라서 $\int_x^{x+4} f(t)dt=2x+4$에서

$$\int_{-5a}^{9a} f(x)dx$$

$$=\int_{-10}^{18} f(x)dx$$

$$=\int_{-10}^{10} f(x)dx+\int_{10}^{18} f(x)dx$$

$$=\int_{10}^{18} f(x)dx$$

$$= \int_{10}^{14} f(x)dx + \int_{14}^{18} f(x)dx$$
$$= 24 + 32$$
$$= 56$$

245 정답 64

[그림 : 이정배T]

(가)에서 $f(0)=0$, $\lim_{x\to 2-} f(x)=4$

(나)에서 $x=0$을 대입하면 $f(2)=f(0)+a$이다.

함수 $f(x)$가 실수 전체의 집합에서 연속이므로 $f(2)=4$이다.

따라서 $4=0+a$에서 $a=4$이다.

$$f(x) = \begin{cases} -x^2(x-3) & (0 \le x < 2) \\ -(x-2)^2(x-5)+4 & (2 \le x < 4) \\ -(x-4)^2(x-7)+8 & (4 \le x < 6) \\ -(x-6)^2(x-9)+12 & (6 \le x < 8) \\ \quad\vdots & \quad\vdots \end{cases}$$

이고 $\int_0^2 -x^2(x-3)\,dx = 4$이므로 곡선 $y=f(x)$와 x축 및 $x=2a$로 둘러싸인 부분의 넓이는 다음 그림과 같다.

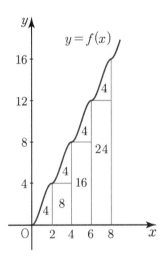

넓이의 합은 $4+(4+8)+(4+16)+(4+24)=64$이다.

246 정답 135

함수 $g(x)$가 $g'(x)=(x+1)(x-1)f(x)$에서 모든 실수 x에 대하여 항상 $g'(x) \ge 0$

또는 항상 $g'(x) \le 0$이어야 하므로

$f(x)=a(x+1)(x-1)$ $(a \ne 0)$이어야 한다.

따라서

$$g(x) = \int_0^x (t+1)(t-1)f(t)dt$$
$$= a\int_0^x (t+1)^2(t-1)^2 dt$$

에서 $g(0)=0$, $g'(x)=a(x+1)^2(x-1)^2$이다. ···㉠

그러므로

$$\lim_{x\to 0}\frac{g(x)}{x} = \lim_{x\to 0}\frac{g(x)-g(0)}{x} = g'(0) = n$$

따라서 $g'(0)=a=n$이다.

$$\lim_{x\to 2}\frac{\{g(x)\}^2 - m}{x-2} = a$$

$a \ne 0$이고 $x\to 2$일 때 분모가 0이 되므로 분자도 0이 되어야 한다.

따라서 $m = \{g(2)\}^2$

그러므로

$$\lim_{x\to 2}\frac{\{g(x)\}^2 - m}{x-2}$$
$$= \lim_{x\to 2}\frac{\{g(x)\}^2 - \{g(2)\}^2}{x-2}$$
$$= \lim_{x\to 2}\left[\frac{g(x)-g(2)}{x-2} \times \{g(x)+g(2)\}\right]$$
$$= 2g(2)g'(2) = a$$

㉠에서 $g'(2)=9a$이므로

$2g(2)g'(2) = 2g(2)\times 9a = 18ag(2)$이다.

따라서 $a = 18a \times g(2)$

$\therefore g(2) = \dfrac{1}{18}$

따라서 $m = \left(\dfrac{1}{18}\right)^2 = \dfrac{1}{324}$

한편,

$$g(2) = \int_0^2 a(x+1)^2(x-1)^2 dx = \frac{1}{18}$$

$$\int_0^2 (x^2-1)^2 dx = \frac{1}{18a}$$

$$\int_0^2 (x^4 - 2x^2 + 1)dx = \frac{1}{18a}$$

$$\left[\frac{1}{5}x^5 - \frac{2}{3}x^3 + x\right]_0^2 = \frac{1}{18a}$$

$$\frac{32}{5} - \frac{16}{3} + 2 = \frac{1}{18a}$$

$$\frac{96 - 80 + 30}{15} = \frac{1}{18a}$$

$$\frac{46}{15} = \frac{1}{18a}$$

$$\frac{1}{a} = \frac{276}{5}$$

따라서 $n = \dfrac{5}{276}$, $\dfrac{1}{m} = 324$이므로

$$\frac{23n}{m} = 23 \times 324 \times \frac{5}{276} = 324 \times \frac{5}{12} = 27 \times 5 = 135$$

$$\frac{23n}{m} = 135$$

247 정답 ③

두 함수의 그래프가 점 $(1, 1)$에서 공통접선을 갖기 때문에
$x = 1$에서 두 그래프는 교점을 갖고, 그 점에서의 접선의
기울기가 서로 같다.

$f(x) = x^3$, $g(x) = ax^2 + bx + c$ (단, $a > 3$)

에서 $f'(x) = 3x^2$, $g'(x) = 2ax + b$이므로

$f(1) = g(1)$에서 $1 = a + b + c$

$f'(1) = g'(1)$에서 $3 = 2a + b$

두 식을 연립하여 b와 c를 모두 a에 대한 식으로 나타내면

$b = 3 - 2a$, $c = a - 2$이다.

$h(x) = f(x) - g(x) = x^3 - ax^2 - bx - c$
$= x^3 - ax^2 + (2a-3)x - (a-2) = (x-1)^2(x-a+2)$

$h'(x) = \{3x - (2a-3)\}(x-1)$에서

삼차함수 $h(x)$는 $x = 1$에서 극댓값을 가지고,

$x = \dfrac{2a-3}{3}$에서 극솟값을 갖는다.

$\left(\because a > 3 \Rightarrow \dfrac{2a-3}{3} > 1\right)$

그리고, 구간 $[0,\ 2]$에서 함수 $h(x)$가 갖는 최솟값을 구하기
위해 가능한 $\dfrac{2a-3}{3}$의 범위에 따라 구분하면 다음과 같다.

(i) $\dfrac{2a-3}{3} \le 2$, 즉, $a \le \dfrac{9}{2}$일 때,

$h(0) = -a + 2$,

$h\left(\dfrac{2a-3}{3}\right) = \left(\dfrac{2a-3}{3} - 1\right)^2 \left(\dfrac{2a-3}{3} - a + 2\right) = -\dfrac{4}{9}(a-3)^3$

최솟값 $l(a) = -a + 2$

(ii) $\dfrac{2a-3}{3} > 2$, 즉 $a > \dfrac{9}{2}$일 때,

구간 $[0,2]$에서 $h(0) = -a + 2$, $h(2) = -a + 4$이며,
$h(0) < h(2)$이므로

최솟값 $l(a) = -a + 2$이다.

(i), (ii)에서 구간 $[0, 2]$에서 함수
$h(x) = f(x) - g(x)$의 최솟값은 a에 관계없이
$l(a) = -a + 2$이다.

(i), (ii)에 의해 구간 $[0,\ 2]$에서 $h(x)$의 최솟값 $l(a)$를
적분하면

$\displaystyle \int_4^6 l(a)\, da$

$\displaystyle = \int_4^6 (-a+2)\, da$

$= \left[-\dfrac{1}{2}a^2 + 2a\right]_4^6$

$= -\dfrac{1}{2}(36-16) + 2(6-4)$

$= -10 + 4 = -6$

$\therefore \left\{\displaystyle \int_4^6 l(a)\, da\right\}^2 = 36$

248 정답 2

[그림 : 최성훈T]

$A = \displaystyle \int_a^b \{f(x) - k\}dx$, $B = \displaystyle \int_b^{a+4} \{k - f(x)\}dx$이므로

$A - B$

$= \displaystyle \int_a^b \{f(x) - k\}dx - \int_b^{a+4} \{k - f(x)\}dx$

$= \displaystyle \int_a^b \{f(x) - k\}dx + \int_b^{a+4} \{f(x) - k\}dx$

$= \displaystyle \int_a^{a+4} \{f(x) - k\}dx$

$= \displaystyle \int_a^{a+4} f(x)dx - \left[\ kx\ \right]_a^{a+4}$

$= \displaystyle \int_a^{a+4} f(x)dx - 4k = 4k$

따라서 $\displaystyle \int_a^{a+4} f(x)dx = 8k$이다.

$8k = 16$이므로 $k = 2$이다.

249 정답 140

[그림 : 이정배T]

[랑데뷰세미나(100) 참고]

$f(x) = -(x-2)^2 + 4$에서 함수 $f(x)$는 $x = 2$에 대칭이다.

함수 $g(x)$는 ty평면에서 $y = f(t)$와 상수함수 $y = f(x)$로
둘러싸인 부분의 넓이이다.

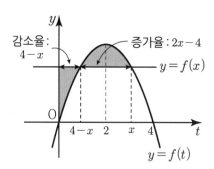

따라서 $0 < x < 2$에서 x가 증가할 때 $g(x)$가 증가하고
$2 < x < b$에서 x가 증가할 때 $g(x)$가 감소하므로 함수 $g(x)$는
$x = 2$에서 극댓값을 갖는다.

$\therefore a = 2$

$2 < x < 4$일 때, 함수 $f(t)$는 $t = 2$에 대칭이므로 $t = x$에
대칭인 점은 $t = 4 - x$이다.

넓이의 증가율은 $x - (4-x) = 2x - 4$이고 넓이의 감소율은
$4 - x$이다.

따라서
$2x - 4 = 4 - x$

$3x = 8$

$\therefore b = \dfrac{8}{3}$ 이다.

$30(a+b) = 30\left(2 + \dfrac{8}{3}\right) = 30 \times \dfrac{14}{3} = 140$

[랑데뷰팁]

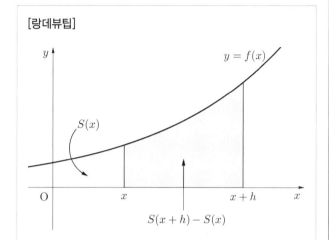

$S(x+h) - S(x) = \displaystyle\int_0^{x+h} f(x)\,dx - \int_0^x f(x)\,dx$

$\qquad\qquad\qquad = F(x+h) - F(x)$

$\therefore \displaystyle\lim_{h \to 0} \frac{S(x+h) - S(x)}{h} = \lim_{h \to 0} \frac{F(x+h) - F(x)}{h}$

$\therefore S'(x) = f(x)$

⇨ 넓이의 변화율은 선분의 길이와 같다.

---

250 정답 1

(가)에서 $\displaystyle\int_a^b f(x)\,dx = \dfrac{b-a}{2}\{f(a) + f(b)\} \cdots$ ㉠이고

이식의 우변은 윗변의 길이 $f(a)$, 아랫변의 길이 $f(b)$이고 높이가 $b-a$인 사다리꼴의 넓이를 뜻하므로 $f(x)$가 일차함수임을 알 수 있다.

따라서 $f(x) = mx + n$이라 두면

(나)에서 $m = 2$임을 알 수 있다. ($y = f(x)$와 $y = 2x + 1$가 평행할 때 만나는 점이 존재하지 않으므로)

따라서 $f(x) = 2x + n$

(다)에서 $x = 0$을 대입하면 $f(0) = 0$이다.

따라서 $f(x) = 2x$

$\displaystyle\int_0^1 f(x)\,dx = \int_0^1 2x\,dx = \left[x^2\right]_0^1 = 1$

[랑데뷰팁]

조건 ㉠의 등식의 양변에 b 대신 t를 대입하면

$\displaystyle\int_a^t f(x)\,dx = \dfrac{t-a}{2}\{f(a) + f(t)\}$이고

이 식의 양변을 t에 대하여 미분하면

$f(t) = \dfrac{1}{2}\{f(a) + f(t) + (t-a)f'(t)\}$

$f(t) = f(a) + (t-a)f'(t)$

⇨ a 대신 x를 대입하면

$f(t) = f(x) + (t-x)f'(t)$

즉, $f(x) = f'(t)(x-t) + f(t)$

이때, $y = f'(t)(x-t) + f(t)$ 는 함수 $y = f(x)$의 그래프 위의 점 $(t, f(t))$에서의 접선의 방정식이고,

$f(x) = f'(t)(x-t) + f(t)$에서

이 접선이 함수 $y = f(x)$의 그래프와 일치하므로 함수 $y = f(x)$의 그래프는 직선이다.

[랑데뷰팁]-2

$\dfrac{2}{b-a}\displaystyle\int_a^b f(x)\,dx = f(a) + f(b)$에서 $\displaystyle\int f(x)\,dx = F(x)$라 하면

$\dfrac{F(b) - F(a)}{b-a} = \dfrac{F'(a) + F'(b)}{2}$이다.

$f(x)$가 다항함수이므로 $F(x)$도 다항함수이다.

다항함수 중 $(a, F(a))$, $(b, F(b))$를 지나는 직선의 기울기가 각 점에서의 미분계수의 평균이 같은 것은 이차함수, 일차함수, 상수함수뿐이다. 조건을 만족하는 함수 $F(x)$는 이차함수이다.

따라서 $f(x)$는 일차함수이다.
